Technologiemanagement –
Wettbewerbsfähige Technologieentwicklung
und Arbeitsgestaltung

H.-J. Bullinger
Erfolgsfaktor Mitarbeiter

Technologiemanagement – Wettbewerbsfähige Technologieentwicklung und Arbeitsgestaltung

Herausgegeben von
Univ.-Prof. Dr.-Ing. habil. Prof. e.h. Dr. h.c. Hans-Jörg Bullinger,
Stuttgart

Erfolgreiche Wettbewerbspositionen aufbauen und halten zu können, wird immer mehr eine Frage des adäquaten Technologieeinsatzes und der Gestaltung anthropozentrischer Arbeitsorganisation. Bei schrumpfenden Marktlebenszyklen und steigendem globalen Wettbewerb können nur Unternehmen gewinnen, die kundenorientiert Technologien schneller entwickeln, erschließen, einsetzen und rechtzeitig wieder verlassen können.

Um den technologischen Wandel mitgestalten zu können, muß Technologiekompetenz durch Managementkompetenz ergänzt werden. Aufgabengebiete wie Strategische Planung, Organisationsentwicklung, Arbeitssystemgestaltung, Aufbau- und Ablaufstruktur, Produktgestaltung, Prozeßgestaltung, Mitarbeiterführung und Arbeitsplatzgestaltung sind im Rahmen eines Integrierten Technologiemanagements ganzheitlich zu lösen.

In der Buchreihe *Technologiemanagement – Wettbewerbsfähige Technologieentwicklung und Arbeitsgestaltung* soll der internationale Stand der Modelle, Verfahren, Methoden und Hilfsmittel dieser Gebiete festgehalten und mit Blick auf die Aus- und Weiterbildung von Ingenieuren zugänglich gemacht werden. Die einzelnen Bände behandeln außer relevanten arbeitswissenschaftlichen Erkenntnissen, Technologien und Organisationsformen vor allem das Management der Entwicklung, des Einsatzes und des Transfers von Technologien.

Erfolgsfaktor Mitarbeiter

Motivation – Kreativität – Innovation

Von Univ.-Prof. Dr.-Ing. habil. Prof. e. h. Dr. h. c. Hans-Jörg Bullinger,
Stuttgart
Institut für Arbeitswissenschaft und Technologiemanagement (IAT)
der Universität Stuttgart und Fraunhofer-Institut für Arbeitswirtschaft und Organisation (IAO)

Unter Mitarbeit von Dipl.-Ing. Matthias Gommel und Michael Bucher,
Institut für Arbeitswissenschaft und Technologiemanagement (IAT)
der Universität Stuttgart

Mit 123 Bildern

B. G. Teubner Stuttgart 1996

Die Wiedergabe von Gebrauchsnamen, Handelsnamen, Warenbezeichnungen usw. in diesem Werk berechtigt auch ohne besondere Kennzeichnung nicht zu der Annahme, daß solche Namen im Sinne der Warenzeichen- und Markenschutz-Gesetzgebung als frei zu betrachten wären und daher von jedermann benutzt werden dürfen.

Sollte in diesem Werk direkt oder indirekt auf Gesetze, Vorschriften oder Richtlinien (z. B. DIN, VDI) Bezug genommen oder aus ihnen zitiert worden sein, so können weder der Verlag noch die Verfasser eine Gewähr für die Richtigkeit, Vollständigkeit oder Aktualität dafür übernehmen. Es empfiehlt sich, gegebenenfalls für die eigenen Arbeiten die vollständigen Vorschriften oder Richtlinien in der jeweils gültigen Fassung hinzuzuziehen.

Die Deutsche Bibliothek – CIP-Einheitsaufnahme

Bullinger, Hans-Jörg:
Erfolgsfaktor Mitarbeiter : Motivation – Kreativität –
Innovation / von Hans-Jörg Bullinger. Unter Mitarb. von
Matthias Gommel und Michael Bucher. – Stuttgart : Teubner,
1996
  (Technologiemanagement)
  ISBN 978-3-322-99187-4   ISBN 978-3-322-99186-7 (eBook)
  DOI 10.1007/978-3-322-99186-7

Einband: nach einem Entwurf von Heike und Kerstin Simsen, Stuttgart

Vorwort

Flexibilität, Motivation und Kreativität sind in der heutigen Zeit wichtiger denn je. Ihre kunden- und marktgerechte Nutzung zur Sicherung der Wettbewerbsfähigkeit sind eine aktuelle Herausforderung an Führungskräfte aller Hierarchieebenen. Innovative organisatorische Konzepte wie Total Quality Management, Change Management oder das Konzept der lernenden Organisation sollen den sich ändernden Marktbedingungen gerecht werden. Führungskräfte erkennen jedoch immer häufiger, daß bei der Einführung neuer Arbeitsstrukturen Widerstände der Mitarbeiter abgebaut und effektive Verhaltensänderungen angestrebt werden müssen.

In den herkömmlichen Strukturen sind die Tätigkeitsfelder der Mitarbeiter streng vorgegeben. In der modernen industriellen Produktion jedoch soll der Mitarbeiter seine Kreativität und seine geistigen Fähigkeiten in den Problemlösungsprozeß einbringen. Er soll analysieren und die richtigen Entscheidungen treffen, er soll lernfähig sein und sein Verhalten ändern. Somit gestaltet er innovativ Prozeß, Produkt, Organisation und Technik. Es gilt, Arbeitsbedingungen zu schaffen, die die Einbeziehung der Mitarbeiter ermöglichen. Es gilt, die Leistungsbereitschaft und das Leistungsvermögen der Mitarbeiter zu erhöhen wie auch die Fähigkeit der Führungskräfte, dies zu fördern. Daher erlangt der Mensch mit seinem Anspruch an persönlichkeitsfördernde Aufgaben im Unternehmen immer mehr an Bedeutung.

Dieser Hintergrund bildet den inhaltlichen Rahmen dieses Buches. Es richtet sich an Führungskräfte, leistungsbewußte Mitarbeiter, Studenten und vor allem Praktiker, die sich mit Arbeitsgestaltung und Arbeitsorganisation, Personalmanagement und -entwicklung sowie Total Quality Management beschäftigen. Ihnen vermittelt das Buch konkrete Hinweise, Handlungskonzepte und Methoden.

Dieses Buch soll ganzheitlich die wichtigsten Faktoren zur Verbesserung und effizienten Nutzung des geistigen Potentials des Menschen und damit der Ideenerzeugung (Kreativität) und der Ideeneinbringung (Motivation) zeigen. Es will einen Überblick über den Diskussionsstand des Themas bieten und Möglichkeiten aufzeigen, wie der erforderliche Veränderungsprozeß nicht nur strukturell, sondern auch kulturell durchzuführen ist. Es zeigt, wie eine Änderung der Denkweisen, des Verhaltens und des Miteinanders erreicht werden kann, um das in den Menschen vorhandene kreative Potential in die Wertschöpfung zu integrieren und die Selbstverantwortung zu steigern. Widerstände, Beharrungsvermögen und Konflikte können dadurch abgebaut werden und folglich die Veränderungsbereitschaft sowie die Beteiligung erhöht werden.

Beginnend mit der Darstellung bestehender Zielkonflikte zwischen Arbeitnehmer-interessen und Unternehmenszielen, führt eine Betrachtung des Schlüsselbegriffs Motivation zu menschlichen Werten, der Unternehmenskultur, der Unternehmensethik, Visionen und Leitbildern.

Nach einer Beschreibung verhaltenspsychologischer Hintergründe zwischenmenschlicher Beziehungen wird auf eine konkrete, praxisnahe Betrachtung des erforderlichen Verhaltens seitens der Führungskräfte als auch der Mitarbeiter eingegangen.

Anschließend finden sich verschiedene Motivationsfaktoren aus der Arbeitsgestaltung, wie z. B. die Arbeitsplatzgestaltung, die Arbeitszeitorganisation und innovative Entlohnungsformen. Zusätzlich ist der Bereich der Information, der Kommunikation und des Konfliktmanagements dargestellt.

Abgerundet wird die Thematik durch die Darstellung verschiedener Methoden und Techniken zur Förderung von Innovation und Kreativität, durch die Beschreibung notwendiger Voraussetzungen und durch konkrete Anleitungen zur erfolgreichen Umsetzung.

Mein Dank für die wertvollen inhaltlichen Hinweise und kritischen Korrekturen ergeht an die Damen und Herren Dipl.-Ing. Beate Hase, Dipl.-Ing. Rolf Ilg, Gabriel Matyas, Dipl.-Ing. Wolfram Menrad, Dipl.-Ing. Jutta Michel, Dipl.-Psych. Kuno Moll, Dipl.-Ing. Andreas Rößler, Florian Schäffer und Dipl.-Ing. (Arch.) M. Sc. Heidrun Winderl-Schanz. Ebenso danke ich Frau Heike Simsen und Frau Kerstin Simsen für die Aufbereitung der Grafiken.

Ein ganz besonderer Dank auch an die Herren Dipl.-Ing. Matthias Gommel und Michael Bucher für die maßgebliche Mitarbeit an diesem Buch sowie Herrn Dr. Jens Schlembach vom Teubner-Verlag für seine aufgeschlossene und bewährte Zusammenarbeit in dieser Reihe Technologiemanagement.

Stuttgart, im Juli 1996   Hans-Jörg Bullinger

Inhaltsverzeichnis

1

Der Mitarbeiter als Erfolgsfaktor im Unternehmen

Im Zeitalter der Landwirtschaft gehörte noch das Land zu den wertvollsten Ressourcen. An die erste industrielle Revolution, gekennzeichnet durch die Entwicklung der Kraftmaschinen und die Frage nach der Energieumwandlung, schloß sich die zweite industrielle Revolution mit der Entwicklung der Produktionstechnik und der Nutzung des damals wichtigsten Produktionsfaktors, der ›Zeit‹, durch arbeitsorganisatorische Maßnahmen an (Bild 1.1).

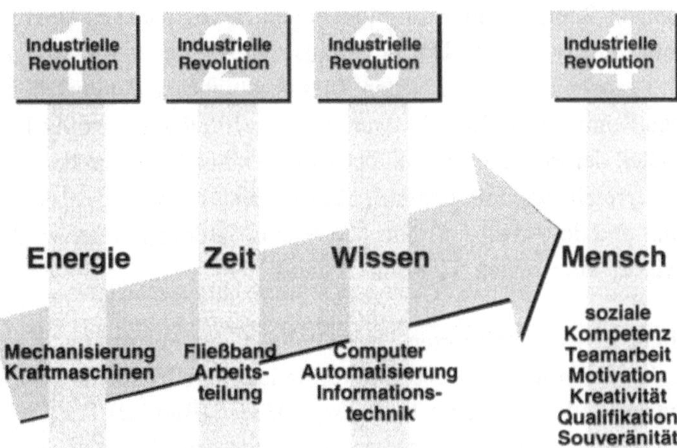

Bild 1.1:   Auf dem Weg zur vierten industriellen Revolution

Als dritte industrielle Revolution werden die Erschließung der *Automatisierung*, mit ›Massenproduktion‹ und ›Economics of Scale‹ als Erfolgsfaktoren wirtschaftlichen Handelns, und die Erschließung der Informationstechnik bezeichnet.

Thema dieses ersten Kapitels ist die gegenwärtige, die sogenannte vierte industrielle Revolution. Grundlegendes zum Verständnis dieses neuen, am Menschen ausgerichteten Denkens sowie ein Überblick über die sich anschließenden Kapitel finden sich hier.

Die stetig wachsende Bedeutung von Informationen und Informationsverarbeitung sowie die zunehmenden Möglichkeiten, sie in allen Bereichen gezielt einsetzen zu können, haben großen Einfluß auf die Entwicklung und das Verhalten einer Gesellschaft. In allen Wissensbereichen sind Informationen heute wesentlich leichter und vor allem viel schneller verfügbar als bisher. Die innovativen Informations- und Kommunikationstechnologien ermöglichen es jederzeit, Informationen zu speichern, zu verarbeiten, zu vernetzen, abzurufen, auszuwerten und erneut einzusetzen. Somit werden an den Menschen völlig neue Anforderungen bezüglich der Verwendung, Sicherung und Visualisierung von Daten und Informationen gestellt, die es ihm, und damit einem Unternehmen durch neue Gestaltungsmöglichkeiten der Geschäftsprozesse erlauben, eine größere Produktivität zu erzielen und seine individuellen Fähigkeiten effizienter und mit verbesserter Zielorientierung in der Wirtschaft einzusetzen. Flexibilität, Individualität und Geschwindigkeit sind die zentralen Forderungen in diesem Veränderungsprozeß. Dies führt längerfristig zu tiefgreifenden Änderungen der Unternehmensstrukturen.

Wurde früher versucht, meist durch Verbesserungen der Technik und der Arbeitsmittel eine Verbesserung der Arbeits- und Unternehmenssituation zu erreichen, erfolgt dies heute vor allem durch Änderungen auf dem Gebiet der Organisation. Einem Konzept zur Management-Reorganisation folgt unverzüglich das nächste. Doch warum bleibt trotz alledem der erwünschte Erfolg oft aus? Weil es bisher versäumt wurde, das Unternehmen ganzheitlich zu betrachten. Dies bestätigt auch ein Forschungsprojekt der Europäischen Kommission. Eine Auswertung über 100 Reengineering-Projekte belegt, daß der Großteil der Projekte sich mit betrieblichen und begleitenden Prozesse befaßt, wohingegen Bereiche wie Führungsstil, Management, Lernprozesse, Verbesserung des Arbeitsklimas und der Arbeitszufriedenheit oder die Bildung kreativer Unternehmenskulturen meist zu kurz kamen (Coulson-Thomas 1996).

Eine Möglichkeit zur detaillierten Darstellung dieser notwendigen ganzheitlichen Sichtweise des Unternehmens und die Verbindung der Elemente Mensch, Technik, Organisation und Philosophie zeigt das *Bullseye-Modell* (Bild 1.2). Die fünf Kreise stellen von innen ausgehend die Reihenfolge dar, mit der Elemente bei stattfindenden Veränderungsprozessen, z. B. *Business Reengineering* Prozesse, berücksichtigt werden müssen.

Dabei sind alle Elemente innerhalb eines Kreises zueinander, sowie auf die Elemente der innenliegenden Kreise abzustimmen.

Eine weitere Möglichkeit zeigt Bild 1.3, in dem vier zu betrachtende Grundelemente eines Unternehmens dargestellt sind.

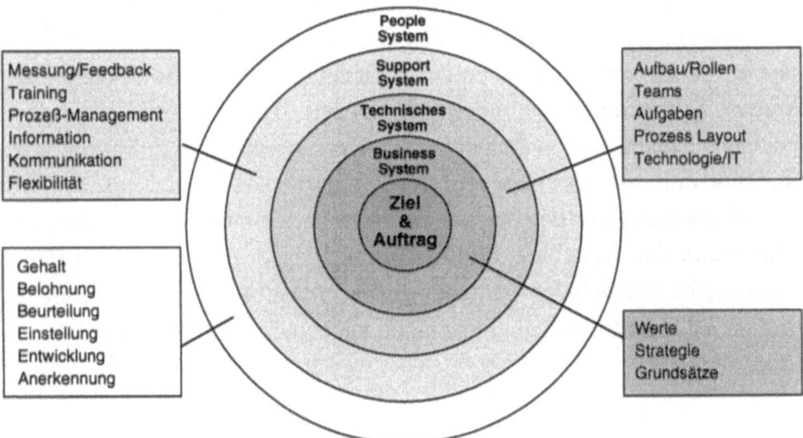

Bild 1.2:   Bullseye-Modell (nach Hewlett-Packard)

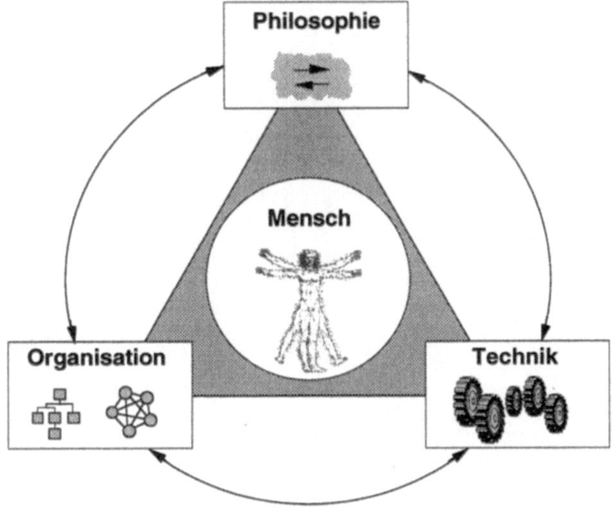

Bild 1.3:   Grundelemente eines Unternehmens

Grundsätzlich ist der Mensch in dem Mittelpunkt unternehmerischer Tätigkeiten zu sehen, da er Produkte und Dienstleistungen mit Hilfe der Technik, in einer bestimmten Organisation, nach seinem Verständnis und gemäß seiner Philosophie erzeugt bzw. leistet. Den Aspekten ›Mensch‹ und ›*Unternehmensphilosophie*‹ wird bisher im Vergleich zu den Gesichtspunkten ›Technik‹ und ›Organisation‹ eine viel zu geringe Bedeutung beigemessen. Der Wert des Menschen und die Philosophie, mit der er arbeitet, bleiben unberücksichtigt. Die Menschen bringen ihr Verhalten und ihr Verständnis in den Prozeß der Arbeit ein und formen somit den Geist eines Unternehmens, der sich wiederum in den im Unternehmen geltenden Grundsätzen, der Unternehmenskultur und -ethik, den Werten, Visionen und Leitbildern manifestiert. ›Die relativen Leistungen eines Unternehmens hängen sehr viel stärker von seiner grundlegenden Philosophie, Einstellung und Motivation ab, als von seinen technologischen oder ökonomischen Ressourcen, der Organisationsstruktur, den Innovationen oder der Zeitplanung‹ (Tom Watson junior, IBM, Chairman). Die Kreativität und die Motivation, d. h. die Leistungsfähigkeit und die Leistungsbereitschaft der Menschen gilt es, als zentrale Erfolgsfaktoren im Zeitalter der vierten industriellen Revolution, zu erkennen und zu fördern (Bild 1.4).

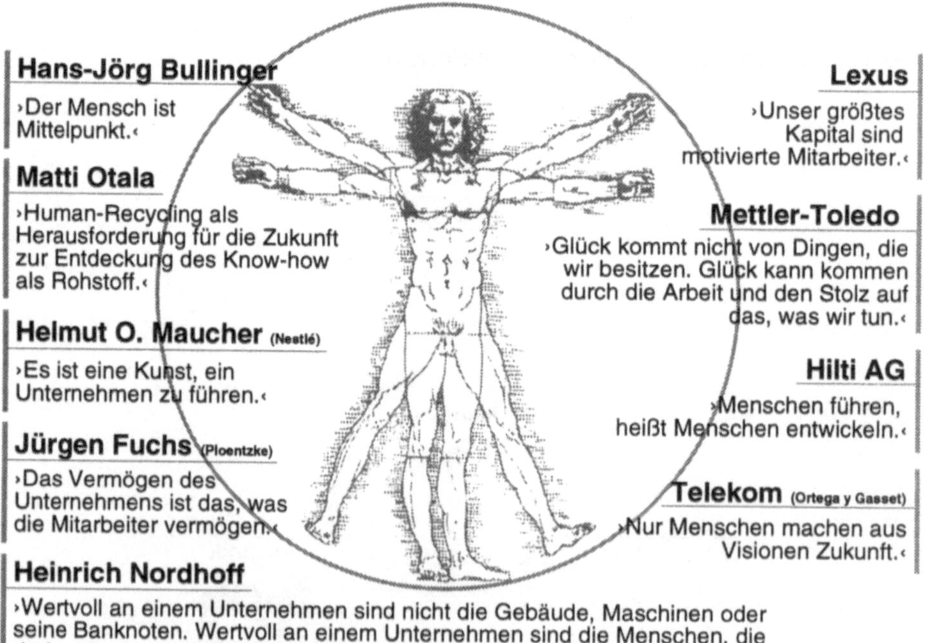

Bild 1.4:   Erfolgsfaktor Mitarbeiter

Künftig werden Finanzkapital und Maschinen bzw. Technologien eher passive Handelsgüter darstellen, während das Humanpotential, als Investitionsgut betrachtet, die Quelle für unternehmerischen Erfolg darstellen wird. Die Zukunft gehört jenen Betrieben, die ihr kreatives Humanpotential in ihrer Managementstrategie mit berücksichtigen und ihre Wertschöpfung somit aus der Summe von Technologie, Information, Finanzstärke und innovativer Leistungsfähigkeit anstreben.

Bislang sind es nur wenige Unternehmen, die die menschlichen Fähigkeiten als ihre künftigen Ressourcen nutzen sowie gezielt und bewußt kultivieren. Große Defizite bestehen bei der Umsetzung der notwendigen *Mitarbeiterorientierung*. Dies ist in einer Befragung von ca. 400 großen und mittleren Unternehmen anhand von drei Bereichen untersucht worden (Bild 1.5) (Fraunhofer-Institut für Arbeitswirtschaft und Organisation 1995):

❑ Kennen die Mitarbeiter die Unternehmensziele und Visionen für die nächsten Jahre (›*Selbstmanagement*‹)?

❑ Inwieweit wird es als primäre Aufgabe der Manager gesehen, Mitarbeiter zu fördern, zu motivieren und zu unterstützen (›*Coaching*‹)?

❑ Fördert das Management aktiv die Lernbereitschaft und die Lernfähigkeit aller Mitarbeiter (›*Lernunternehmen*‹)?

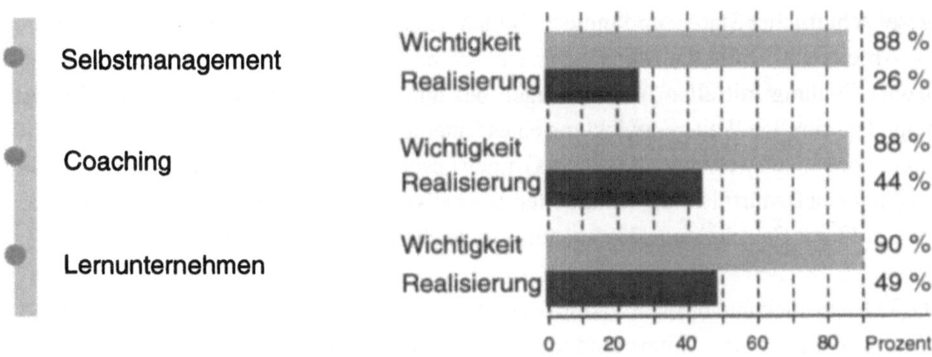

Bild 1.5:   Nachholbedarf bei der Mitarbeiterorientierung (Fraunhofer-Institut für Arbeitswirtschaft und Organisation 1995)

Der Stellenwert der Unternehmensleitung, der im Unternehmen vorhandenen Kultur und Vision sowie der Mitarbeiterbeteiligung als Erfolgsfaktoren für *Umstrukturierungsprozesse* ist in Bild 1.6 zusammengestellt.

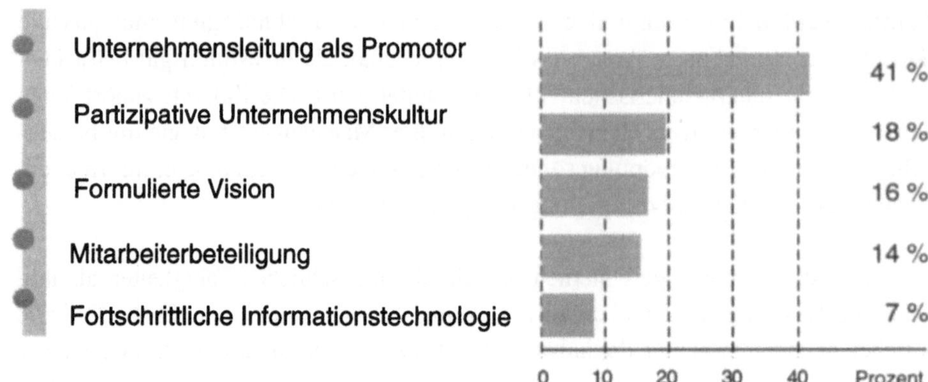

Bild 1.6: Die wichtigsten Erfolgsfaktoren für Business Reengineering-Projekte (Fraunhofer-Institut für Arbeitswirtschaft und Organisation 1995)

Ziel und Herausforderung innovativer Führungskräfte müssen vor allem darin bestehen, durch Schaffung eines von Kreativität geprägten Verhältnisses ›Arbeitskraft-Arbeitsaufgabe‹ die Beziehungsstrukturen innerhalb eines Unternehmens zu verbessern, da das *Humankapital*, im Gegensatz zum vorhandenen *Sachkapital*, jederzeit das Unternehmen verlassen kann, wenn kein befriedigendes Arbeitsverhältnis mehr vorgefunden wird.

Die Arbeitsleistung des Menschen als soziales Individuum wird unter anderem beeinflußt durch das Streben nach Befriedigung der sozialen Bedürfnisse wie ›Anerkennung‹, ›gesellschaftlicher Status‹ und ›gute zwischenmenschliche Beziehungen‹ bei der Arbeit. Als Arbeitskraft strebt der Mensch danach, seine Fähigkeiten so umzusetzen, daß seine soziale Stellung mit allen Auswirkungen bezüglich Status, Ansehen und Entlohnung steigt. Die künftige Weiterentwicklung eines Unternehmens, gleichgültig welcher Größenordnung es angehört, wird aus diesem Grunde besonders davon abhängen, inwieweit die persönlichen Bedürfnisse der Mitarbeiter, beispielsweise nach Selbstverwirklichung oder nach größerer Entscheidungskompetenz, ausreichend zu erfüllen sind.

Die Zufriedenheit und die Motivation der Mitarbeiter haben heute entscheidenden Einfluß auf den Erfolg eines Unternehmens. Ein Betrieb, dessen Ziele ausschließlich am kurzfristigen Gewinn orientiert sind, d. h. für den nur die monetär bewertbaren und meßbaren Erfolge zählen, handelt nur kurzfristig gesehen ökonomisch, wird aber langfristig unweigerlich scheitern. Denn nur wenn die gesellschaftlichen Veränderungen und damit der *Wertewandel* bei den Mitarbeitern in einer Unternehmensstrategie mit berücksichtigt werden, ist eine reelle Chance zum langfristigen Erfolg und zur Steigerung der Leistungsbereitschaft vorhanden. *Leistungsbereitschaft* ist gekoppelt an die Erfüllung von Verbesserungswünschen. Diese sind in Bild 1.7 als Ergebnis einer Umfrage unter

Ingenieuren aller Branchen, Positionen und Altersgruppen dargestellt (VDI nachrichten 1995).

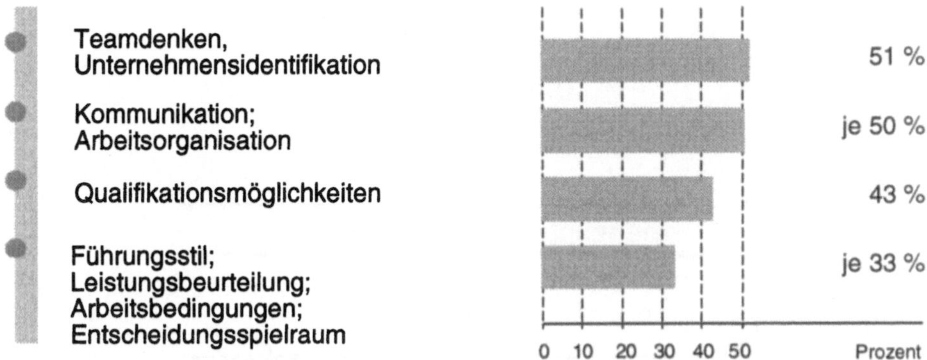

Bild 1.7: Verbesserungswünsche von Ingenieuren (nach VDI nachrichten 1995)

Die Beteiligung der Mitarbeiter in einer mitarbeiterorientierten Unternehmenskultur ist einer der wichtigsten Erfolgsfaktoren bei Veränderungsprozessen. Hierbei kommt z. B. dem Top-Management als Promotor eine entscheidende Rolle zu. Wichtig ist Durchhaltevermögen und Engagement weit über die Initialisierung des *Veränderungsprozesses* hinaus.

Zusammenfassung und Ausblick

Ziel dieses Buches ist es, Führungskräfte und Mitarbeiter sensibel für notwendige Veränderungen zu machen, neues kreatives Denken und Motivation zu fördern und das Handwerkszeug für die erfolgreiche Umsetzung zu liefern. Die nachfolgend erarbeiteten Wege zur konsequenten Umsetzung der notwendigen Mitarbeiterorientierung sind zum Nutzen der Kunden auf eine Steigerung der Wertschöpfung und des Unternehmenserfolges ausgerichtet. Dies wird erst durch ein ganzheitliches Verständnis und das Zusammenwirken der in Bild 1.8 dargestellten Elemente erreicht. Darauf wurde der Inhalt dieses Buches abgestimmt.

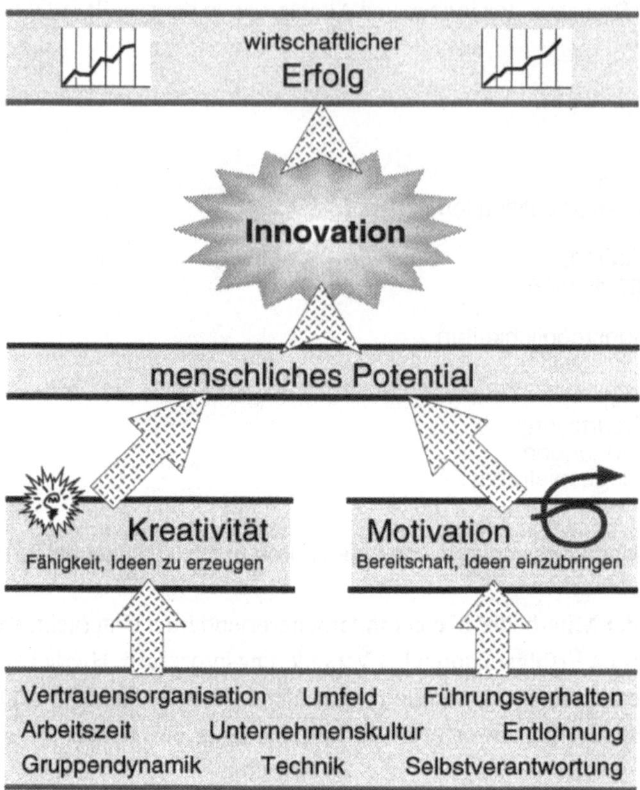

Bild 1.8:   Die Struktur der menschlichen Potentialeinbringung im Zusammenhang

2

Aufgabenschwerpunkte

Der in unserer Gesellschaft vollzogene *Wertewandel* hat Auswirkungen auf Markt, *Führungs- und Arbeitsstrukturen* in Unternehmen (Bild 2.1). Aufgrund dieses Wertewandels steigt die Bedeutung auch derjenigen Werte, die wichtig für das Verhältnis des Mitarbeiters zum Unternehmen sind. Die Übereinstimmung mit den Zielsetzungen des Unternehmens und die Identifikation des Mitarbeiters mit dem Unternehmen stellt die Herausforderung dar, der es sich zu stellen gilt.

Bild 2.1:   Auswirkungen des gesellschaftlichen Wertewandels auf Unternehmen
(nach Lukas 1995)

Um das komplexe System aus Aufgaben in einer Organisation angemessen erfüllen zu können, bedarf es einer hohen Kooperationsbereitschaft zwischen Geschäftsleitung und Mitarbeitern. Aufgaben können nicht aus ihrem sozialen, finanziellen, kulturellen und kollektiven Gesamtzusammenhang, in dem sie verwirklicht werden sollen, herausgelöst werden. Menschen in einer ›Firma mit Gewissen‹ erkennen neben der Grundphilosophie auch andere für das Unternehmen fundamentale Werte. Korrelation zwischen sozialem Einsatz und wirtschaftlichem Wachstum bedeutet auch, daß Übereinstimmung zwischen den Aufgaben des einzelnen und der Firma hergestellt werden muß. Zur Bewältigung künftiger Wettbewerbsprobleme muß zwischen einer Unternehmung und ihrer Belegschaft eine Solidarität geschaffen werden.

... Verknüpfung von Unternehmenszielen mit den Arbeitnehmerinteressen

Je mehr Möglichkeiten die Mitarbeiter seitens der Firma geboten bekommen, ihre persönlichen *Zielsetzungen* mit denen des Unternehmens abzustimmen, desto größer ist die Wahrscheinlichkeit, daß die Firma überleben und erfolgreich am Markt bestehen kann.

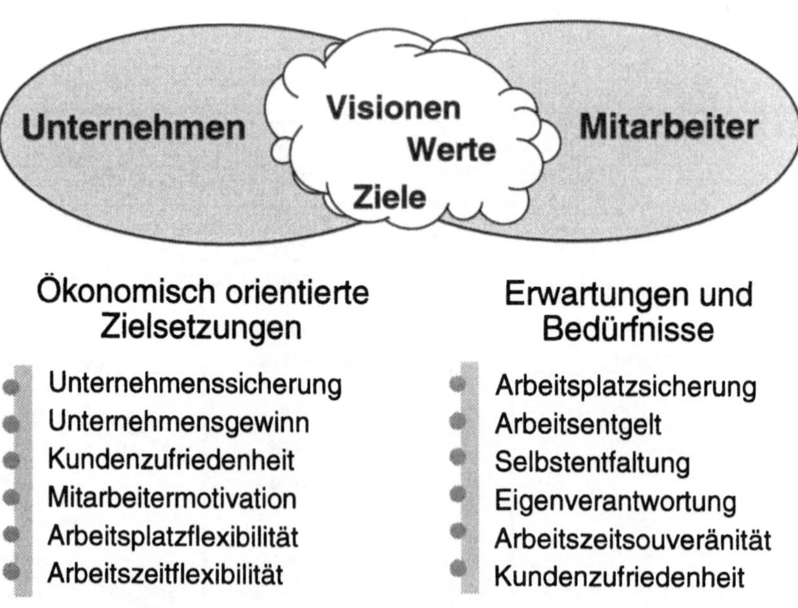

Bild 2.2:   Ziele von Unternehmen und Mitarbeitern

Wenn die Firmenleitung die Meinung vertritt, daß die Menschen in ihrer Organisation ihre wertvollste Ressource sind, ist die Übereinstimmung zwischen den Zielen und Aufgaben eines Individuums und jenen der Firma nicht mehr weit. Man erkennt, daß die wissenschaftlichen Erkenntnisse auf dem Gebiet der menschlichen Verhaltenspsychologie bei der innerbetrieblichen Menschenführung berücksichtigt werden müssen, da der Führungsstil eines Unternehmens nur dann erfolgreich sein kann, wenn die primären Interessen der Firmenmitglieder angemessen berücksichtigt und mit den Wertvorstellungen, Zielen und Interessen des Unternehmens verknüpft werden. Es ist die Aufgabe der Firmenleitung, Unternehmensziele festzusetzen und das Umfeld so zu gestalten, daß diese Ziele von den Mitarbeitern in eigener Initiative erreicht werden (Bild 2.2).

... Zielkonflikte und ihre Überwindung

Die Ziele des Unternehmens und die der Mitarbeiter sind z. T. sehr verschieden. Die erfolgreiche Überwindung dieses Zielkonflikts erfordert von der Führungskraft v. a. Menschenkenntnis, Sozial- und Persönlichkeitskompetenz. Durch kooperatives Führungsverhalten wird zwischen Mitarbeitern und Führungskraft ein Vertrauensverhältnis aufgebaut, welches das Aufzeigen der Unternehmensziele an die Mitarbeiter vereinfacht.

Setzt eine Führungskraft als Repräsentant ihrer Mitarbeiter erfolgreich deren Interessen bei der Geschäftsleitung durch, wird sie bei ihren Mitarbeitern anerkannt. Durch dieses gemeinsame Erfolgserlebnis, geprägt von gegenseitigem Vertrauen und Loyalität den eigenen Mitarbeitern gegenüber, werden ihren Erwartungen als Vertreter der Unternehmensinteressen in bezug auf Leistungen, die von den Mitarbeitern zu erbringen sind, viel besser erfüllt.

Die *Zielsetzungen* eines Unternehmens in Form von Leistung und Gewinn gilt es mit den Bedürfnissen der Mitarbeiter, dem Streben nach einer Arbeitstätigkeit mit Gelegenheit zur Selbstentfaltung, in Einklang zu bringen. Diese Übereinstimmung kann dann erzielt werden, wenn den Mitarbeitern klar wird, daß ihr Anteil an Aufbau und Ablauf eines Unternehmens gleichzeitig direkten Einfluß auf ihre individuelle Aufgabenstellung hat.

Daran kann jeder Mitarbeiter erkennen, daß er von dem, was er mit persönlichem Einsatz für andere zu leisten bereit ist, selbst profitieren kann. Höchstleistungen werden dann erbracht, wenn Bedürfnisse befriedigt werden sollen. Der Nutzen, der durch das Streben nach z. B. sozialen Kontakten oder Anerkennung der Umwelt als Primärwirkung zugute kommt, wirkt erst als Sekundärwirkung auf das Individuum zurück (-> extrinsische Motivation). So wie Chirurgen sich nicht selbst operieren können, müssen Menschen ihre Maximalleistung anderen zukommen lassen. Um aber solche Leistungen für andere erbringen zu können, muß sich der Mensch selbst in einem optimalen Leistungszustand befinden, für den die im Bild 2.3 dargestellten Voraussetzungen unabdingbar sind.

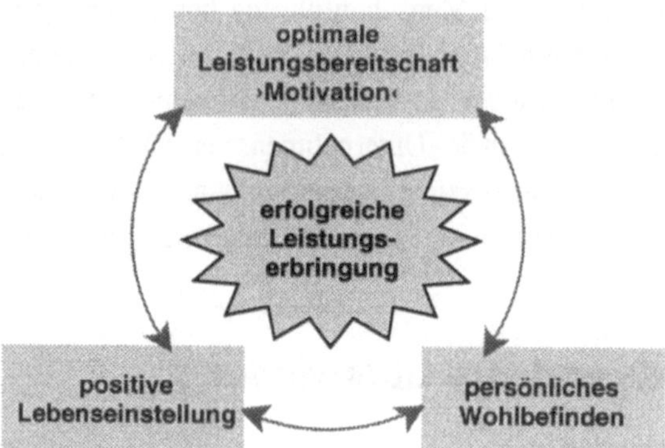

Bild 2.3:   Voraussetzungen für erfolgreiche Leistungserbringung

Langfristig gesehen werden sich nur die Individuen positiv persönlich entwickeln, die sich engagiert mit den Problemen ihrer Umgebung beschäftigen; diejenigen dagegen, die ihr Leistungspotential gegen die Interessen ihrer Umwelt ausrichten, werden diese und sich selbst nicht nur in keinster Weise weiterbringen, sondern dem positiven Fortschritt entgegenwirken. Je nützlicher der persönliche Einsatz für die Umwelt ist, desto größer ist die Nachfrage und daher auch der persönlich daraus erzielbare Vorteil.

Identifikation mit den Unternehmensleitbildern und Zielen

Wer kennt es nicht, daß manche Mitarbeiter z. T. nicht motiviert sind, um zum Nutzen des Unternehmens beizutragen, kein Engagement zeigen, ihre Arbeit nur als Mittel zum Zweck betrachten (›notwendiges Übel‹, ›Dienst nach Vorschrift‹, ›innere Kündigung‹), ihre persönlichen Ziele nicht auf die Arbeitsaufgabe projizieren können und interesselos sowie unzufrieden sind und ihren Job nur lustlos ausführen.

Genausowenig wie man einem Mitarbeiter Motivation verordnen kann, kann man ihn zur Identifikation mit dem Unternehmen, in dem er arbeitet, zwingen. Man kann nur einen identifikationsfördernden Rahmen schaffen. Nach Tikart (1996) ergeben sich für Führungskräfte daraus klare Aufgaben:

☐ Bedingungen schaffen, die Mitarbeiter zu Top-Leistungen anregen;
☐ Hindernisse abbauen, die die Leistungsbereitschaft und Kreativität der Mitarbeiter einengen;
☐ Ängste abbauen und ein Klima des Vertrauens schaffen.

Da der Mensch einen Großteil seiner Lebenszeit im Berufsleben verbringt, ist es erstrebenswert, diese Zeit so gut wie möglich zur Selbstverwirklichung zu nutzen, sie bewußt zu erleben, sie als persönliche Bereicherung zu betrachten und eine Erfüllung der eigenen Ziele in der Arbeit anzustreben.

Nur derart motivierte Arbeitskräfte sind in der Lage, durch ihre Leistungsbereitschaft und ihr persönliches Engagement zum Unternehmenserfolg beizutragen. Ein wesentlicher Faktor für motivierte Firmenmitglieder ist daher das Wissen um *Unternehmensgrundsätze* und *-ziele*. Ein Unternehmen, in dem den Mitarbeitern auf allen Hierarchieebenen die kurz-, mittel- und langfristigen Unternehmensziele (Bild 2.4), aber auch die Wertvorstellungen und Grundsätze der Unternehmensleitung ausführlich bekannt gemacht werden, schafft dadurch eine Basis des gegenseitigen Vertrauens und die Voraussetzung zur Identifikation, auf der eine positive Mitarbeitermotivation entstehen kann.

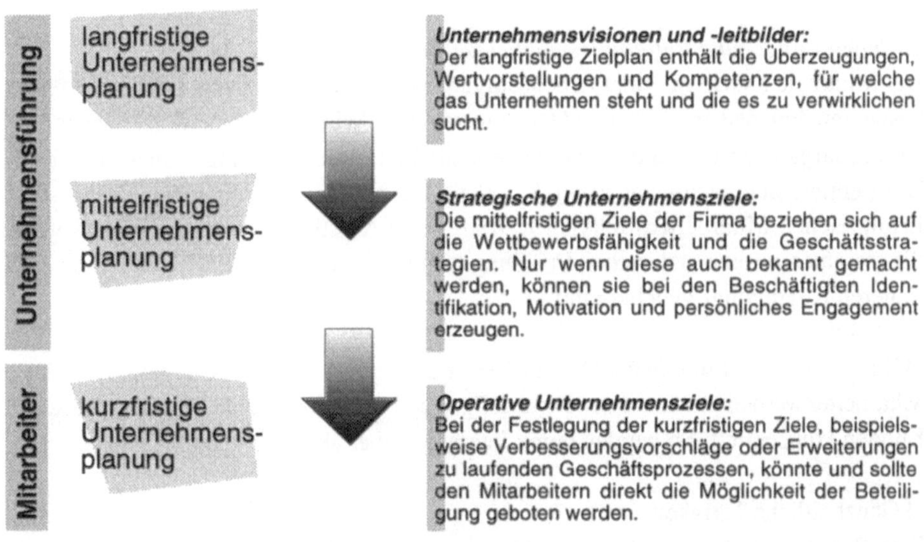

Bild 2.4:   Die Arten von Unternehmenszielplänen

Mitarbeiter setzen sich für Unternehmensziele, die sie selbst vorgeschlagen oder an deren Festsetzung sie aktiv mitgewirkt haben, die als sinnvoll, wertvoll und erstrebenswert anerkannt wurden wesentlich stärker ein. Sie identifizieren sich mit diesen Zielen stärker, als mit Zielen, die ihnen entweder unbekannt sind oder an denen sie keinen persönlichen Anteil haben.

Identifikation mit der Unternehmensaufgabe

Identifikation entsteht u. a. durch Motivation. Deshalb werden im folgenden für die Tätigkeit der Mitarbeiter identifikationsfördernde und zugleich motivationsfördernde Anforderungen an die Tätigkeit der Mitarbeiter beschrieben.

Der Mitarbeiter sucht eine sinnvolle ihn erfüllende Arbeitsaufgabe, die in Einklang mit seinen Normen und Wertvorstellungen steht. Merkmale einer identifikationsfördernden Arbeitsaufgabe sind:

❏ Sinn und Erfüllung:
Zielakzeptanz: Die vom Unternehmen angestrebten Ziele müssen von der Belegschaft als erstrebenswert erachtet werden. Dazu gehört auch das Interesse der Mitarbeiter am fertigen Produkt.
Spaß und Freude an der Arbeit: Die Arbeit macht vor allem dann Spaß, wenn der Mitarbeiter eine Beschäftigung in seinem gewünschten Lehrberuf findet.

❏ *Entwicklungs- und Entfaltungsmöglichkeiten:*
Der Mitarbeiter sucht in seiner Arbeitsaufgabe eine Herausforderung. Erfolgserlebnisse bestätigen ihm, daß er wichtig und leistungsfähig ist. Wird ihm wiederholt eine ähnliche Arbeitsaufgabe gestellt, dann läßt die persönliche Herausforderung immer mehr nach. Er orientiert sich nach einer neuen Tätigkeit, die höhere Anforderungen an ihn stellt. Erfolgreichen Mitarbeitern müssen Karriere- und Aufstiegschancen geboten werden. Sie resignieren sonst und suchen Erfüllung in außerbetrieblichen Aktivitäten, was einer ›inneren Kündigung‹ gleichkommt.

❏ Zusammenarbeit mit Teams/Abteilungen/Kunden:
Mitarbeiter werden direkt mit den Erwartungen und Wünschen von internen und externen Kunden konfrontiert. So werden deren Interessen eher akzeptiert.

❏ Ganzheitliche Tätigkeit:
Eine Beteiligung der Mitarbeiter an Planung und Ausführung (*job enrichment*) macht die Arbeit verständlicher und interessanter. Durch die Förderung des unternehmerischen Denkens werden Betroffene zu Beteiligten. Das Verständnis für Zusammenhänge wird geschärft und Entscheidungsprozesse werden transparenter.

❏ *Entscheidungskompetenz:*
Jedem Mitarbeiter muß ein angemessener Handlungs- und Entscheidungsspielraum eingeräumt werden. Zusammen mit der Entscheidungskompetenz wird auch Verantwortung übertragen.

❑ Integration von Privatinteressen:
Hat die Arbeit in ihrem Inhalt Ähnlichkeiten mit den ›Hobbies‹ eines Mitarbeiters, so bereitet sie ihm ein persönliches Vergnügen. Er wird eher bereit sein auf einen Teil seiner Freizeit zugunsten unternehmerischer Interessen zu verzichten.

... Veränderte Aufgabenstruktur durch neue Denkansätze für Mitarbeiter und Führungskräfte

Auch die Unternehmensorganisation ist vom gesellschaftlichen *Wertewandel* betroffen. Da sie selbst einen Bestandteil der Gesellschaft darstellt, ist es die Aufgabe der Unternehmensführung, interne Strukturen an gesellschaftliche Veränderungen anzupassen.

Durch den technologischen Fortschritt und den damit verbundenen Prozeß der *Zentralisierung* kam es über lange Zeit zu einer starken Entfremdung des Menschen von der Arbeit, dem Arbeitsergebnis und dem Produkt. Durch die verstärkte *Arbeitsteilung*, die durch das ökonomische Prinzip hervorgerufen wurde, mit dem geringsten Einsatz (nämlich den bereits vorhandenen Mitteln) größtmögliche Ergebnisse zu erzielen, wurde der einzelne Mitarbeiter zu einem kleinen, auswechselbaren Bestandteil (dem ›Rädchen im Getriebe‹) der Organisation degradiert, für den kein Bezug seiner Arbeitsaufgabe zum Gesamtprozeß mehr erkennbar war. Dies hat auch Auswirkungen auf das *soziale Empfinden* der Mitarbeiter, die sich abhängig sehen von einem verflochtenen Verwaltungsapparat und somit als völlig unbedeutende Stelle in der Organisation fühlen. In den vergangenen Jahren wurden bereits einige Anstrengungen unternommen, um diese Entwicklung umzukehren: es wurde wieder stärker dezentralisiert und es wurden kleine, überschaubare Arbeitseinheiten geschaffen, in denen statt ungeteilter, zentraler Machtausübung *dezentrale Entscheidungsbefugnis* praktiziert wird.

Produktions- und Produktivitätssteigerungen lassen sich nicht mehr durch konsequent betriebene Arbeitsteilung, sondern nur über eine sinnvolle Integration der Mitarbeiter in den Arbeitsprozeß erzielen. In der Praxis bedeutet dies, daß alle Mitarbeiter einer Organisation nur mit Tätigkeiten betraut werden dürfen, für die sie überdurchschnittlich geeignet sind bzw. für die sie (möglichst auf eigenen Wunsch hin) qualifiziert wurden, sonst ist die Gefahr groß, daß Energien und Talente unnötig vergeudet werden oder ungenutzt verkümmern.

Wenn eine Tätigkeit ein gewisses Maß an *Verantwortung, Entscheidungskompetenz,* Urteilsvermögen und Kreativität vom Mitarbeiter verlangt, dann sollte ihm ein großzügig bemessener Freiraum eingeräumt werden, damit er eigenverantwortlich an die

Herausforderung der Lösungsfindung zu vorgegebenen Problemen herangehen kann. Wenn ein Aufgabenbereich jedoch weitgehend analysiert und auf bestimmte Verfahrensweisen ausgelegt ist, sollte der vorgegebene Ablauf eingehalten werden, um den mit der bisherigen Vorgehensweise erzielten Unternehmenserfolg nicht zu beeinträchtigen. Dies darf aber nicht so weit gehen, daß Verbesserungsvorschläge von Beginn unterbunden werden.

Durch *Grupppenarbeit* in *dezentralen Verantwortungsbereichen* lassen sich diese Erkenntnisse am besten umsetzen. Wirkungsvolle Teamarbeit innerhalb einer Gruppe oder unter Einbeziehung des (internen oder externen) Kunden bewirkt eine emotionale Verpflichtung des Einzelnen, sein Bestes zu geben. Ebenso werden Höchstleistungen durch die gegenseitige Unterstützung der Teammitglieder erreicht.

Durch die unmittelbare Beteiligung der Mitarbeiter am Planungs- und Produktionsprozeß werden durch gemeinsam erbrachte Anstrengungen der Zusammenhalt untereinander, Respekt und Verständnis füreinander erhöht. Können alle Beteiligten auf die Kompetenz der Kollegen und Führungskräfte vertrauen, rücken folgende Ziele in greifbare Nähe:

❑ Steigende Tendenz bei der *Produktivität*/Effektivität;
❑ Sinkende *Konfliktrate* bei der betrieblichen Zusammenarbeit;
❑ Einfachere *Kontrolle* der betrieblichen Abläufe durch das Management.

So lassen sich die Qualität der betrieblichen Leistungen und die Resultate durch das Wissen der Arbeitskräfte, die Art der Rückkopplung des Mitarbeiters mit seiner Umgebung und das Betriebsklima positiv beeinflussen.

Ein entscheidender Charakterzug einer Führungspersönlichkeit der Zukunft wird die Bereitschaft sein, operative Macht zu delegieren, um unternehmerische Macht zu erhalten und zu erweitern; nicht wie es in der Vergangenheit praktiziert wurde, Macht zu akkumulieren, um andere zu dominieren. Das Vermögen des Unternehmens ist das, was die Mitarbeiter vermögen, erwirken und können (vgl. Fuchs 1995). Arbeitskräfte wollen sich von Natur aus für ihre Aufgabenstellung verantwortlich fühlen und sind daher auch stark frustriert, wenn ihnen von der Unternehmensleitung nicht ein bestimmtes Maß an Selbständigkeit bezüglich der Entscheidungen und dem Urteilsvermögen in ihrem eigenen Tätigkeitsbereich zugestanden wird. In unserer Gesellschaft verlagern sich die Arbeitsbelange von der bloßen Notwendigkeit hin zu einer inneren Zufriedenheit durch eine menschengerechte Tätigkeit. Es gilt den *Wandel* von Ausführungsbefugnis zur Verantwortungsbefugnis zu vollziehen.

Dazu gilt es die *sozialen Bedürfnisse* der Mitarbeiter,

- ❑ in der Gesellschaft anerkannt zu werden,
- ❑ mit der Arbeit zufrieden zu sein,
- ❑ für sichtbaren Erfolg schnell und unbürokratisch belohnt zu werden,
- ❑ Lebensqualität auch bei der Arbeit zu erfahren und
- ❑ einen nützlichen Beitrag für die Gesellschaft zu erbringen

zu erkennen und konsequent zu fördern. Andernfalls wird ein solches Unternehmen nicht erfolgreich am Markt bestehen können.

Im Unternehmen bedeutet dies, daß die Führungskräfte das Bedürfnis der Mitarbeiter,

- ❑ zu einer Organisation zu gehören, die man aktiv mitgestaltet und auf die man stolz sein kann,
- ❑ seine persönlichen Fähigkeiten im Beruf selbständig und verantwortungsbewußt umzusetzen,
- ❑ in einem partnerschaftlichen Verhältnis zur Firmenleitung zu stehen und
- ❑ im Unternehmen Anerkennung für die selbst erbrachten Spitzenleistungen zu finden

erkennen, ernst nehmen und fördern. Die Probleme der Gegenwart, aber auch die Chancen für eine produktivere und erfolgreiche Zukunft sind eben in diesen Bereichen zu entdekken. Es gilt das Arbeitsumfeld - räumlich und psychisch - menschengerecht zu gestalten.

... Leistung belohnen

Bezüglich der Be- und *Entlohnung* ist gegenwärtigen Unternehmensstrukturen besonders anzulasten, daß sie den Mitarbeitern vorrangig eine Befriedigung der außerberuflichen Bedürfnisse (Lebensunterhalt, Freizeitaktivitäten) ermöglichen, aber nicht darauf abzielen, quasi als Nebeneffekt, den Mitarbeitern ein Gefühl der Bedeutsamkeit am Arbeitsplatz zu vermitteln. Es herrscht die Meinung vor, daß ein Mitarbeiter Hobbies, Urlaub oder sonstige Freizeitbeschäftigungen der Arbeit vorzieht. Daher muß sie ausreichend entlohnt werden, um überhaupt Interesse an der Arbeit zu erreichen. Dabei wird dann allerdings das fast bei allen Menschen vorhandene, aber unterschiedlich ausgeprägte *Leistungsprinzip*, d. h. der Wille zur Erbringung einer sinnvollen Leistung, außer acht gelassen.

Das Fehlen von immateriellen Ent- bzw. Belohnungen, etwa in Form

- ❑ eines interessanten Tätigkeitsgebietes,
- ❑ einer harmonischen Arbeitsumgebung,
- ❑ eines demokratischen Führungsstils,
- ❑ weitreichender *Entscheidungsbefugnis*,
- ❑ von *Eigenverantwortlichkeit* und Kompetenz bei der Aufgabenstellung und
- ❑ einer Anerkennung der erbrachten Leistung

ist wohl mit die Hauptursache für mangelndes persönliches Engagement im Beruf. So ist unter den gegenwärtigen Umständen die für die Zukunft notwendige Steigerung von Effizienz und Produktivität der Arbeit nicht umsetzbar, da sie von den Mitarbeitern nicht erbracht werden kann, weil ihnen die Möglichkeiten verweigert werden, ihre vorhandenen Fähigkeiten sinnvoll einsetzen zu können.

Die Freizeit gewinnt für den Menschen vor allem dann eine verstärkte Bedeutung,

- ❑ wenn keine Möglichkeit besteht, Aufgaben den jeweiligen Fähigkeiten entsprechend selbständig und eigenverantwortlich durchzuführen und
- ❑ wenn diese Leistungen anschließend nicht in angemessener Weise honoriert werden,
- ❑ wenn hoch qualifizierte Mitarbeiter durch einen autoritären *Führungsstil* geleitet werden und
- ❑ wenn der Arbeitsplatz insgesamt nicht befriedigt.

So werden die Mitarbeiter unbewußt vom Unternehmen dazu veranlaßt, sich mehr auf Freizeitaktivitäten zu konzentrieren, anstatt sich in einem positiver gestalteten Arbeitsumfeld zum Vorteil der Firma zu verwirklichen. Wenn man von den o. a. Voraussetzungen ausgeht, wird ein Problemkreis geschaffen, dem die Mitarbeiter nur sehr schwer entrinnen können: ihnen wird nur Interesse an außerberuflichen Aktivitäten unterstellt; es wird davon ausgegangen, daß sie ihren Beruf nur als notwendiges Übel betrachten. Als Folge werden sich die Mitarbeiter irgendwann entsprechend verhalten, wobei dies durch den Mangel an interessant gestalteten Arbeitsplätzen nur noch gefördert wird.

Daraus entwickeln sich die beiden negativen Symptome ›Dienst nach Vorschrift‹ und ›innere Kündigung‹.

... ›Dienst nach Vorschrift‹

›Bereits 1982 machte Dr. Reinhard Höhn auf ein Gespenst aufmerksam, das in unseren Unternehmen umgeht und ... [die] Ertragskraft der Betriebe lähmt.‹ (Volk 1989)

Gemeint ist der ›Dienst nach Vorschrift‹, die ›innere Kündigung‹, der sogenannte ›lautlose Abschied von der Leistung‹. Wie fortgeschritten dieses Phänomen bereits ist, zeigt folgende Zahl. Der Prozentsatz derer, die ihrem Betrieb den Leistungswillen und die Kreativität versagen, wird auf bis zu 50 % geschätzt (Volk 1989). In Zeiten, in denen von der deutschen Wirtschaft aufgrund der Konkurrenz aus Fernost, der Arbeitskostensituation etc. das Äußerste gefordert wird, sind eine Arbeitsgesinnung nach dem Motto: ›Der Feierabend ist das Schönste an der Arbeit‹ und eine fast schon systematische *Leistungsverweigerung* von seiten der Mitarbeiter eine untragbare Erscheinung; es sei denn, man will im Mittelmaß versinken, den Lebensstandard senken oder die Produktion in Billiglohnländer mit nicht absehbaren Folgen für die einheimische Wirtschaft und Gesellschaft verlagern.

Unter der Bezeichnung ›Dienst nach Vorschrift‹ versteht man eine Leistungszurückhaltung der Mitarbeiter als Reaktion auf Frustration und mangelnde Identifikation mit der Arbeitsaufgabe, dem Arbeitsumfeld oder der Organisation als solcher. Diese für ein Unternehmen im Zeitalter schwieriger Marktsituationen kritischen Leistungszurückhaltungen bedürfen oft keines konkreten Anlasses. Oft sind es Kleinigkeiten, die einen Mitarbeiter veranlassen, sein Leistungspotential bei der Verrichtung der beruflichen Arbeit zu minimieren, um sich dann umso engagierter für seine Freizeitaktivitäten einzusetzen. Meist werden diese Kleinigkeiten von der jeweiligen Führungskraft selbst verursacht oder schlicht übersehen. Im Folgenden nun einige der häufigsten Fehler von Führungskräften, die Leistungsminderung nach sich ziehen können:

❑ Das Mißachten des allgemeinen *Wertewandels* in den Einstellungen der Mitarbeiter.
❑ Das Mißachten unterschiedlicher Bedürfnisse der Mitarbeiter (Anerkennung, Selbstverwirklichung, gesellschaftlicher Status).
❑ Die Unfähigkeit der Unternehmensleitung, die Ziele der Gesellschaft mit den individuellen Zielen der Mitarbeiter zu vereinbaren.
❑ Falsche bzw. nicht mehr zeitgemäße *Unternehmensgrundsätze*, die nicht mit den Wertvorstellungen der Firmenangehörigen übereinstimmen (Unvereinbarkeit rein profitorientierter Ziele mit sozialen und umweltbezogenen Zielen).
❑ Uninteressante Gestaltung der Arbeitsplätze und -inhalte (fehlende horizontale und vertikale Abstimmung auf die Fähigkeiten der Mitarbeiter).
❑ Fehlende Möglichkeiten zur *Weiterqualifizierung*, keine gezielte Förderung von bestimmten Talenten.

❑ Schlechtes *Betriebsklima*, oft durch zahlreiche Konflikte belastet. Konkurrenz-
kampf vermindert Leistung, weil er einem produktiven Teamgeist entgegenwirkt.

❑ Einmal delegierte Kompetenzen oder Entscheidungsbefugnisse werden nach-
träglich zurückgenommen, d. h. implizite oder explizite Arbeitsanweisungen
werden gegeben oder wichtige Entscheidungen selbst getroffen.

❑ Anerkennung für gute Arbeitsleistungen der Mitarbeiter werden selbst beansprucht,
anstatt sie an die Basis des Erfolgs weiterzuleiten. Mißerfolge werden weiterhin
den unterstellten Mitarbeitern angelastet.

❑ Mangelndes Interesse an Vorschlägen oder Ideen der Mitarbeiter; Verbesserungsvorschläge oder ähnliche Innovationen werden abgewiesen oder mit ›Killerphrasen‹ schlechtgemacht.

... ›Innere Kündigung‹

Wenn man sich mit Motivation und ihrer Verwirklichung in der Arbeitswelt befaßt, sollte
der Begriff der Frustration sicherlich nicht ausgelassen werden. Frustration ist die Kehr-
seite der Motivation und äußert sich in einem Gefühl des Versagens, in Unzufriedenheit
und Enttäuschung. Je stärker die Motivation ist und je intensiver die Erwartungen sind,
desto größer ist die Wahrscheinlichkeit der Frustration. Anlässe für Frustrationen in der
Arbeitswelt können nicht eingehaltene Zusagen, abwertende Kritik und Leistungsdruck
sein. Es ist sicherlich unerläßlich, die vielfältigen Reaktionen auf Frustration deuten zu
können. Nach Podlech (1989) sind diese:

❑ Trotz, Widerstand;
❑ Aggression, Rache;
❑ Verleugnen, Schließen der Augen vor der Realität;
❑ Verschiebung auf andere Dinge oder Personen;
❑ Verdrängung;
❑ Resignation und innere Kündigung.

Die bedeutendste Reaktion bezüglich der künftigen *Leistungsbereitschaft* ist die innere
Kündigung. Welche Möglichkeiten hat eine Führungskraft, die ersten Anzeichen von
Leistungsminderung zu erkennen, um rechtzeitig Gegenmaßnahmen einleiten zu können?
Folgende Vorgänge in den Beziehungen zwischen Mitarbeitern und Führungskräften
sind zu beachten:

❑ *Befehlsempfänger-Mentalität*: keine konstruktiven Gegenargumente bei Auseinandersetzungen, kein Eintreten für die eigene Meinung, kein Einbringen eigener
Ideen, nur Zustimmung und Resignation.

❏ Anpassung an die Meinung, das Verhalten und die Vorstellung seiner unmittelbaren Führungskraft, jegliche Konfrontation wird vermieden, die zusätzliches Engagement von ihm verlangen und für die er eventuell später verantwortlich gemacht werden könnte.

❏ Abnahme von Interesse an Aufgabenbereichen, die vorher mit besonderer Begeisterung bewältigt wurden.

❏ Zunahme von Krankenstand oder sonstigen Fehlzeiten.

❏ Kommentarlose Akzeptanz ungerechtfertigter Kritik an seiner Person oder seinem Verhalten; Gleichgültigkeit.

❏ Ohnmacht bei allen Handlungen.

❏ Angst.

Wenn solche ›Symptome‹ verstärkt bei einem Mitarbeiter auftreten, ist es die Aufgabe der unmittelbar betroffenen Führungskraft, festzustellen, ob dies durch sein persönliches Führungsverhalten oder den Führungsstil an sich verursacht worden sein könnte.

Das Phänomen der *Leistungszurückhaltung* wird dann problematischer, wenn sozial- oder motivationspsychologische Faktoren zugrunde liegen. Im ersten Fall können durch gemeinsame Normen und Verhaltensstrukturen gruppendynamische Prozesse als ›Wir-Gefühl‹ gesteuert werden, indem die Gruppenmitglieder für sich selbst gemeinsame Werte definieren, um einen gemeinsamen Nenner der Interessen anzustreben. Bei den motivationspsychologischen Theorien wird ein weiterführender Gesichtspunkt als Motivation wirksam, was bedeutet, daß eine hohe Leistung zu einem vom Individuum als wertvoll erkannten Ziel führt, z. B. *sozialer Aufstieg, Anerkennung* oder mehr Gehalt. Dann wäre seine Leistungsminderung irrational; wird aber hohe Leistungsbereitschaft mit immer höheren Umgebungsanforderungen (kürzere Vorgabezeiten, weniger Personal) beaufschlagt, führt es zu als negativ erkannten Zielen, dann ist eine motivations-psychologische Leistungszurückhaltung absehbar.

In der Personalmatrix in Bild 2.5 sind die von den Mitarbeitern angestrebten Positionen, die Erwartungshaltungen und die sich für die Mitarbeiter ergebenden Handlungsoptionen zu erkennen. Aus den Tendenzen ergeben sich für die Führungskräfte Möglichkeiten, um die Entwicklungen zu beeinflussen.

Bild 2.5:   Personalmatrix

... Fazit und Lösungsansätze für die Zukunft

Zahlreiche vom Erfolg der vergangenen Jahre verwöhnte Unternehmen sehen sich heute einem harten Verdrängungswettbewerb ausgesetzt. Daraus ist ersichtlich, daß heute mit den in der Vergangenheit erfolgreichen Konzepten kaum noch Gewinne erzielt werden können, geschweige denn die in der Zukunft anstehenden Probleme bewältigt werden können. Die Verlagerung von der *technozentrischen Sichtweise* zu der *anthropozentrischen Sichtweise* muß endgültig realisiert werden. Nicht die Maschinen, sondern die Menschen stehen im Mittelpunkt. Wie bereits erwähnt ist eine Verlagerung von Werten der Gesellschaft wie Leistung, Disziplin, Macht, Gehorsam, Karrierestreben oder Einkommensmaximierung hin zu neuen Werten wie Selbstbestimmung, Verantwortung, Bedürfnisorientierung, Partizipation, Kooperation, Innovation oder Kreativität eingetreten.

Waren Unternehmen in der Vergangenheit vorwiegend an der Gewinnmaximierung orientiert, muß der Betrieb von heute stärker *umwelt-*, *kunden-* und v. a. *mitarbeiterorientiert* aufgebaut werden, um im Wettbewerb bestehen zu können. Der *Arbeitszufriedenheit* und den Bedürfnissen der Mitarbeiter muß eine zentrale Bedeutung beigemessen werden. Ein Unternehmen darf nicht mehr nur aus wirtschaftlichem Interesse funktionieren, seine Stärke kommt von den breitgefächerten menschlichen Werten wie Erneuerungsbereitschaft, Wertschätzung, Zusammenarbeit und gegenseitige Achtung.

Bisher dominierte in den meisten Betrieben durch den Aufbau einer stark hierarchischen Machtstruktur eine vorwiegende *Fremdsteuerung* der Arbeit, die zur Unterdrückung von für die Persönlichkeitsentwicklung elementaren Bedürfnissen bei den Arbeitskräften führte. Zahlreiche *Hierarchiestufen* sind unproduktiv, erschweren die Kommunikation und verursachen unnötige Gemeinkosten.

Jetzt und künftig wird es nur durch viel ausgeprägtere *Selbststeuerung* des einzelnen langfristig möglich sein, diesen negativen Prozeß zu überwinden. Eine bewußtere Integration des Individuums (unter Beachtung seiner Bedürfnisse) in die unternehmerische Gesellschaft ist erforderlich, um das Potential der Mitarbeiter im Sinne eines wettbewerbsfähigen Unternehmens voll nutzen zu können. Die freie Persönlichkeitsentwicklung der Menschen muß in einer solchermaßen orientierten *Unternehmenskultur* im Mittelpunkt stehen. Die notwendigen Voraussetzungen für eine solche Managementform sind entsprechende Eigenschaften der Unternehmensmitglieder auf allen Ebenen, wie z. B.

- ❏ Übernehmen von Vorbildfunktionen,
- ❏ Kooperationsbereitschaft,
- ❏ gegenseitiges Führen,
- ❏ Kollegialität und
- ❏ Hilfsbereitschaft.

Wenn die Führungskräfte dafür Sorge tragen, daß die Führungsmethoden die psychologischen Gegebenheiten der Mitarbeiter berücksichtigen, sie fördern und unterstützen und nicht durch unangemessenes Verhalten der Führungskraft blockieren, wird die Produktivität künftig ein höheres Niveau erreichen. Das bedeutet, daß die Mitarbeiter innerhalb eines gewissen Ordnungssystems ihren eigenen, produktiven Arbeitsstil ausleben dürfen und ihnen nicht die Vorstellungen der Führungskraft oder einengende Konzepte zur Aufgabenbewältigung vorgeschrieben werden. In diesem Sinne produktivitätsbeeinflussende Faktoren sind in Bild 2.6 dargestellt.

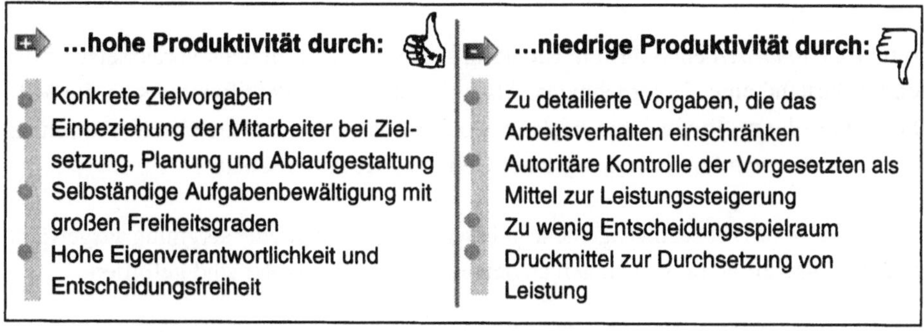

Bild 2.6:   Faktoren, die die Produktivität beeinflussen

Will man hohe Produktivität erreichen, so ist eine ganzheitliche Betrachtungsweise des Unternehmens wichtig. Durch das Prinzip der Arbeitsteilung betrachtet man im Zuge der Rationalisierung Arbeitsprozesse nur als Teilaspekte. Mit der *Gruppe* als Arbeitsstruktur erzielt man ein Verständnis der Gruppenmitglieder für den gesamten Produktionsprozeß, das nach entsprechender Weiterqualifizierung zur Beherrschung der ganzen Phasen des Arbeitsablaufs führen soll (Bild 2.7).

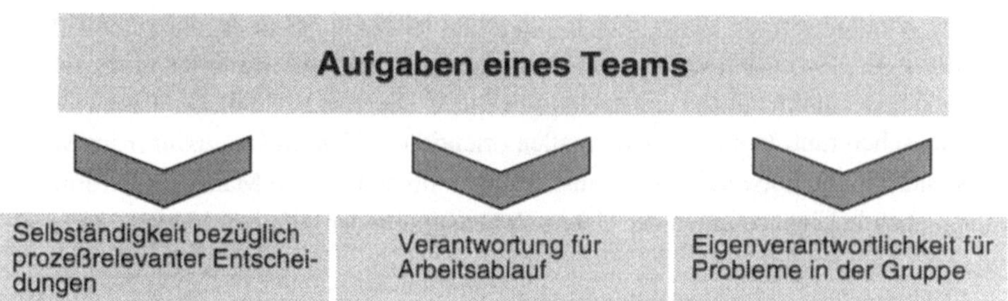

Bild 2.7:   Aufgaben eines Teams als arbeitsorganisatorische Einheit

Die Vorteile dieses ›Prozeßmanagements‹ sind nachfolgend dargestellt:

- ❑ Entstehung eines Zusammengehörigkeitsgefühls ›Teamgeist‹;
- ❑ Verantwortlichkeit jedes einzelnen Teammitglieds seinen Mitarbeitern gegenüber bezüglich der eigenen Tätigkeit;
- ❑ Problemlösung in der Regel innerhalb des Teams;
- ❑ Beherrschung sämtlicher Tätigkeiten durch alle Teammitglieder;
- ❑ Vermeidung von Monotonie durch Job-Rotation;
- ❑ Bewältigung neuer Aufgaben, Bereicherung an persönlichen Fähigkeiten;
- ❑ Möglichkeit zur Überbrückung einzelner Ausfälle durch die Fähigkeit der Teammitglieder, alle Tätigkeiten ausüben zu können;
- ❑ Erweiterte Selbstkontrolle und Qualitätsprüfung.

Somit ist *Teamarbeit* ein Schritt in Richtung größerer Flexibilität als Voraussetzung für den Fortbestand eines Unternehmens. Als weiteren Vorteil identifizieren sich die Mitglieder mit ›ihrem‹ Produkt, sie erfahren Stolz auf das von ihnen Geleistete und fühlen sich verantwortlich für ein reibungsloses Gelingen des Arbeitsablaufs.

Für den Erfolg des Prozeßmanagements müssen die Teammitglieder sorgfältig ausgewählt werden. Folgende Voraussetzungen an den einzelnen Mitarbeiter sind gefordert:

- ❑ Leistungsbereitschaft;
- ❑ Verantwortungsbewußtsein;
- ❑ Einsatz auch für andere;
- ❑ Teamfähigkeit;
- ❑ Freude an abwechslungsreichen Tätigkeiten;
- ❑ Kommunikationsbereitschaft;
- ❑ Akzeptanz konstruktiver Kritik;
- ❑ Lernbereitschaft;
- ❑ die Fähigkeit, anderen das eigene Können weitervermitteln zu können und zu wollen.

Ausblick

Neben der finanziellen Befriedigung ist die psychologische Bedürfnisbefriedigung als wichtiger Motivator zu beachten. Die Darstellung verschiedener motivationstheoretischer Grundlagen erfolgt im folgenden Kapitel drei.

3

Motivationstheoretische Grundlagen
oder ›Wie motiviere ich meine Mitarbeiter?‹

›Die Ziele des Unternehmens werden
durch Menschen verwirklicht. Deswegen
ist es eine unserer wichtigsten Aufgaben,
Systeme, Instrumente und Konzeptionen zu
entwickeln, die die Voraussetzung bieten, Ziele
von Mitarbeitern im Unternehmen zu integrieren.‹
(Personal 1991)

Die im folgenden Kapitel drei erläuterten motivationstheoretischen Grundlagen sind Ansatzpunkte, um die dargestellten Voraussetzungen für eine größere Leistungsentfaltung des Mitarbeiters zu bewirken.

Obwohl zur Bewältigung der aktuellen wirtschaftlichen Probleme Lösungsvorschläge in Form von pragmatischen und praktischen Konzepten gefragt sind, ist es unerläßlich, diese Konzepte auf eine fundierte wissenschaftliche Basis zu stellen. Denn ohne die Kenntnis und den Hintergrund der Theorien zu Motivation, Arbeitszufriedenheit und, letztlich damit verbunden, Leistung, besteht die Gefahr, daß so manches Problemlösungsangebot entweder auf dem Niveau von Schlagwörtern und Phrasen steckenbleibt oder im anderen Extremfall zu ungerechtfertigter Ideologisierung neigt.

Aus diesem Grund werden in den folgenden Abschnitten Grundzüge und Ansätze der *Motivationstheorie* diskutiert. Aus verständlichen Gründen kann dabei nicht immer auf

alle Details eingegangen werden. Tiefergehende Analysen dazu bieten einschlägige
Quellen, wie z. B. Wiswede (1980) und Fischer (1989).

Die Leser, die mit den theoretischen Grundlagen zur Motivation bereits vertraut sind,
können beruhigt zum nächsten Kapitel übergehen. Den interessierten Lesern sollen sie
dennoch nicht vorenthalten werden.

... Das Unternehmen als Sozialgefüge

Die vornehmliche Aufgabe eines Unternehmens ist die Erstellung von Leistungen durch
eine sinnvolle, d. h. dem ökonomischen Prinzip entsprechende, Kombination der Produk-
tionsfaktoren Kapital, Rohstoffe, Energie, Umwelt und Arbeit. Mittel und Wege hierzu
sind technischer Fortschritt, Planung und Organisation sowie das Leistungsverhalten
der Mitarbeiter, z. B. Arbeitsmoral und Solidarität. Angesichts der Knappheit der Ressourcen ist es erstrebenswert, einen hohen Nutzen mit einem möglichst geringen Aufwand
oder bei einem vorgegebenen Aufwand den größtmöglichen Nutzen zu erzielen. Dies
bedeutet, daß ein Unternehmen einen technologischen Komplex darstellt, in dem alle
Betriebsmittel optimal genutzt weden sollten.

Darüber hinaus ist ein Betrieb auch ein soziales Gebilde, in dem Individuen zusammenarbeiten, um soziale Bedürfnisse zu befriedigen, in dem zwischenmenschliche Kontakte
und Beziehungen gebildet und gepflegt werden, in dem aber auch Konflikte entstehen,
weil sich die Mitglieder durch unterschiedliche Interessen und Eigenschaften voneinander
unterscheiden. Hinzukommt, daß jeder Aufgabenträger in einer solchen Organisation
bestimmten Verhaltenserwartungen unterliegt, sei es durch Kollegen, Führungskräfte
oder auch durch die Familie. Demnach ist ein Unternehmen ein offenes *sozio - technisches
System*, dessen Systemelemente so zu gestalten sind, daß die Systemziele bestmöglich
erreicht werden.

Dies verdeutlicht, daß der betriebliche Arbeitsablauf und die betriebliche Leistungserstellung keinesfalls rein technisch - rational betrachtet, analysiert und gestaltet werden
können, sondern daß vielmehr auf das Individuum und seine sozialen Beziehungen im
Unternehmen mehr Wert gelegt werden muß.

Insbesondere das Leistungsverhalten des Mitarbeiters, dessen Optimierung Schwerpunkt
und Ziel dieser Arbeit sein soll, wird sehr stark von psychischen und sozialen Begleit-
umständen nicht nur des Arbeitsprozesses mitbestimmt. D. h. nicht nur rational erfaßbare
und geplante Maßnahmen der Unternehmensleitung, sondern auch aus der Psyche des
Individuums herrührende, von dessen Erwartungen, Bedürfnissen und Trieben gesteuerte

Verhaltensweisen bestimmen das Verhalten gegenüber Führungskräften, der Unternehmensführung und der Mitarbeiter zueinander und damit das Leistungsniveau des Faktors Mensch in der industriellen Produktion.

...Der Mitarbeiter als Individuum

Ähnlich wie beim Unternehmen als Gefüge mehrerer Menschen ist auch das Verhalten des Individuums von zwei Aspekten beeinflußt. Dies sind zum einen seine Anlagen, d.h. die individuellen psychischen und physischen Gegebenheiten, zum anderen die Faktoren der Umwelt, zu denen gesellschaftliche, kulturelle und organisatorische Bedingungen sowie unmittelbare soziale Beziehungen zählen.

Durch das Zusammenspiel dieser beiden Prägungen wird es äußerst schwierig, menschliche *Verhaltensweisen*, wie z. B. Aggressivität, Isolation oder mangelnde Leistungsbereitschaft, richtig einzuschätzen und daraus geeignete Maßnahmen abzuleiten. Wer dabei mit der sprichwörtlichen Menschenkenntnis gesegnet ist, wird sich auf diesem Gebiet leichter tun als andere, wenngleich es auch für diese möglich sein sollte, durch die Kenntnis bestimmter Grunderfordernisse ein besseres Verständnis für das menschliche Arbeitsverhalten zu erlangen. Zu solchen Erfordernissen zählen sicherlich eine theoretische Basis und eine planmäßige Beobachtung der anderen und der eigenen Person.

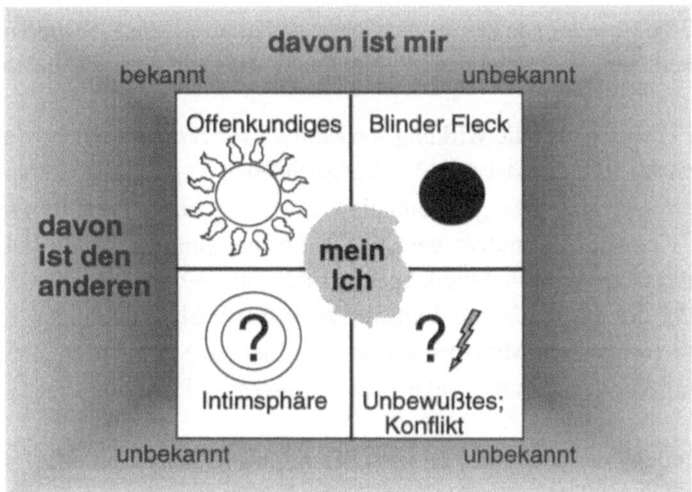

Bild 3.1:   Johari - Fenster

Speziell was die eigene Person anbetrifft, ist es von Vorteil, sich von Phänomenen wie Vorurteilen, Stereotypen oder Sich-selbst-erfüllenden-Prophezeiungen zu befreien. Das sogenannte Johari - Fenster (Bild 3.1) analysiert das ›Eigene Ich‹ und zeigt, welche Facetten der Persönlichkeit die Beurteilung der eigenen Person beeinflussen.

Schwerpunkt der folgenden Ausführungen wird aber die theoretische Behandlung der Motivationsfrage sein.

... Was ist Motivation ?

Definition Motivation:

Niemand hat je Motivation ›gesehen‹, genau wie nie jemand Lernen ›gesehen‹ hat. Was wir sehen, durch systematische Beobachtung von Situationen, Reizen und Reaktionen, sind Veränderungen im Verhalten. Um diese beobachtbaren Veränderungen zu erklären oder zu rechtfertigen, ziehen wir indirekte Schlüsse über die ihnen zugrundeliegenden psychischen und physiologischen Prozesse, Schlüsse, die unter dem Begriff ›Motivation‹ zusammengefaßt werden (Zimbardo, P. G. 1983).

In diesem Zusammenhang sind die drei Begriffe Motive, Motivation und Motivieren voneinander abzugrenzen (vgl. Podlech 1989).

Motive sind die Bewegründe des menschlichen Verhaltens, sozusagen die Triebfeder der Persönlichkeit, die bei entsprechender Stimulation das Denken und Handeln bestimmt.

Es gibt drei Theorien über die Wirkung von Motiven für das menschliche Handeln. Dies ist zum einen das Grundmuster der erkenntnissuchenden (kognitiven) Motivorientierung, bei der sich der Mensch die eigene Situation bewußt macht und daraufhin zielorientiert handelt. Als zweite Alternative besteht die Befriedigung suchende (kathektische) Motivorientierung, die nach Möglichkeiten sucht, aus der vorliegenden Situation die Befriedigung der vorhandenen Wünsche zu bewerkstelligen. Zuletzt existiert die auswählende (evaluative) Motivorientierung, bei der die Motive nach allen Seiten hin gemäß einer Prioritätenordnung untersucht und ausgewählt werden.

Eine Unterteilung der Motive im Bereich der Arbeitstätigkeit kann dabei in *materielle* und *immaterielle Hauptmotive* erfolgen. Zu den materiellen Hauptmotiven gehören

    ❑ das Geldmotiv, das nach relativer Gehaltsgerechtigkeit strebt und
    ❑ das Sicherheitsmotiv, das sich auf den Erhalt des Arbeitsplatzes bezieht.

Immaterielle Hauptmotive sind

- ❏ das Statusmotiv, das eng mit der Erlangung von Statussymbolen verbunden ist,
- ❏ das Kompetenzmotiv, das Streben nach Aufstieg und Macht bewirkt,
- ❏ das Kontaktmotiv und
- ❏ das Leistungsmotiv, das auf die Selbstverwirklichung im Arbeitsprozeß abzielt.

Motivation ist die Bereitschaft zum Handeln oder zu einem bestimmten Verhalten, die sich einstellt, wenn ein Motiv, z. B. durch äußere Anreize oder eigene Hoffnung, realisierbar erscheint. Zum einen erklärt Motivation menschliches Verhalten und zum anderen ist sie ein Begriff für unmittelbar Erlebtes.

›Unter Motivation verstehen wir ... einen Zustand des Angetriebenseins, in welchem sich Motive manifestieren, die auf die Reduktion einer Bedürfnisspannung abzielen. Je stärker die Bedürfnisspannung ist, desto intensiver ist auch die Motivation. ... Es gehört zum menschlichen Sein, daß es nie ganz ohne Motivation ist: sobald ein Motiv erloschen ist, entsteht wieder ein neues Motiv.‹ (Correll 1970). Dabei kann von einem rhythmischen Verlauf motivierten Verhaltens ausgegangen werden: Ein *Bedürfniszustand* (Motiv) führt zur Suche nach einem *Anreiz* (Aktivierung), der dieses Bedürfnis befriedigt und schließlich zur Sättigung.

Es ist wichtig zu wissen, daß manche Motivationen nicht zur Entfaltung kommen, weil z. B. kulturelle Wertvorstellungen oder Gruppennormen diesen widersprechen. Nicht zuletzt aus diesem Grund ist die Kenntnis kultureller, sozialer und organisationaler Randbedingungen eine wichtige Voraussetzung für das Verständnis des Arbeitsverhaltens und der Motivation.

Demgegenüber ist Motivieren der Versuch, durch entsprechende Maßnahmen ein Motiv zu aktualisieren, so daß Motivation entsteht. Speziell auf den Arbeitsprozeß bezogen bedeutet dies, unter Beachtung der individuellen Motive, eine Beeinflussung des Mitarbeiters zu einem erwünschten Verhalten, z. B. durch Vergabe von materiellen und immateriellen Anreizen.

Während also Motivation fragt, warum Menschen unter bestimmten Bedingungen so und nicht anders arbeiten und Leistung erbringen, also eher von theoretischem Interesse ist, fragt die Motivierung, wie man Menschen dazu veranlassen kann, mehr oder besser zu arbeiten, wendet sich also eher dem pragmatischen Gesichtspunkt zu.

Die Prozeßkette von Anreiz zu Leistungswille ist in Bild 3.2 dargestellt. Auf die Situation im Unternehmen übertragen bedeutet das, daß sich durch eine bestimmte Gestaltung des

Arbeitsumfelds bzw. der Arbeitsorganisation eine *Anreizstruktur* schaffen läßt, deren Intention es ist, die in diesem Bereich tätigen Personen zu einem auf ein bestimmtes Ziel ausgerichtetes Verhalten zu veranlassen.

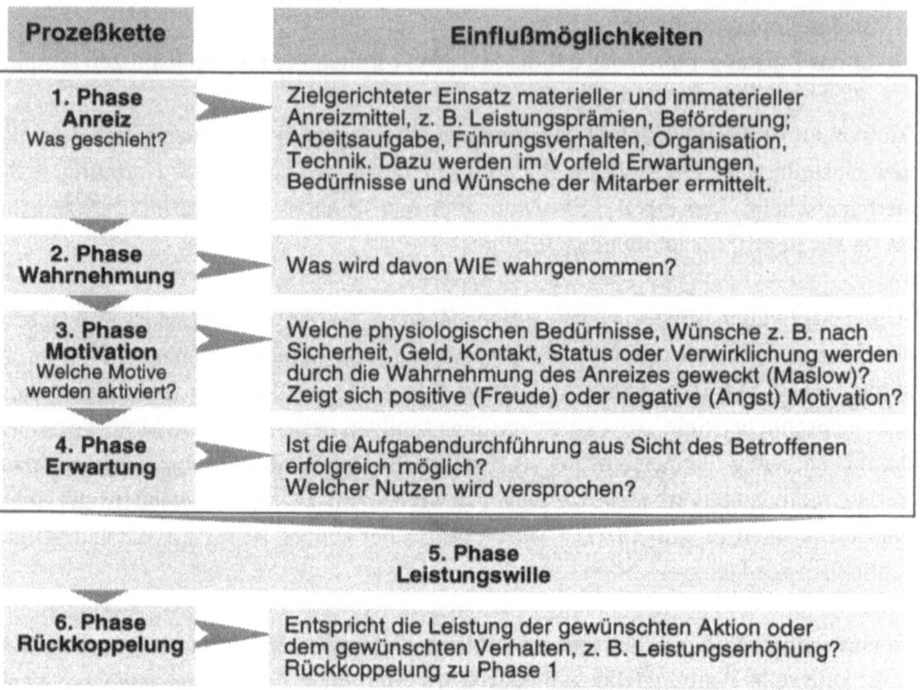

Bild 3.2:   Vom Motivationsprozeß zum Leistungsprozeß

...Formen der Motivation

Bezüglich der Motivation gibt es verschiedene Klassifikationsmöglichkeiten. Eine Einteilung unterscheidet in *unbewußte und bewußte Motivation*. Während das Individuum bei der unbewußten Motivation nichts von seinen Motiven weiß, können aus der bewußten Motivation zahlreiche ›verfälschende‹ Verhaltensweisen hervorgehen. Aus verschiedensten Gründen werden oft die ›wahren‹ Motive eines Handelns verborgen, oder es werden sogenannte Scheinmotive erfunden, wenn das Individuum glaubt, die Umwelt billige seine wahren Motive nicht, weil sie mit Normen und Werten nicht übereinstimmen. Daraus ist die Schlußfolgerung zu ziehen, daß auch bei der Arbeit Vorstellungen über Handlungsursachen und -ziele geäußert werden, die nicht der wahren Motivation entsprechen.

Eine weitere Klassifikation der Motivation erfolgt nach den Enstehungsbedingungen von Motivation. Bei der primären, auch sachbezogenen Motivation sind die bestimmenden Motive, die wie z. B. Schlaf und Hunger eng mit dem physiologischen Geschehen zusammenhängen, angeboren. Dadurch sind Bedürfnis und Ziel deckungsgleich, d. h. das Individuum wird aktiv um dieser Aktivität willen. Dies bedeutet gleichzeitig, daß zur Motivierung keine zusätzlichen Belohnungen und Druckmittel benötigt werden. Das Erreichen der Zielsetzung ist zugleich Bedürfnisbefriedigung und Erfolgsgefühl. Im Vergleich dazu ist die sekundäre, auch sachfremde Motivation sozial erlernt.

›Sekundäre Motivation ist als Zustand definiert, in dem ein Individuum aktiv wird, um durch diese Aktivität etwas zu erreichen, was künstlich oder willkürlich auf diese Aktivität bezogen ist. Die Arbeit ist in diesem Falle nicht Selbstzweck, sondern Mittel zum Zweck.‹ (Correll 1970).

Die Motivation erfolgt dann über den Umweg Belohnung oder Druck. Sie ist in diesem Fall weitaus schwieriger zu erzielen, da das eigentliche Ziel bzw. die gestellte Aufgabe keinen direkten Bezug zum individuellen Bedürfnis hat. Es besteht aber die Möglichkeit, sekundäre in primäre Motivation überzuführen und damit zu erreichen, daß der Mensch aus Interesse an der Sache selbst aktiv wird, intensiver arbeitet und eine intensivere Befriedigung erlebt.

Die wichtigste Unterscheidung, v. a. für die Frage der Arbeitsmotivation ist die der extrinsischen und intrinsischen Motivation (Bild 3.3). Extrinsisch motiviert ist ein Verhalten immer dann, wenn äußere Belohnungen, z. B. das Lob der Führungskraft oder eine Gehaltserhöhung angestrebt werden. Intrinsisch motiviert ist ein Verhalten, wenn das Handlungsergebnis um seiner selbst willen angestrebt wird. ›Die Quelle der Belohnung ist das eigene Ich.‹ (Wiswede 1980). Man geht davon aus, daß die intrinsische Motivation die wirkungsvollere und stabilere Form der Motivation ist, da sie aufgrund ihrer Nähe zu individuellen Zielen gegenüber wechselnden Umweltbedingungen und Anreizsystemen weitgehend invariant ist.

Im allgemeinen wird eine additive Beziehung zwischen intrinsischer und extrinsischer Motivation angenommen. Dennoch besteht die Möglichkeit einer Umkehrungsbeziehung, d. h. unter bestimmten Voraussetzungen können unerwartete Belohnungen, die ohne erkennbaren Zusammenhang zu der eigenen Leistung stehen, die intrinsische Motivation abschwächen. Erhält beispielsweise jemand dafür, daß er interessante und attraktive Tätigkeiten ausübt auch noch eine Belohnung, könnte er daraus folgern, daß es ihm an eigenem Interesse für die Tätigkeit fehlen könnte (Beispiel aus Wiswede 1980). Generell kann man aber sagen, daß es zwischen extrinsischer und intrinsischer Motivation Übergangsfelder gibt, weil alle intrinsischen Belohnungen ursprünglich extrinsische Belohnungen waren, nämlich bevor sich der Mensch selbst belohnen konnte. Wiswede (1980) folgert daraus, daß es sicherlich kein brauchbares Rezept von Managern sei, die intrinsische Motivation dadurch zu fördern, daß man extrinsische Belohnungen abbaut. Es sei höchst unwahrscheinlich, daß ein Spitzenmanager das Interesse an seiner Tätigkeit verliert, weil man ihm ein Spitzengehalt anbietet. Eher wäre wohl zu erwarten, daß ein zu niedrig angesetztes Gehalt das Selbstwertgefühl des Betroffenen verletzt und er sich deshalb zurückzieht. Zimbardo (1983) schreibt richtig: ›Wenn eine Handlung nur durch extrinsische Motive bewirkt wird, jedoch die intrinsische, innere Motivation fehlt, dann besteht die Gefahr, daß die Handlung dennoch nicht durchgeführt wird‹.

Extrinsische Motivationsfaktoren:

- Bedürfnis nach Geld
- Inhaltlich spezifizierbare Konsumbedürfnisse
- Sicherheitsbedürfnis
- Geltungsstreben

Intrinsische Motivationsfaktoren:

- Bedürfnis nach Tätigkeit
- Bedürfnis nach Sinngebung und Selbstverwirklichung
- Leistungsmotivation
- Machtbedürfnis
- Kontaktbedürfnis
- Sexualität

Bild 3.3: Extrinsische und intrinsische Motivationsfaktoren (Beispiel)

... Das Streben nach Erfolgserlebnissen und Anerkennung

Bei der Betrachtung der Hauptmotivatoren zur Leistungserbringung lassen sich aus der Geschichte drei Phasen definieren (Bild 3.4). Eine positive Motivation der Mitarbeiter durch das *Sozialgefüge* wird zukünftig noch mehr als heute entscheidenden Einfluß auf das Erfolgspotential eines Unternehmens haben, wobei die Voraussetzung die erhöhte Arbeitszufriedenheit der Mitarbeiter in allen Bereichen ist. Die Befriedigung der sozialen Bedürfnisse orientiert sich an

- ❏ der Stellung in der Gesellschaft,
- ❏ der Anerkennung der Tätigkeit im Betrieb,
- ❏ einer sinnvollen und erfüllenden Aufgabenstellung und
- ❏ guten zwischenmenschlichen Beziehungen in der Arbeitswelt.

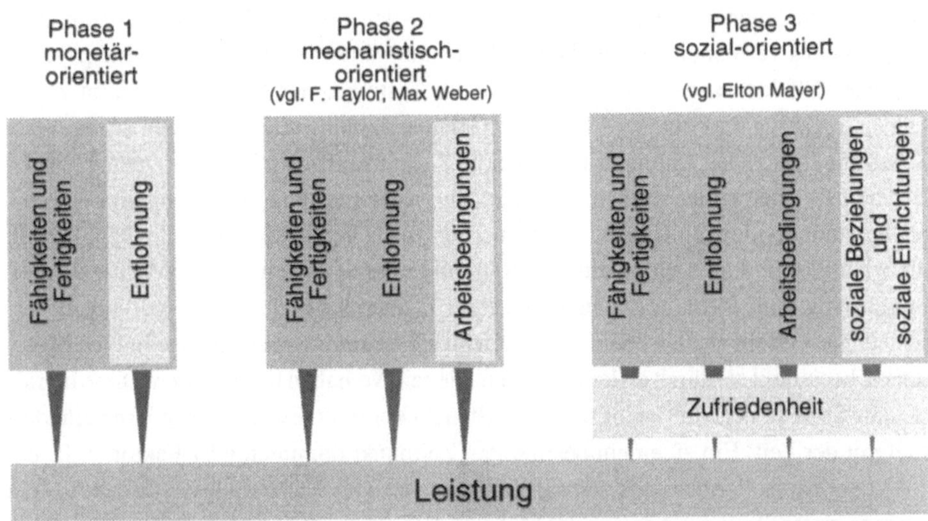

Bild 3.4: Motivatoren der Leistung

Das Bedürfnis, Erfolg zu haben, ist ein elementares Streben des Menschen. Dabei ist nichts motivierender als der Erfolg selbst. Erfolg ist ein Motivator, denn Verhaltensweisen, die zum Erfolg führen, werden erneut angewandt, um wiederum Erfolg zu haben. Es ist wissenschaftlich erwiesen, daß der Mensch seelisch und körperlich krank werden kann, wenn er langfristig keinen Erfolg erfährt. Deswegen müssen den Mitarbeitern bewußt *Erfolgserlebnisse* ermöglicht werden, denn erst dadurch werden die Voraussetzungen für ein harmonisches und gesundes Zusammenleben und damit die Voraussetzung für optimale Leistungsfähigkeit geschaffen.

Erkenntnisse aus der *Verhaltensforschung* haben gezeigt, daß das Streben nach Anerkennung in der Gesellschaft und im beruflichen Arbeitsbereich noch vor der Erfüllung von Besitzbedürfnissen die stärkste Antriebskraft für menschliche Leistungen darstellt. Der Mensch strebt demnach weniger nach Entgelt als wichtigster Belohnung für erbrachte Leistungen, sondern nach persönlicher Sinnerfüllung und Anerkennung für seine Fähigkeiten. Eine Besserstellung in Form einer Beförderung eines einsatzfreudigen Mitarbeiters bedeutet für ihn, anerkannt zu werden. Dies ist gleichzeitig mit mehr Verantwortung und Ansehen verbunden, was sein Streben nach Anerkennung in der Gesellschaft weiter befriedigt. Beförderungen sind daher eine Form der Belohnung für die Freude an der Arbeit und die Leistungsbereitschaft eines Mitarbeiters.

Diese Form der Leistungsmotivation muß aber nicht zwingend mit einer Erweiterung des Tätigkeitsbereichs verbunden sein, bereits der Effekt der Beförderung allein gibt dem Arbeitnehmer das Gefühl, geschätzt zu werden und die ihm entgegengebrachte Anerkennung verdient zu haben. Durch die Kombination von finanziellen und psychologischen Effekten kann eine Beförderung ein Ansteigen der Arbeitsmotivation verursachen, mehr als dies eine gleichwertige Gehaltserhöhung allein auslösen könnte. Die Schaffung finanzieller Anreize muß immer im Zusammenhang mit anderen menschlichen Bedürfnissen betrachtet werden. Für eine dauerhafte Leistungssteigerung gibt es zahlreiche, im individuellen Umfeld des Menschen zu suchende Methoden der Motivation, die wichtiger sind als Geld allein. Die Rangfolge dieser verschiedenen Motive werden sowohl von ihrer Struktur als auch von ihrer Dynamik her durch die individuell verschiedenen Gegebenheiten bedingt. Meist wird ein Mensch von einem bestimmten Motiv stärker beeinflußt als durch andere Faktoren, die sein Verhalten beeinflussen. Diese hierarchische Struktur der Motivationsfaktoren ist nicht konstant festgelegt, sondern verändert sich mit der Zeit. Ein zu einem bestimmten Zeitpunkt dominierender Faktor, z. B. ein größerer finanzieller Vorteil für erbrachte Arbeitsleistung, kann wenig später schon nicht mehr an erster Stelle der Abfolge der Motivationsfaktoren stehen. Sobald ein Motiv ausreichend befriedigt ist, tritt ein anderes an seine Stelle.

Eine weitere entscheidende Grundvoraussetzung für die Bereitschaft, gute Leistungen zu erbringen, ist neben besagten Motivationsfaktoren ein gutes *Betriebsklima* sowie ein intaktes soziales Beziehungsgefüge. Es ist die Aufgabe der Führungskräfte, in diesem Bereich der zwischenmenschlichen Beziehungen durch aktives Vorleben der Unternehmenskultur ein gegenseitiges Gefühl der Übereinstimmung, ein ›Wir-Gefühl‹ zu erzeugen. Das dadurch entstehende vertrauensvolle Verhältnis zwischen allen im Unternehmen tätigen Menschen schafft einen Rückhalt in der Organisation. Ein solcher Prozeß, der anderen Menschen das Gefühl gibt, im Einklang mit ihrer Umgebung zu arbeiten, erzeugt ein Gefühl der Einheit und vermittelt Anerkennung.

... Motivationstheorien

Motivationstheorien sind Modelle, die die Entstehung, Bedeutung und Nutzung von Motiven zu erklären suchen und das Zusammenspiel von Motivation, Leistung und Arbeitszufriedenheit hinterleuchten. Bei der Erforschung dieses Komplexes lagen und liegen recht unterschiedliche und zum Teil widersprüchliche Zielsetzungen und Interessen vor, aus denen sich im Laufe der Zeit regelrechte Forschungstraditionen bildeten. Die Differenzierung rührt dabei hauptsächlich aus dem Spannungsfeld Ökonomieziele versus Humanziele her.

›Ein (Arbeits-) Zufriedenheitsbegriff, der zur Realisierung des Ökonomiezieles eines Unternehmens die Abwesenheitshäufigkeit der Mitarbeiter prognostizieren soll, muß

nicht identisch sein mit einem solchen, der die Interessen der Organisationsmitglieder -
etwa im Sinne einer persönlichkeitsfördernden Tätigkeit - berücksichtigen soll‹ (Fischer
1989). Daher unterscheidet man bezüglich der *Veränderungsstrategien* vier Typen (Bild
3.5).

Klassifikation	Typ A	Typ B
Motiv	primär ökonomisch	primär ökonomisch
Als Ursache postuliertes Ziel	Effektivität als Hauptziel	Zufriedenheit als Vehikel
Als Folge gedachtes Ziel	Zufriedenheit als Nebeneffekt	Effektivität als Endziel
Beispiel	Scientific Management (Taylor)	Human Relations Bewegung

Klassifikation	Typ C	Typ D
Motiv	primär sozial	primär sozial
Als Ursache postuliertes Ziel	Effektivität als Vehikel	Zufriedenheit als Hauptziel
Als Folge gedachtes Ziel	Zufriedenheit als Endziel	Effektivität als Nebeneffekt
Beispiel	Behindertenwerkstätten	

Bild 3.5:   Forschungstypen der Motivation (nach Fischer 1989)

Diese Unterteilung betrifft alle Forschungen im Rahmen der sogenannten Organisationspsychologie. Nicht unerwähnt bleiben sollten aber auch die Untersuchungen auf dem
Gebiet der Sozialberichterstattung. Im Gegensatz zu den vorgestellten Typen liegt hier
das Hauptaugenmerk auf den physischen und psychischen Kosten der Arbeit. Vor allem
in den 70 er Jahren diente eine solche Forschung als empirische Grundlage für die staat-
liche Sozialpolitik. Sie ist eine primär human orientierte Forschung, deren Zielsetzung
die Entfaltung des Menschen am Arbeitsplatz ist, eine Richtung, die Arbeitszufriedenheit
als sozialen Indikator für die Lebensqualität sieht.

... Das Modell des Scientific Management

Diese dem Typ A zuzurechnende Forschungsrichtung wurde hauptsächlich von F. W.
Taylor postuliert und ist geprägt von einem Menschenbild des stupiden, nur materiell
motivierten Arbeiters, der primär um des Lohnes willen arbeitet. Er gilt als desinteressiert
an Inhalten der Arbeit und als verantwortungsscheu. Daraus bildete Taylor eine Erklä-
rungskette folgenden Musters:

Arbeits- **➤** größere **➤** bessere **➤** größere
analyse   Effektivität   Bezahlung   Zufriedenheit

Als Resultat dieser Sichtweise ergaben sich drei Handlungsempfehlungen (Bullinger 1994):

❑ Der Manager hat seine Untergebenen eng zu überwachen und zu kontrollieren;
❑ Er soll Aufgaben in einfache, repetitive, einfach zu lernende Schritte aufteilen;
❑ Er soll detaillierte Anweisungen entwickeln und durchsetzen.

die sich mit folgenden Erwartungen verknüpften:

❑ Menschen ertragen Arbeit, wenn der Lohn stimmt und der Vorgesetzte fair ist;
❑ Wenn die Aufgaben einfach genug sind und die Mitarbeiter eng kontrolliert werden, erreichen sie das Soll.

Konkret hatte dies die *Arbeitsteilung* mit all ihren Konsequenzen zur Folge. Diese Arbeitsteilung bezog sich aber nicht auf eine natürliche Gliederung des Arbeitsprozesses, sondern löste vielmehr den gesamten Arbeitsprozeß rechnerisch in seine Teile auf, so daß die Produktion zu einem ›one best way‹ gelangen konnte. Daß dabei der Mensch in seiner Arbeitsrolle auf fragmentarische Tätigkeiten reduziert wird und sich damit auch nur fragmentarisch gefordert fühlt, war in der Blütezeit des Taylorismus kein Thema, bereitet uns aber heute vor dem Hintergrund der mangelnden Leistungsfähigkeit im internationalen Wettbewerb erhebliches Kopfzerbrechen. Gefordert ist deshalb ein vergrößerter Spielraum für innovative Ideen.

... Humanistische Theorien

Innerhalb der Motivationstheorien, die dem Forschungstyp B angehören, findet eine weitere Aufteilung in zwei Haupttendenzen statt, von denen die neueren unter dem Begriff der *kognitivistischen Theorien* firmieren. Die längere Tradition aber haben die *humanistischen Theorien*, die oft auch als *inhaltsbestimmte Theorien* bezeichnet werden, weil sie sich mit den Bedürfnisinhalten und der Art der Ziele befassen und konkrete Aussagen über die in jeweils in bestimmten Situationen wirksamen Motive treffen. Der humanistischen Psychologie werden sie zugeordnet, weil sie das Bedürfnis nach Selbstverwirklichung als ›Element der gesunden und schöpferischen Persönlichkeit‹ (Fischer 1989) verstehen.

Die Human - Relations - Bewegung

Die *Human Relations Bewegung* erkannte erstmals, welche instrumentelle Rolle die Arbeitszufriedenheit für die Effizienz einer Organisation hat. Indem man voraussetzte, daß hohe Zufriedenheit auch zu hoher Leistung führt, wurde der Widerspruch zwischen den ökonomischen, d. h. meist formalen Sachzwängen einer Organisation und der individuellen Interessenlage des Menschen, die sich v. a. in informellen Verhaltensweisen und Beziehungen manifestiert, aufgelöst.

Das Menschenbild der Human - Relations - Bewegung grenzt sich deutlich vom tayloristischen Modell ab (Bullinger 1994):

❑ Menschen wollen sich als bedeutend und nützlich empfinden;
❑ Menschen brauchen Zuneigung und Anerkennung; dies ist im Rahmen der Arbeitsmotivation wichtiger als Geld.

Daher entstehen folgende Empfehlungen:

❑ Der Manager sollte jedem Mitarbeiter das Gefühl der Nützlichkeit und Wichtigkeit geben;
❑ Er soll seine Mitarbeiter gut informieren, auf ihre Einwände hören;
❑ Er soll den Mitarbeitern Gelegenheit zur Selbstkontrolle bieten.

Folgende Erwartungen sind damit verbunden:

❑ Informationen und Mitsprache befriedigen die Bedürfnisse nach Anerkennung und Wertschätzung;
❑ Die Befriedigung dieser Bedürfnisse führt zu Zufriedenheit und baut Widerstände gegen die formale Autorität ab.

Kritisch beurteilt wird am Human - Relations - Modell, daß die Motivation nur durch die Befriedigung sozialer Bedürfnisse erfolgt und individuelle Lernerfahrungen unberücksichtigt bleiben.

Die Maslowsche Bedürfnispyramide

Die Motivationstheorie nach Maslow (1908 - 1970) ist eine Theorie der *Persönlichkeitsentwicklung* (Maslow 1954, 1970) und muß, wie später noch erläutert wird, hinsichtlich ihrer Übertragung auf die *Organisationspsychologie* kritisch beurteilt werden. Dennoch stellt dieses humanistische Konzept einen wichtigen Schritt in der Motivationsforschung dar, weil es sich in Abgrenzung zur Freudschen Persönlichkeitstheorie vom pessimistischen, weil meist pathologischen Fall des Menschen abwendet und sich am ›normalen‹ Individuum orientiert.

Das Maslowsche System geht davon aus, daß die menschlichen Reizstrukturen nicht gleichrangig, sondern hierarchisch geordnet sind. Es unterscheidet Prioritäten von

Motiven, die eine Hierarchie ausbilden (Bild 3.6). Die Bedürfnisse einer niedrigeren Stufe müssen zumindest bis zu einem gewissen Grad erfüllt sein, bevor das nächsthöhere Bedürfnis für den Menschen dominant wird. Dabei sind die Motive der Stufen eins bis vier sogenannte *Defizitbedürfnisse*, die nach ihrer Sättigung aus dem Bewußtsein des Menschen verschwinden. So ist z. B. das Bedürfnis nach Luft für die menschliche Existenz unverzichtbar; sofern sie nicht ausreichend zur Verfügung steht, wird der Mensch alle verfügbaren Kräfte dafür einsetzen, sie zu erhalten. Steht sie aber ausreichend zur Verfügung, hat sie keinerlei motivationale Wirkung mehr. Nach demselben Schema verhält es sich bei den anderen drei Stufen der Defizitbedürfnisse. Ist das Sicherheitsbedürfnis erfüllt (soziale Absicherung durch Einkommen, Versicherungen, Altersversorgung), wendet man sich der wiederum nächsten Stufe zu. Hier werden beispielsweise Statussymbole angestrebt, das Geltungsbedürfnis wird gesteigert. Der Mensch zeigt seiner Umwelt, wie weit er es durch seine Leistung gebracht hat. Die Bedürfnisse der Stufe fünf sind dagegen *Wachstumsbedürfnisse*, die als grenzenlos und unstillbar gelten. Dazu gehört das Streben nach *Selbstverwirklichung*.

Bild 3.6:   Die Bedürfnispyramide nach Maslow

Die wenigsten Individuen erreichen dieses oberste Hierarchieniveau vollständig. Vielmehr bleibt ihre Entwicklung im Bereich der sozialen Anerkennungsbedürfnisse stecken. Anforderungen zum Erreichen der Selbstverwirklichung werden heutzutage häufig als Anforderungen an andere mißverstanden. Anstatt an sich selbst, werden diese Bedürfnisse auf andere, auf das Dasein selbst oder auf die Gesellschaft projiziert. So wird aus dem natürlichen Drang des Menschen nach persönlicher Entfaltung manchmal eine Umsetzung der Selbstverwirklichung auf Kosten anderer.

Zur Verdeutlichung des Zustands der Selbstverwirklichung sind nachfolgend die von

Maslow formulierten 15 *Charakteristika der Selbstverwirklichung* dargestellt (Zimbardo 1983).

Würden Sie sich selbst den folgenden Standards nach als verwirklicht betrachten?

1. Selbstverwirklichte Menschen erkennen die tatsächlichen Gegebenheiten besser als die meisten anderen und haben ein besseres Verhältnis zur Realität; d. h. *Sie leben in gutem Einklang mit der Realität* und der Natur, haben eine gute Menschenkenntnis und können Ungewißheit und Unsicherheit besser ertragen als andere.

2. Sie können *sich selbst annehmen* mit allen ihren Eigenheiten, und zwar ohne besondere Schuld- oder Angstgefühle; zugleich fällt es ihnen leicht, *andere zu akzeptieren.*

3. Sie zeigen ein hohes Maß an *Spontaneität* im Denken und Verhalten, sind aber selten extrem unkonventionell.

4. Sie sind *problemzentriert*, nicht Ich-zentriert, und vielfach widmen sie sich allgemein sozialen Problemen im Sinne einer Lebensaufgabe.

5. Zeitweilig haben sie ein *Bedürfnis nach Zurückgezogenheit und Einsamkeit.* Sie besitzen die Fähigkeit, das Leben von einem distanzierten, objektiven Standpunkt aus zu betrachten.

6. Sie sind relativ *unabhängig von ihrer Kultur und Umwelt*, prahlen allerdings nicht damit, nur um sich von anderen zu unterscheiden.

7. Sie wissen die wesentlichen Dinge im Leben *ernsthaft zu schätzen und zu würdigen*, auch wenn diese schon alltäglich geworden sind.

8. Viele von ihnen hatten *mystische Erfahrungen* wie z. B. das Erlebnis der Extase, das Gefühl, daß sich grenzenlose Weiten vor ihnen auftaten, oder das Gefühl gleichzeitiger großer Macht und völliger Hilflosigkeit, das dann in die beste Überzeugung eines bedeutsamen Ereignisses einmündete.

9. Sie haben ein *ausgeprägtes soziales Interesse* und ein starkes Zusammengehörigkeitsgefühl mit der gesamten Menschheit.

10. Sie sind zu sehr *tiefen und befriedigenden zwischenmenschlichen Beziehungen* fähig, die sie aber gewöhnlich nur mit einigen wenigen Menschen unterhalten.

11. Ihre Einstellung anderen gegenüber ist *demokratisch*, und sie haben Achtung vor allen Menschen - ungeachtet deren Rasse, Glauben, Einkommen usw.

12. Sie unterscheiden klar zwischen Ziel und Ergebnis auf der einen und Mitteln und Wegen, die dahinführen, auf der anderen Seite, aber sie können den *Vorgang der Verfolgung ihrer Ziele als solchen genießen*, was ungeduldigen Menschen sehr viel schwerer fällt.

13. Sie haben einen ausgeprägten *Sinn für Humor*, der sich in Witzen mit philosophischem Hintergrund und ohne feindselige Tendenzen äußert.

14. Sie sind ausgesprochen *kreativ*, jeder auf seine eigene individuelle Art. Sie besitzen eine ›ursprüngliche schöpferische Kraft, die aus dem unbewußten kommt‹ und wirklich originelle, neue Entdeckungen hervorbringt. Dies zeigt sich jeweils in dem besonderen Bereich, den sich die selbstverwirklichte Person gewählt hat. Man muß diese spezifische schöpferische Kraft unterscheiden von der produktiven Kreativität, wie sie sich in Kunst, Musik, Dichtung, Wissenschaft oder Erfindungen spiegelt; aber natürlich wird ein Mensch, der sich selbstverwirklicht hat, in irgendeinem dieser Bereiche beide Formen der Kreativität aufweisen.

15. Sie leisten *Widerstand gegen Entkulturation*, d. h. obschon in ihre Kultur und Umwelt eingebettet, bleiben sie unabhängig von ihr und sind nicht blind all ihren Forderungen ergeben.

Diese von Maslow definierten Charakteristika zeigen die Bedeutung der motivationstheoretischen Grundlagen für die Kreativität und *Innovationsfähigkeit* von Mitarbeitern.

Wiswede (1980) beschreibt die Maslowsche Motivationstheorie als eine in fünf Phasen verlaufende *Entwicklungskurve* (Bild 3.7).

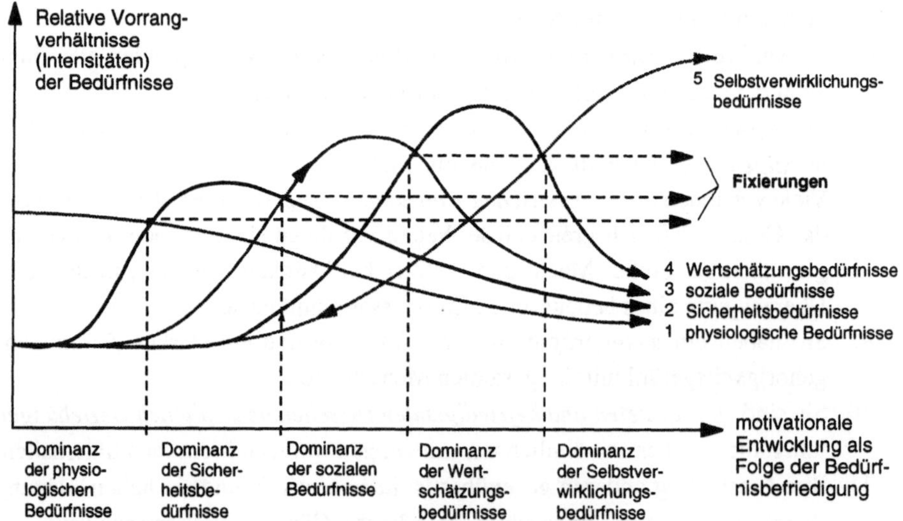

Bild 3.7:   Motiventwicklung nach Maslow (Wiswede 1980)

Betrachtet man die Abfolge der einzelnen Bedürfnisstufen der Bedürfnispyramide, erkennt man, daß der Anteil des denkenden Bewußtseins von unten nach oben ansteigt. Solange aber der Mensch von Bedürfnissen geleitet wird, die einen Mangel in ihm wecken, ist er fremd- und nicht selbstbestimmt. Daraus lassen sich folgende Aussagen ableiten:

❑ Motivation ist das Streben nach der Befriedigung von Bedürfnissen;

❑ Diese Bedürfnisse sind hierarchisch, d. h. qualitativ ansteigend, geordnet;

❑ Ein bereits befriedigtes Bedürfnis wird nicht mehr als solches empfunden, es hat keine weiter motivierende Wirkung;

❑ Erst nach der weitgehenden Befriedigung einer Bedürfnisstufe wird die nächste Stufe motivationsdominierend.

Auf den unternehmerischen Bereich angewandt können diese Erkenntnisse durch folgende Maßnahmen der Führungskräfte zur Zufriedenheit der Mitarbeiter beitragen:

❑ Selbständigkeit im eigenen Arbeitsbereich gewähren;

❑ Gute Informations- und Kommunikationsstrukturen schaffen;

❑ Verantwortung und Kompetenz weitergeben (›Delegation‹);

❑ Lob und Anerkennung für gute Leistungen mitteilen (Selbstbestätigung durch Erfolgserlebnisse).

Vor allem in der jüngeren Vergangenheit wird die Maslowsche Theorie z. T. sehr heftig kritisiert. So besteht die *Kritik* prinzipiell darin, daß dieses Modell nie vollständig nachgewiesen wurde und es schwierig ist, es zu untersuchen (Newstrom und Davis 1993). Ferner bezieht sich die Kritik besonders auf die scheinbar universell auf jeden Menschen anwendbare Bedürnisabstufung, die die Bedürfnispyramide als praktisches ›Schubladen-modell‹ erscheinen läßt. So gilt heute als erwiesen, daß sich die Bedürfnishierarchien bei den meisten Menschen unterscheiden. Die Reihenfolge der Bedürfnisse eines Menschen richtet sich nach seiner soziokulturellen Situation, also nach seiner Umgebung, in der er lebt. So weisen z. B. die empirischen Untersuchungen von Bruggemann (1975) darauf hin, daß Bedürfnisse und Motivationen in sozialen Kontexten gelernt werden, so daß in verschiedenen sozialen Schichten auch unterschiedliche Bedürfnishierarchien anzutreffen sind. In dieser Hinsicht berücksichtigt Maslow zu wenig die soziale Prägung des Menschen bzw. die situativen Randbedingungen des menschlichen Arbeitsverhaltens.

Ferner ist davon auszugehen, daß die Bedürfnishierarchien selbst beim einzelnen Menschen in verschiedlichen Situationen variieren. Zwei Beispiele führt Fischer (1989) an:

❑ Ein Arbeitnehmer kann sein soziales Zugehörigkeitsbedürfnis durchaus durch ein entwickeltes Vereinsleben befriedigen, d. h. im Arbeitsleben wird dieses Motiv der Bedürfnispyramide nicht unbedingt wirksam.

❑ In bestimmten Berufssparten setzen Menschen um des Einkommens (Sicher-heitsbedürfnis) oder des öffentlichen Ansehens (Anerkennungsbedürfnis) willen ihre körperliche Existenz, also ein Element der physiologischen Grundbedürfnisse, aufs Spiel.

Dritter Kritikpunkt ist die Frage nach der Abgrenzung der Bedürfnisstufen. Dies bezieht sich in besonderer Weise auf den Begriff der Selbstverwirklichung. Einige Menschen schätzen ganz bestimmte physiologische Bedürfnisse, etwa (sportliche) Bewegung, so hoch ein, daß dadurch ein hoher Teil an Selbstverwirklichung stattfindet, andere dagegen gelangen bereits durch Befriedigung des Geltungsstrebens zur Selbstverwirklichung in ihrer individuellen Sichtweise. Beispielsweise kann das Streben nach guten Beziehungen zu den Kollegen sowohl das Bedürfnis nach Anerkennung als auch den Wunsch nach dem Schutz des Gruppenzusammenhalts ausdrücken.

Neben dieser inhaltlich doch starken Kritik werden von zahlreichen Autoren (z. B. Hall und Nougaim 1968, Lawler 1977) noch einige formale Unzulänglichkeiten des Modells bemängelt, so daß die Theorie als Ganzes als gescheitert erklärt wurde. Allerdings wird dem Maslowschen Modell zugestanden, in der Tendenz eine richtige Aussage getroffen zu haben. Es existiert ein zumindest zweistufiges System, in dem zuerst die niedrigen, d. h. in aller Regel die physiologischen Bedürfnisse befriedigt werden müssen, bevor die höheren Motive angesprochen und aktiviert werden. Über die Rangfolge bzw. Priorität der Motive ist aber keine Aussage möglich, weil diese vom Lernmilieu der Individuen abhänge.

Trotz dieser schon vor 20 Jahren geäußerten Kritik ist die Theorie noch heute sehr verbreitet und wird v. a. auf dem Gebiet der Arbeitsmotivation immer wieder herangezogen. Die Gründe hierfür liegen sicher darin, daß das Modell auf den ersten Blick plausibel erscheint und leicht darstellbar ist, daß es eine faszinierende Universalität zu bieten scheint und deshalb als normatives System, d. h. im Sinne einer Regel verwendbar ist.

Aufgrund der genannten Kritikpunkte hat es zahlreiche Weiterentwicklungen der Theorie von Maslow gegeben, von denen insbesondere der Ansatz von *McGregor* Bekanntheitsgrad erlangt hat. Dieser Ansatz geht davon aus, daß es eine Frage des Menschenbildes ist, inwieweit man Mitarbeiter dazu animieren kann, Leistungsbereitschaft zu entwickeln und Leistung zu zeigen. Ausgehend von zwei konträren Theorien, ›*Theorie X*‹ und ›*Theorie Y*‹, entwickelt McGregor ein pessimistisches Menschenbild, das abzulehnen sei, und ein optimistisches Menschenbild, das zu einer Mitarbeiterführung durch Motivation geeignet ist (Bild 3.8).

Diese Theorie hat vor allem deshalb Bedeutung, weil sie dem Praktiker sowohl zeigt, welche schöpferischen Kräfte man im Menschen freilegen kann, als auch welche Möglichkeiten zur Mitarbeiterführung in Form von Leitlinien möglich sind.

Leitlinien, die aus der Theorie McGregors resultieren, sind folgende (Stopp 1992):

❑ Das zentrale Führungsprinzip beruht auf der Mitarbeiterintegration derart, daß solche Bedingungen im Unternehmen geschaffen werden, unter denen die Mitarbeiter bereit sind, sich mit den Zielen des Unternehmens zu identifizieren.

❑ Das Unternehmen erlangt eine größere Leistungsfähigkeit durch die Befriedigung persönlicher (immaterieller) Wünsche und Ziele seiner Mitarbeiter.

❑ Das geistige Potential der Mitarbeiter muß in einem höheren Ausmaß nutzbar gemacht werden. Das betriebliche Management ist deshalb aufgerufen, Neuerungen (Innovationen) einzuführen und neue Möglichkeiten der Zusammenarbeit (Kooperative Führung, Mitbestimmung) zu entwickeln und anzuwenden.

Bergemann und Sourisseaux (1988) erarbeiten aus der Ablehnung der ›Theorie X‹ und der Annahme der ›Theorie Y‹ eine ›*Theorie Z*‹.

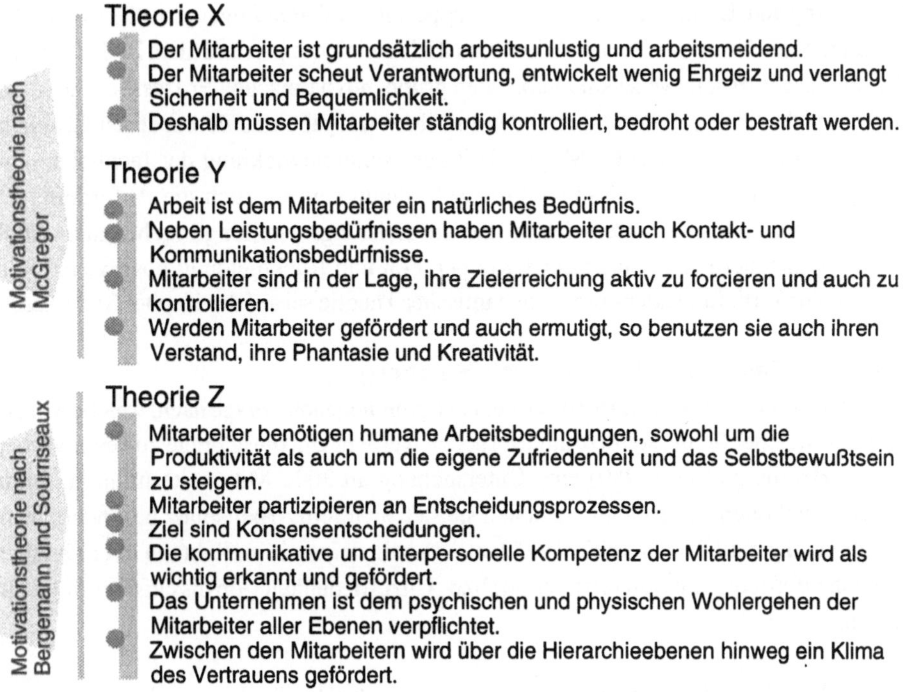

Bild 3.8: Motivationstheorie nach McGregor, Bergemann und Sourriseaux (vgl. Stopp 1992)

Ähnlich wie bei der Theorie nach Maslow bemängeln Kritiker (z. B. Stopp 1992), daß die Geltung der ›Theorie X‹ oder der ›Theorie Y‹ auch eine Frage des Sozialisationshintergrundes des Mitarbeiters und situationsbezogener Randbedingungen, wie z. B.

der Qualifikation oder der Art der Arbeitsaufgabe, sei. Um die ›Theorie Y‹ mit ihren Ansprüchen an das Führungsverhalten der Vorgesetzten zu verwirklichen, muß erst ein bestimmtes Niveau erreicht sein, wobei man sicher in Kauf nehmen muß, daß dieses Niveau nie für alle Mitarbeiter erreicht werden kann, da Arbeits- und Funktionsteilung die Arbeitsrolle z. T. heute noch so zu reduzieren vermögen, daß die genannten Leitlinien nicht anwendbar sind.

Ziel muß also sein, die *Arbeitsrolle* wieder so zu bereichern, daß Motivation im Sinne der ›Theorie Z‹ möglich wird. Die Maßnahmen des *job enrichment* und *job enlargement* könnten einen solchen Ansatz darstellen. Ebenso das daraus weiterentwickelte Konzept der teil- und hochautonomen Gruppen, wobei die interne Aufgabenverteilung von der Gruppe selbst geregelt wird. Die Arbeitsgruppe trägt die Verantwortung für einen zusammenhängenden Produktionsprozeß selbst und trifft dafür Entscheidungen zu Planung, Ausführung und Kontrolle. Dazu hat die Gruppe unmittelbaren Zugang zu allen wichtigen Informationen. Grundsatz bei der Arbeit sind Zielvereinbarungen und nicht Zielsetzungen. Vorteile dieser Arbeitsweise sind neben den gruppendynamischen Prozessen v. a. in der stärkeren Identifikation der Arbeitenden mit ihrer Aufgabe und dem Betrieb zu sehen. Hinzu kommt die verbesserte Möglichkeit zur Weiterentwicklung der fachlichen und sozialen Kompetenzen, weil sowohl die Selbständigkeit als auch die Anforderungen gestiegen sind. Für das Unternehmen und die Leistungserstellung ergeben sich durch eine gezwungenermaßen verbesserte Kooperation und Rückmeldung positive Auswirkungen. Zur Vertiefunng der gruppendynamischer Theorie sei auf das Kapitel 6 verwiesen.

Die Zwei - Faktoren - Theorie nach Herzberg

Die Motivationstheorie nach Herzberg geht der grundlegenden Frage nach, welche Motive mit Hilfe welcher Schlüsselreize angesprochen werden. Um diese Frage zu beantworten, führten Herzberg et al. (1959) eine Untersuchung an 2000 Mitarbeitern durch. Diese sollten Situationen beschreiben, in denen sie sich an ihrem Arbeitsplatz besonders wohl bzw. unwohl gefühlt haben (critical incidents), d. h. in denen sie im Rahmen ihrer Tätigkeit eine hohe Befriedigung (job satisfaction) bzw. Unzufriedenheit (job dissatisfaction) empfanden.

Als Ergebnis dieser Studie präsentierten die Wissenschaftler die Zwei - Faktoren- Theorie von sogenannten ›Satisfiers‹ (›Motivators‹, ›Content Factors‹), die als Ursache von Zufriedenheit gelten, und ›Dissatisfiers‹ (›Hygienic Factors‹, ›Context Factors‹), die Unzufriedenheit verursachen (Bild 3.9). Dabei stellten sich diejenigen Aspekte, die mit der Tätigkeit unmittelbar verflochten sind und den Arbeitsinhalt betreffen, als *Motivatoren* heraus, während die Punkte, die nicht mit der Tätigkeit unmittelbar selbst oder dem Arbeitsinhalt zusammenhängen, eher als Hygienefaktoren bewertet werden mußten.

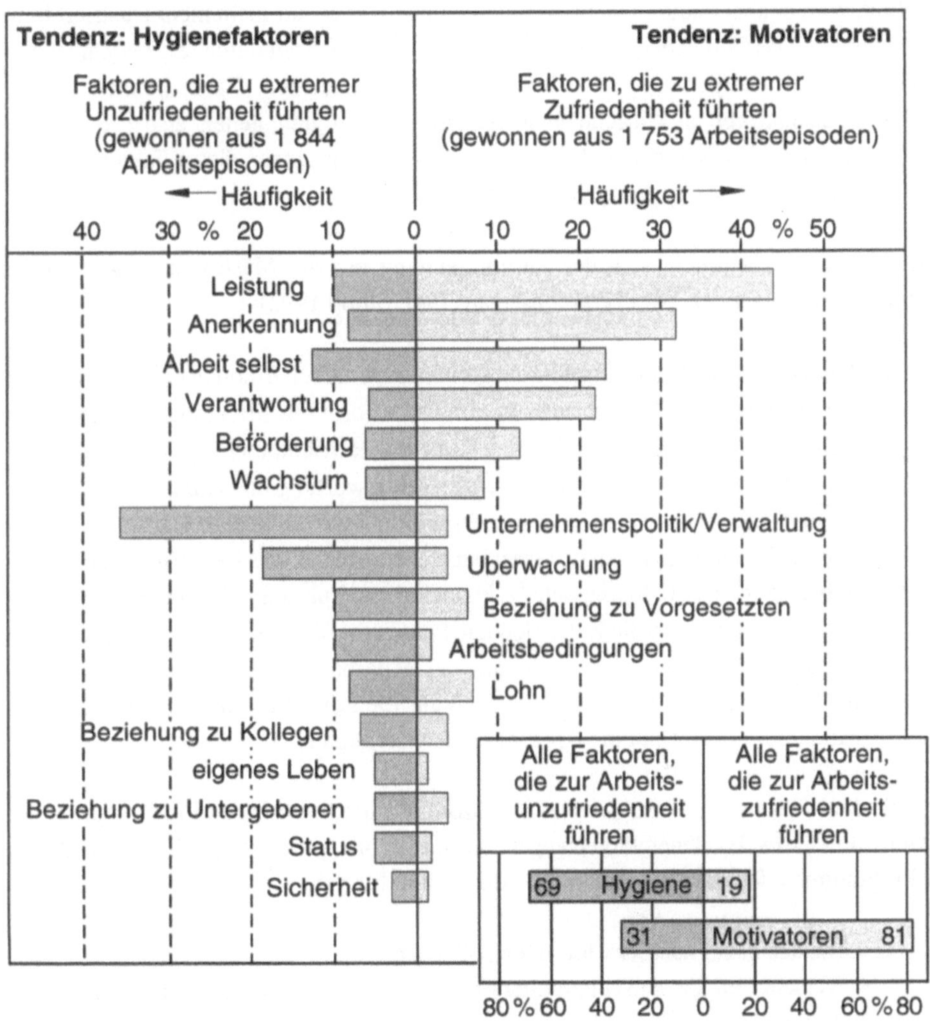

Bild 3.9:   Einflußfaktoren auf die Arbeitseinstellung (Herzberg 1968)

Die *Hygienefaktoren* gelten in erster Linie als Ursache von Unzufriedenheit und wirken bei zufriedenstellenden Bedingungen nicht motivierend, sondern eben nur ›nicht demotivierend‹. Die *Motivationsfaktoren* wirken dagegen bei ausreichender Befriedigung leistungssteigernd. Werden erstere befriedigt, können sie zwar keine direkte Leistungssteigerung verursachen, bewirken aber eine positive Grundeinstellung, daher werden sie Hygienefaktoren genannt. Demnach ist ein Mitarbeiter vom Unternehmen enttäuscht, wenn die Firmenpolitik, der Führungsstil, das Betriebsklima, seine Entlohnung oder die Arbeitsbedingungen nicht seinen Erwartungen entsprechen. Sind diese Erwartungen erfüllt, wird er aber dadurch nicht motiviert, sondern eben nur nicht mehr frustriert bzw. demotiviert. Das Gefühl der Zufriedenheit läßt sich demnach nur durch ›Zufriedenmacher‹ wie Lob und Anerkennung für erbrachte Leistung erreichen. Daher können nur die Motivationsfaktoren als Ursache einer Bedürfnisbefriedigung gelten, also z. B. Verantwortung, Erfolg, Leistung, Anerkennung etc. Die Auswirkungen dieser Faktoren halten auch länger an als die Wirkung der Hygienefaktoren.

Zusammengefaßt drückt sich der Zusammenhang mit der Maslowschen Bedürfnispyramide in folgenden zwei Hypothesen aus (vgl. Stopp 1992):

❑ *Motivatoren*: Auf Leistungseinsatz gerichtete Mitarbeitermotive befinden sich nur in der Spitze der Maslowschen Pyramide in Form des Mitarbeiterstrebens nach Achtung und Selbstverwirklichung. Zu ihrer Befriedigung verfolgte Ziele sind Erfolg, Anerkennung, die Arbeit selbst, Verantwortung und Aufstieg.

❑ *Hygienefaktoren*: Die Motive der Pyramidenmitte, mit denen der Mitarbeiter soziale Beziehungen und Sicherheit anstrebt, also z. B. das Bedürfnis nach hohem Arbeitsentgelt, Kündigungsschutz, kooperativem Führungsstil oder Gruppenarbeit bilden Faktoren, die die Zufriedenheit zwar nicht fördern, jedoch vorhanden sein müssen, um ein negatives Verhältnis des Mitarbeiters zur Arbeit zu vermeiden. Ihr Vorhandensein bleibt ohne Einfluß auf die Leistungseffizienz, ihr Nichtvorhandensein beeinflußt die Arbeitsbereitschaft negativ.

Podlech (1989) beschreibt *Leitsätze* für Führungskräfte, die aus den Eigenschaften der Motivatoren bzw. Hygienefaktoren abgeleitet wurden und zu den klassischen Maßnahmen - Programmen der Human - Relations - Bewegung führten.

❑ Leitsätze bezüglich der Motivatoren
  • Verschaffen Sie dem Mitarbeiter Erfolgserlebnisse. Erfolge sind erreichte Ziele. Die Zielsetzung muß also den individuellen Fähigkeiten entsprechen.
  • Vermitteln Sie Freude an der Arbeit. Der Ausführende muß seine Arbeit im Gesamtbetriebsgeschehen wiederfinden.
  • Unterstützen Sie selbständiges Arbeiten durch Delegieren. Kein Hineinregieren und ständiges Kontrollieren, denn Einengung des Spielraums frustriert bei der Ausführung.
  • Verantwortung des Einzelnen muß deutlich werden, Mitsprache möglich sein.
  • Der Informationsfluß muß den Einzelnen erreichen.

❑ Leitsätze bezüglich der Hygienefaktoren
  • Unternehmenspolitik muß so gestaltet werden, daß die Mitarbeiter die Ziele des Unternehmens erkennen und sich mit ihnen identifizieren können.

- Fördern Sie ein gutes Betriebsklima.
- Schaffen Sie eine transparente Ablauforganisation.
- Verschaffen Sie den Mitarbeitern persönlichen Status.

Als Kritik an der Herzbergschen Theorie läßt sich aber anführen, daß die Faktoren nicht überall auf der Welt in gleichem Maße Zufriedenheit bzw. Unzufriedenheit hervorrufen. Weitere Untersuchungen auf diesem Gebiet haben gezeigt, daß diese duale Unterscheidung gemäß Herzberg nicht haltbar sei und die Wirksamkeit der Motivatoren und Hygienefaktoren je nach Bevölkerungsschicht und Zufriedenheitsniveau stark schwankte, d. h. verschiedene Individuen sprechen in unterschiedlicher Weise auf komplexere Tätigkeiten an, so daß Arbeitsbereicherungsmaßnahmen, wie sie die Herzbergsche Theorie letztlich fordert, nicht von selbst zu größerer Zufriedenheit und Leistung führen müssen.

Dennoch scheint erwiesen (Gurin et al. 1960), daß zumindest die Grundaussage richtig ist, daß auf einer unteren Ebene der Arbeitszufriedenheit die Hygienefaktoren dominieren, während auf einem gehobenen Niveau die Motivatoren entscheidend für die Zufriedenheit des Mitarbeiters werden. Je besser die Hygienefaktoren erfüllt sind, desto schwächer werden sie in ihrer Bedeutung und fallen erst dann wieder unangenehm auf, wenn sie ausfallen. In dem Maß, in dem die Hygienefaktoren in ihrer Bedeutung verblassen, werden die Motivatoren entscheidend für Zufriedenheit und Leistung.

Für die Herzbergsche Theorie und ihre Popularität spricht ihre Darstellung in Form eines Paradigmas. Insofern ist die Theorie nutzbar als Leitidee der modernen Vorstellungen von der Humanisierung der Arbeitswelt. Dazu zählt die programmartige Bereicherung der Tätigkeit, wie sie bei Stopp (1992) beschrieben wird:

- ❑ Übertragung eines in sich geschlossenen Arbeitsgebietes an den Mitarbeiter unter Überlassung der Art und Weise der Aufgabenerledigung;
- ❑ Schaffung eines zusätzlichen freien Tätigkeitsspielraumes für den Mitarbeiter in Form von Sonderaufgaben im Rahmen von Ausschüssen etc.;
- ❑ Zuteilung neuer und schwierigerer Aufgaben (= *job enrichment*);
- ❑ Zuteilung von Sonderaufgeben an den Mitarbeiter zwecks fachlicher Profilierung.

Das Job - Characteristics - Modell nach Hackman und Oldham

Eine Brückenbildung zwischen den beiden Extrempositionen Arbeitszufriedenheit als Funktion der Arbeitssituation und Arbeitszufriedenheit als Funktion allgemeiner Grundbedürfnisse versuchten Hackman und Oldham (1980). Ihre These der ›individuellen Differenzen‹ besagt, daß interaktive Wirkungen zwischen Person und Situation berücksichtigt werden müssen.

Die Verbesserung der kritischen psychologischen Zustände der Arbeitssituation bewirkt eine erhöhte Arbeitszufriedenheit, eine erhöhte intrinsische Motivation, Zufriedenheit mit den Entfaltungsmöglichkeiten, geringere Absentismus- und Fluktuationsraten und schließlich verbesserte Qualität der Arbeitsleistung (vgl. Fischer 1989).

Das Entstehen einer *intrinsischen Motivation* ist an drei Grundbedingungen gekoppelt:

❑ Wissen über die aktuellen Resultate der eigenen Arbeit, vor allem über die Qualität;
❑ Erlebte Verantwortung für die Ergebnisse der eigenen Arbeit;
❑ Erlebte Bedeutsamkeit der eigenen Arbeit.

Weiterhin wird durch folgende fünf Tätigkeitsmerkmale die Intensität der psychologischen Erlebniszustände bestimmt. Es handelt sich dabei im einzelnen um:

❑ die Anforderungsvielfalt,
❑ die Ganzheitlichkeit der Aufgabe,
❑ die Bedeutsamkeit der Aufgabe für das Leben und die Arbeit anderer,
❑ die Autonomie und
❑ die Rückmeldung aus der Tätigkeit.

Der Zusammenhang der einzelnen Elemente des Modells ist in Bild 3.10 dargestellt. Ausgehend von dieser Grundlage wird von den Beschäftigten die Wahrnehmung dieser Merkmale auf einer siebenstufigen Skala erfaßt und mit folgendem Berechnungsmodus das aus der Arbeitssituation entstehende *Motivationspotential* dargestellt. Als Ergebnis erhält man einen Wert, der den *Motivationsgrad* der Arbeitstätigkeit für den Beschäftigten darstellt.

$$KMP = (A + G + B) / 3 \times Au \times R$$

wobei $\quad$ KMP $\;=\;$ Kennwert des Motivationspotentials
$\qquad\qquad$ A $\quad=\;$ Anforderungsvielfalt
$\qquad\qquad$ G $\quad=\;$ Ganzheitlichkeit
$\qquad\qquad$ B $\quad=\;$ Bedeutsamkeit
$\qquad\qquad$ Au $\;=\;$ Autonomie
$\qquad\qquad$ R $\quad=\;$ Rückmeldung

Aus dem Rechengang wird ersichtlich, daß durch die Art der Verknüpfung von Anforderungsvielfalt, Ganzheitlichkeit und Bedeutsamkeit die Möglichkeit zu einem gegenseitigen Ausgleich gegeben ist, Autonomie und Rückmeldung dagegen wesentliche Bestandteile des intrinsischen Motivationspotentials darstellen.

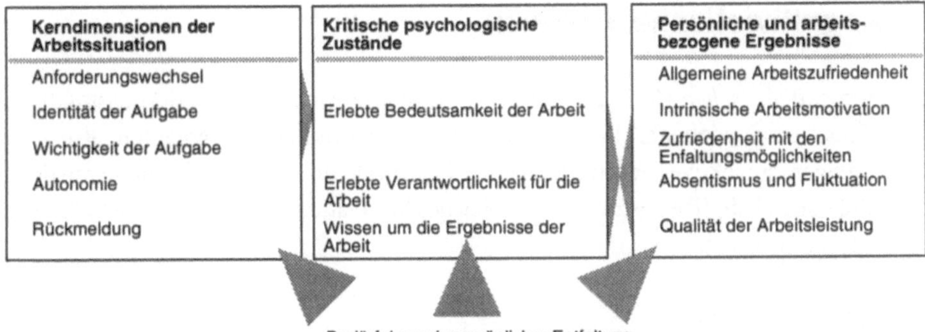

Bild 3.10: Das Job - Characteristics - Modell nach Hackman und Oldham (1980)

Zusammenfassung

Als Zusammenfassung der *humanistischen Motivationstheorien* beschreibt Bild 3.11 Mittel der Motivation, Umstände, die diese Motivation stören könnten und womöglich zu Frustration führen sowie konkrete Maßnahmen in der betrieblichen Praxis (vgl. Podlech 1992 und ausführlicher Stopp 1992).

Anreize schaffen

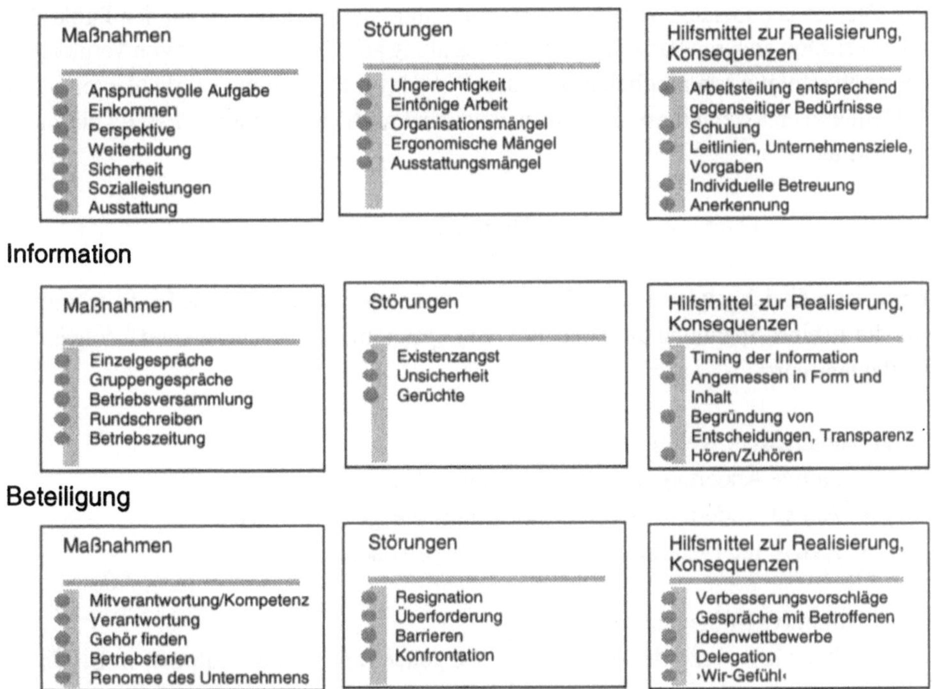

Information

Beteiligung

Bild 3.11: Motivation in der betrieblichen Praxis

... Kognitivistische Theorien

In den *kognitivistischen Motivationstheorien* dominieren weniger die Bedürfnisstrukturen der Menschen als vielmehr die Prozesse, die in einem Individuum ablaufen, also z. B. Erwartungen, subjektive Einschätzung von Chancen etc. In aller Regel formulieren diese Prozeßtheorien lediglich abstrakte Prinzipien des Motivationsverlaufs und gelten deshalb als formale Theorien.

Ausgleichstheorien

Zu den *Ausgleichstheorien* zählen sowohl die *Anreiz - Beitrags - Konzepte* als auch die Theorie der *sozialen Vergleichsprozesse*. Beide Ansätze gehen prinzipiell davon aus, daß sich ein rational handelndes, persönlich entscheidendes Individuum dann zur Mitarbeit in einer Organisation entschließt bzw. Leistung erbringt, wenn die zu erwartenden Belohnungen bzw. Anreize (outputs, inducements) größer sind als die Beiträge (inputs, contributions). Es herrscht ein Menschenbild von einem Individuum vor, das primär nach eigenem Urteil über seine Teilnahme oder Leistung nach einem ökonomischen Prinzip entscheidet. In letzter Konsequenz bedeutet dies, daß das Verhalten des Menschen durch die Anreize gesteuert wird und umso eher auftritt, je häufiger es belohnt wird.

Die Theorie der sozialen Vergleichsprozesse nimmt darüberhinaus noch den Punkt des Vergleichs mit anderen Personen in die Betrachtung auf. Die Bewertung von Vergleichspersonen erfolgt wenn möglich primär durch objektive Bewertungsmöglichkeiten, z. B. Zahlen, und erst wenn diese nicht vorhanden sind nach sozialen Kriterien. Es gilt dann die Formel:

$$\text{Output A / Input A} = \text{Output B / Input B}$$

Wird dieses Gleichgewicht nicht gehalten, tritt eine subjektiv empfundene Ungerechtigkeit auf, die zu einer Spannung führt und zu einem Spannungsabbau nach einer der folgenden Strategien führt:

❑ Verhaltensaktive Strategien:
- Aktive Änderung des eigenen Inputs = Einsatz, Investition;
- Aktive Änderung des eigenen Outputs = Ergebnis, Nutzen;
- Aktive Intervention beider Vergleichspersonen.

❑ Kognitive Strategien:
- Kognitiv verzerrte Wahrnehmung eigener Inputs bzw. Outputs, z. B. Überschätzung;

- Kognitiv verzerrte Wahrnehmung fremder Inputs bzw. Outputs, z. B. Unterschätzung;
- Wechsel der Vergleichspersonen.

Innerhalb des Anreizsystems werden zwei Bereiche unterschieden. Dies ist zum einen der monetäre Bereich, der sich in der direkten Entlohnung, in Erfolgsbeteiligung, dem Betrieblichen Vorschlagswesen oder Sozialleistungen äußert, zum anderen der nicht - monetäre Bereich, der Kommunikation, Gruppenmitgliedschaft, Führung, Arbeitsinhalt und Aufstiegschancen beinhaltet.

Für den monetären Bereich sagt die Theorie (vgl. Wiswede 1980) für bestimmte Situationen eindeutige Verhaltensweisen voraus:

❑ zeitbezogene Unterbezahlung	->	Abnahme der Produktivität;
❑ stückbezogene Unterbezahlung	->	Einbuße an Qualität;
❑ zeitbezogene Überbezahlung	->	Ansteigen der Produktivität;
❑ stückbezogene Überbezahlung	->	Verbesserung der Qualität.

Leistungsmotivationstheorien

Die *Leistungsmotivationstheorien* beziehen sich v. a. auf Wettbewerbssituationen und münden deshalb in aller Regel in Strategien der Organisationstheorie. Dabei spielen das Setzen von Zielen (›goal setting‹) und die Erwartung von bestimmten Ergebnissen eine entscheidende Rolle. Nicht zuletzt aus diesem Grund postulieren die Leistungsmotivationstheorien die Strategien des ›*Management by Objectives*‹ und ›management by communication‹. Dahinter steht die Idee einer Verhaltensänderung über Transparenz der Handlungszusammenhänge und Handlungsfolgen im Sinne einer Stimulierung der Leistungsmotivation.

Vereinfacht lassen sich die Leistungsmotivationstheorien in der *Atkinson* - Formel darstellen (Atkinson und Raynor 1974):

$$TL = (ME \times PE \times AE) - (MM \times PM \times AM)$$

wobei	TL	=	Tendenz zur Leistung
	ME	=	Motiv der Erfolgssuche
	PE	=	subjektive Wahrscheinlichkeit des Erfolgs
	AE	=	positiver Anreiz des Erfolgs bei gegebenem Ziel
	MM	=	Motiv der Mißerfolgsmeidung
	PM	=	subjektive Wahrscheinlichkeit des Mißerfolgs
	AM	=	negativer Anreiz des Mißerfolgs bei gegebenem Ziel

Je nachdem wie diese Formel für den Einzelnen ausfällt, unterteilt man die Mitarbeiter in Erfolgsmotivierte, bei denen die *Motivdifferenz* ME - MM positiv ist, und in Mißerfolgsmeidende, bei denen die Motivdifferenz negativ ist. Erfolgsmotivierte werden nach dieser Theorie stärker durch Aufgaben mittleren Schwierigkeitsgrads angezogen, während mißerfolgsmeidende Personen durch einen besonders geringen Schwierigkeitsgrad oder ein besonders niedriges Risiko zum Handeln veranlaßt werden. Denn sie neigen dazu auf die Extrembereiche auszuweichen, weil sie bei leichten Aufgaben eine hohe Erfolgswahrscheinlichkeit vermuten und bei sehr schwierigen Aufgaben ein Versagen nicht unbedingt der eigenen Unfähigkeit anzulasten ist. Dadurch minimiert sich das Angstgefühl und die Mitarbeiter entgehen einer Blamage oder Tadel.

Die Ursachen einer positiven oder negativen Motivdifferenz sehen die Verfechter der Leistungsmotivationstheorie im Lernprozeß im Rahmen der Sozialisation, d. h. im Hinblick auf das Arbeitsverhalten wird davon ausgegangen, daß die Leistungsmotivation eine invariable Größe ist, die kaum durch intrinsische Motivationsangebote zu fördern ist.

Zum Einfluß des sozialen Bezugsrahmens aus Gesellschaft und Kultur, der der Mitarbeiter angehört, schreibt Wiswede (1980): ›Eine Kultur, die Lob für das Vollbringen von Leistungen erteilt, Tadel jedoch für nicht abgeschlossene Aufgaben und Leistungen bereithält, wird das Leistungsmotiv normativ verstärken, so daß Individuen auch später bereit sind, solchen Kriterien zu folgen, auch wenn sie niemand mehr zu loben oder zu tadeln scheint. ... In der Hauptsache aktivistische, individualistische und zukunftsbezogene Wertorientierungen fördern die Entwicklung des Leistungsbedürfnisses, Werthaltungen, die für die mittleren und höheren Gesellschaftsschichten typisch sind. Auch Werthaltungen der Solidarität und Hilfeleistung können ein stark leistungsbetontes Verhalten hervorrufen.‹

Für den Praktiker stellt sich dann natürlich die Frage, inwieweit das *Arbeitsverhalten* überhaupt noch beim ›erwachsenen‹ Menschen veränderbar ist. ›Möglicherweise unterschätzt man hier die Möglichkeiten im Arbeitsbereich doch ein wenig, wenn man die Motivationslage des Individuums als gegeben betrachtet und allenfalls bei der Personalauslese Zuordnungen vornimmt‹ (nach Wiswede 1980). Dadurch werden also Maßnahmen wie Schulungen, betrieblicher Weiterbildung etc. gute Erfolgschancen eingeräumt.

Alles in allem ist als Handlungsempfehlung für die Führungskraft sicher folgende Einteilung von Vorteil:

❑ Für erfolgsmotivierte Individuen stellen Aufgaben mittleren Schwierigkeitsgrades das richtige Maß an Herausforderung dar, d. h. sie sind auch ohne zusätzliche extrinsische Anreize zu motivieren.

❑ Bei schwach leistungsmotivierten Individuen, insbesondere bei risikomeidenden, sind starke extrinsische Anreizsysteme, z. B. Geld, Beförderung, Freizeit, am wirksamsten.

Wenn eigene Anstrengung und Fähigkeit als Ursache für den Erfolg betrachtet werden, führt dies sozusagen automatisch zur Leistungsmotivation. Dies trifft nicht zu, wenn externe Schwierigkeiten oder das Zusammenwirken unglücklicher Umstände Ursache für ein schlechtes Resultat ist. Deshalb ist es für die Stabilisierung der Leistungsmotivation und die Stärkung des Selbstbildes notwendig, daß eine Rückmeldung über das Leistungsergebnis erfolgt. Ziele, die nie konkret verwirklicht werden, Zwecke, die nie ganz transparent werden, verlieren auf die Dauer ihren Wert, und die Erwartungen hinsichtlich der zukünftigen Zielerreichung nehmen ab.

Trotz der Kenntnis dieser Handlungsempfehlungen besteht weiterhin das Problem: ›Wie erkenne ich *erfolgsorientierte und sicherheitsorientierte Personen.*‹ Diese Unterscheidung gestaltet sich v. a. im konkreten aufgabenspezifischen Bereich sehr schwierig. Gleichzeitig ist eine Einteilung der Aufgaben in solche mit niedrigem, mittlerem und hohem Schwierigkeitsgrad nicht immer eindeutig möglich. So kann eine Aufgabe, die anfänglich angemessen schwierig ist, mit der Zeit zur Routine werden. Man sollte annehmen, daß ihre Bewältigung eine relativ hohe Erfolgswahrscheinlichkeit beinhaltet. Doch das Gegenteil ist oft der Fall. Die Aufgabe bleibt dieselbe, während der Schwierigkeitsgrad entsprechend der steigenden Routine sinkt. Die Aufgabe wird unattraktiv. An diesem Punkt müßten dann Maßnahmen des *job enrichment* und der *job rotation* eingreifen (siehe Bullinger 1995c).

Die Instrumentalitätstheorie nach Vroom

Die *Instrumentalitätstheorie* nach *Vroom* (1964) ist in der *Organisationspsychologie* außerordentlich einflußreich und wird bis in die Gegenwart erweitert und bereichert. Gegenüber den bereits vorgestellten Theorien weist dieser Ansatz folgenden Unterschied auf: Im Gegensatz zu den Bezugssystemen von Maslow und Herzberg geht Vroom davon aus, daß weder vergangene noch zukünftige psychologische Fakten, sondern nur die gegenwärtige Gesamtsituation das aktuelle Geschehen beeinflussen. Dies bedeutet letztlich, ˙daß die Bedeutung einer kontinuierlichen Entwicklung und mögliche Ursachenketten, die zu einem bestimmten Verhalten hätten führen können, in Frage gestellt werden.

Nach Vroom besteht ein enger Zusammenhang zwischen Wert und Erwartung aus einer bestimmten Handlung. Wenn eine Person bestimmte Werte und Ziele hat, dann wird sie den Wert eines Sachverhaltes subjektiv danach bestimmen, welchen Beitrag er zur Verwirklichung dieser oder nachgeordneter Ziele leistet. Je höher die subjektive Wahrscheinlichkeit ist, daß eine bestimmte Aktivität zu einem hochbewerteten Ergebnis führt, desto eher wird diese Aktivität ausgeführt (nach Wiswede 1980). Die Handlung ergibt sich also als Funktion aus der Stärke der *Erwartung*, daß diese Handlung zum Ziel führt und dem *Wert* des Zieles für das Individuum. Dabei sind folgende Punkte zu beachten:

❑ Nicht nur leistungsthematisches Handeln, sondern generell Entscheidungshandeln ist Gegenstand der Theorie.

❑ Man unterscheidet Handlungsergebnisse verschiedener Ebenen, die dadurch charakterisiert sind, daß sie auf verschiedenen Zwischenschritten (Instrumentalität) zum eigentlich erstrebten Ziel führen.

❑ Zur Voraussage von Arbeitsverhalten wird der Motivationsfaktor mit einem Befähigungsfaktor multipliziert, d. h. wenn einer der beiden Faktoren Null ist, ist auch das Ergebnis Null.

›Damit ist gesagt, daß das Verbinden einer ertrebenswerten Belohnung (wie Geld) mit einem erwünschten Verhalten (wie Leistung) nicht ausreicht, um das erwünschte Verhalten herbeizuführen. Die Bezahlung kann sehr wünschenswert sein und kann auch als ein Aspekt der Leistung gesehen werden. Wenn jedoch negative Konsequenzen wie Müdigkeit oder Ablehnung innerhalb der Gruppe auch als Aspekte der Leistung gesehen werden, dann reicht die Motivation zur Leistung vielleicht nicht aus.‹ (Lawler 1977).

Die Theorie zeigt also deutlich, daß der Mitarbeiter in einem Betrieb auch von einer Reihe *leistungsablenkender Motive* bestimmt sein kann. Er mag etwa persönliche Kontakte im Betrieb für wertvoller halten als das Einbrigen von Leistungen, er mag Solidarität mit der Gruppe höher einschätzen als das Lob der Führungskraft, er mag seine Leistungen dorthin lenken, wo die Leistungsergebnisse im Konflikt mit den Zielen des Unternehmens stehen.

Für den Praktiker ergeben sich aus dieser Motivationstheorie folgende Leitideen:

❑ Arbeitszufriedenheit ist die Bewertung von Handlungsergebnissen und orientiert sich an einem Anspruchsniveau.

❑ Dazu existieren zahlreiche *Verhaltensdeterminanten*, die das Verhalten als Zusammenwirken von Vorstellungen, Werten und Verhaltenstendenzen des Individuums einerseits sowie situativer Gegebenheiten andererseits erscheinen lassen.

❑ Dabei muß miteinbezogen werden, daß Ergebnisse nicht nur vom Individuum gewünscht werden, sondern daß erwünschte Ergebnisse von anderen Personen an

das Individuum herangetragen werden, und zwar in Form von Arbeitsan-
forderungen und Rollenerwartungen.
- Die Motivation wird verstärkt, wenn die Anstrengungserwartung erhöht wird und
  eine engere Verbindung von Ausführung und erwünschten Ergebnissen geschaffen
  wird.
- Führungsstil, Arbeitsplatzbeschreibung, Systeme der Bezahlung und Beförderung
  können die Konsequenzerwartungen beeinflussen. Die Steigerung der Konsequenzerwartungen hat die größte Hebelwirkung in Bezug auf die Arbeitsmotivation.
- Ein Mitarbeiter wird keine Leistungen erreichen, wenn Fähigkeiten fehlen.

... Fazit

Entscheidend für die ausführliche Darlegung der wichtigsten Motivationstheorien ist
die Überzeugung, daß konkrete Maßnahmen zur Motivation der Mitarbeiter ohne eine
solide ›Menschenkenntnis‹ keinen Sinn macht - denn nichts anderes stellen die Motivationstheorien dar. Trotz der Tatsache, daß laut Herzberg die ›Beziehung zum Vorgesetzten‹
den Hygienefaktoren zugewiesen wird, kann man in Kenntnis mancher Bemühungen in
Firmen und Betrieben feststellen, daß das Wissen um die verschiedenen Ansätze
theoretischer Art allein schon ausreichen kann, um Führungskräften Hilfestellungen zu
einer besseren Motivation ihrer Mitarbeiter zu bieten. Auf diesem Gebiet entsteht der
Grundsatz, bei Grundlegendem zu beginnen und erst dann Weiterentwicklungen in Form
von Maßnahmen und Programmen zu veranlassen.

Ein Beispiel soll diese Einschätzung unterstreichen: Hängt eine Führungskraft oder gar
die Unternehmensleitung der von McGregor postulierten ›Theorie X‹ an, d. h. betrachtet
sie den Mitarbeiter als grundsätzlich faul, arbeitsunwillig und nur durch Geld motivierbar,
wird sie niemals voll und ganz hinter der Durchführung eines Programms zur stärkeren
Mitarbeiterpartizipation stehen, bei dem Gruppendiskussionen, Ideenwettbewerbe, Fami-
lientage etc. stattfinden. Dadurch verliert sie dann an Glaubwürdigkeit und das Gegenteil
des ursprünglichen Zieles wird erreicht: der Mitarbeiter fühlt sich noch weniger ernst
genommen als zuvor, fühlt sich noch mehr als ›Spielzeug‹ in der Hand des Unternehmens
und wird keinesfalls gerade diesem Betrieb seine volle Leistungskraft zur Verfügung
stellen. Frustration und innere Kündigung ist die Folge.

Um aber nochmals auf die Vielfalt der theoretischen Ansätze zurückzukommen, soll
hier das Wesentliche zusammengefaßt werden.

Unabhängig davon, welche der vorgestellten *Motivationstheorien* bevorzugt oder
befürwortet werden, ist wohl deutlich geworden, daß zu einem Motivierungsprozeß die

Kenntnis allein einer Randbedingung, z. B. des Arbeitsplatzes, bei weitem nicht ausreicht, sondern daß vielmehr ein umfassendes System für Motivation bzw. Frustration des Mitarbeiters verantwortlich ist. Dabei ist es sicher richtig, in zwei Grobbereiche zu unterscheiden. Zum einen in die Umwelt bzw. das Umfeld des in einen Leistungsprozeß eingebundenen Menschen, das durch

❑ die politische und ökonomische Umwelt, z. B. Arbeitslosenrate,

❑ Beschäftigung, z. B. Prestige, Macht,

❑ die organisatorische Umwelt, z. B. das Betriebsklima,

❑ das direkte Arbeitsumfeld, z. B. Bezahlung, Lärm

gekennzeichnet ist und zum anderen in die Merkmale einer Person bzw. Persönlichkeit wie

❑ Demographische Faktoren wie z. B. Geschlecht, Alter, Bildung,

❑ Persönliche Eigenheiten, z. B. Werte, Bedürfnisse,

❑ Fähigkeiten, z. B. Intelligenz, Motorik,

❑ situationsbezogene Erlebnisse, z. B. Vorleben,

❑ Empfindungen, Erwartungen und

❑ vorübergehende Zustände, z. B. Ärger, Langeweile.

Erst bei Berücksichtigung dieser Einflußfaktoren wird eine *Verhaltenskorrektur* in sechs Stufen, wie sie Leonhardt (1984) beschreibt (Bild 3.12), möglich.

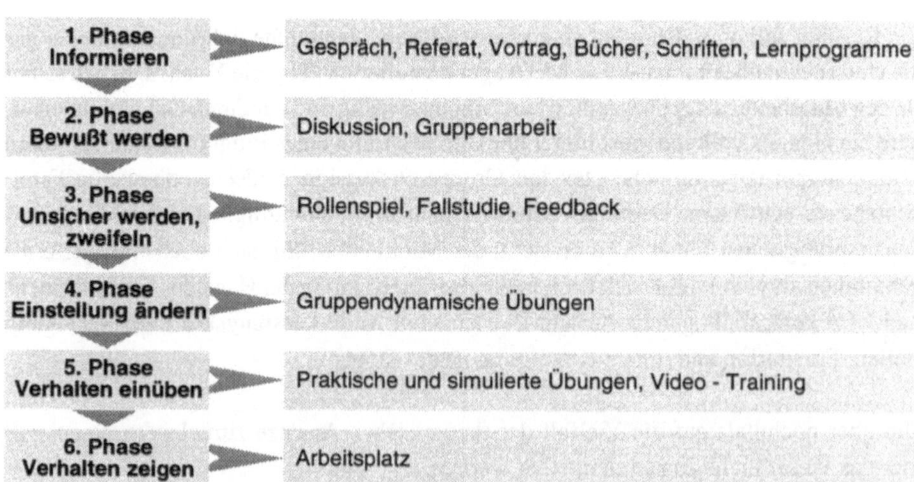

Bild 3.12: Stufen der Verhaltenskorrektur (Leonhardt 1984)

Eine Verhaltenskorrektur ist jedoch immer nur dann möglich, wenn die Notwendigkeit der *Veränderung* erkannt und akzeptiert wurde. Dies trifft sowohl auf den Menschen als Einzelnen zu als auch auf eine Gruppe oder Organisation. Veränderung wird dabei in aller Regel durch das Vorhandensein von Problemen ausgelöst. Dabei wird zunächst die am einfachsten zu realisierende Alternative bevorzugt, d. h. die Anwendung der im Verhaltensrepertoire befindlichen, in anderen Zusammenhängen bewährten eigenen Verhaltensweisen. Erst wenn diese nicht den erhofften Erfolg bringen, entsteht der Rückgriff auf bewährte fremde Verhaltensweisen - auf erfolgreiche Modelle. Erst zum Schluß, wenn weder eigene noch fremde Lösungskonzepte fruchten, werden neuartige, innovative Verhaltensweisen entwickelt. Auf Mittel und Methoden zur Verhaltensänderung wird in anderen Kapiteln näher eingegangen.

Ausdrücklich sei auch nochmals darauf verwiesen, daß die landläufige Meinung, Arbeitszufriedenheit führe sozusagen automatisch zu höherer Leistung, durch Untersuchungsergebnisse (Vroom 1964) nicht bestätigt wurde.

Vielmehr gibt es mehrere Möglichkeiten der Korrelation zwischen *Zufriedenheit* und *Leistung* (Wiswede 1980):

❑ Bestimmte Faktoren beeinflussen Leistung und Zufriedenheit gleichsinnig, z. B. Lohnerhöhung, Lob des Vorgesetzten, Attraktivität des Arbeitsinhalts;
❑ Bestimmte Faktoren beeinflussen die Leistung, sind jedoch für die Zufriedenheit irrelevant, z. B. klare Zielvorgaben, bessere Arbeitsstrukturierung;
❑ Bestimmte Faktoren beeinflussen die Zufriedenheit, jedoch nicht die Leistung, z.B. bessere Kontaktmöglichkeiten, Verbesserung des Betriebsklimas;
❑ Bestimmte Faktoren führen zur Erhöhung der Leistung, jedoch zur Senkung der Zufriedenheit, z. B. Androhung von Sanktionen, Erhöhung der Kontrolle;
❑ Bestimmte Faktoren führen zur Erhöhung der Zufriedenheit, jedoch zur Senkung der Leistung, z. B. Möglichkeiten zu leistungsablenkenden Kontakten.

Dies bedeutet, daß zwischen Leistung und Zufriedenheit nur unter bestimmten Voraussetzungen ein Zusammenhang entweder im Sinne von Leistung durch Zufriedenheit oder im Sinne von Zufriedenheit durch Leistung (vgl. Locke 1970) besteht. Tendenziell stimmt sicher die Aussage, daß Leistung durch Zufriedenheit v. a. bei intrinsisch motivierten Menschen entsteht, wobei bei extrinsisch motivierten Menschen die Gefahr des Ausruhens auf verdienten Lorbeeren besteht (vgl. Kazanas 1978).

Zusammenfassung und Ausblick

Somit wurden in diesem dritten Kapitel verschiedene Motivationstheorien und Motivatoren für das menschliche Verhalten aufgezeigt. Grundsätzlich reicht es aber nicht, die Theorien nur zu kennen. Wichtig ist die ständige Anwendung und Überprüfung im Unternehmen. Um über die sich verändernden menschlichen Bedürfnisse informiert zu sein, ist es wichtig, durch regelmäßige und gezielte Umfragen das Verständnis bei den Mitarbeitern abzufragen und den eigenen Wissensstand sowie den des Unternehmens ständig zu aktualisieren, auszuwerten und in die anstehenden Entscheidungsprozesse einzubeziehen. Darauf wird in den Kapiteln fünf und sechs eingegangen, nachdem zuvor in Kapitel vier die grundlegende Bedeutung von Werten, der Unternehmenskultur, -ethik, -visionen und -leitbilder dargestellt wird.

4

Reservoir verborgener Ressourcen

... Werte, Unternehmenskultur und Unternehmensethik

Grundlegendes über die Erwartungshaltung der Mitarbeiter, über *Werte* im Unternehmen und der Gesellschaft und deren *Veränderungsprozeß* sowie *Unternehmenskultur, -ethik, -vision, -leitbilder,* und *-strategien* finden sich in diesem vierten Kapitel.

Eine Managementstrategie, die auch die Mitarbeiter einbezieht, müßte an erster Stelle die Formulierung der wichtigsten Werte und Ziele des Unternehmens beinhalten (Coulson-Thomas 1996). Heute werden in Wirtschaft und Verwaltung gleichzeitig *handlungs- und zielorientierte Gruppenstrukturen* benötigt, in denen die Mitarbeiter angemessene Freiräume haben. Mit stärkerer Selbststeuerung des Individuums zieht der Wunsch nach Selbstverwirklichung am Arbeitsplatz und größerer Vielfalt der Arbeitsaufgaben automatisch ein Anwachsen der Leistungsfähigkeit nach sich. Steigerung der Produktivität läßt sich nicht länger durch verstärkte Arbeitsteilung, sondern überwiegend durch ganzheitliche Betrachtung der verschiedenen Tätigkeitsfelder erzielen. Daher muß zunehmend die Befriedigung der individuellen Bedürfnisse der Unternehmensmitglieder und ihr Streben nach Selbstverwirklichung bei der Arbeitsgestaltung mit berücksichtigt werden.

Es ist bekannt, daß die *positive innere Einstellung* zu Arbeit und Organisation die Basis für ein verbessertes Arbeitsergebnis ist; denn nur wer seine Aufgaben und Ziele als für

sich wertvoll erkennt, wird sich auch wesentlich engagierter und damit auch erfolgver-
sprechender dafür einsetzen. Das hat allerdings nicht zu bedeuten, daß der Mensch zum
Nutzen eines Betriebes ausschließlich nach den Gesichtspunkten der Rentabilität ausge-
nützt werden soll. Arbeitskräfte sind Menschen mit eigenen Wertvorstellungen, Wünschen
und Erwartungen, die nicht einfach den Zielen eines Unternehmens untergeordnet werden können, ohne dadurch Nachteile oder Schädigungen hinnehmen zu müssen. Daher
muß aus Unternehmen und Mitarbeitern eine Einheit gebildet werden, die zusammen
auf gemeinsame Ziele hinarbeitet. Diese Übereinstimmung ist dann erreicht, wenn die
Mitarbeiter erkannt haben, daß ihre Mitwirkung zum Wohl der Firma und gleichzeitig
direkt zu ihrer persönlichen Selbstverwirklichung beiträgt.

Es besteht daher eine Art *Symbioseeffekt* zwischen Unternehmen und Mitarbeitern,
zwischen Arbeitsentgelt und Arbeitsleistung. Die menschlichen Ressourcen mit ihrem
Potential an bisher ungenutzter Leistung könnten viele der in absehbarer Zeit auftretenden
Probleme lösen; aber dazu ist es notwendig, diese Kräfte gemeinsam zu aktivieren und
in festgelegte Bahnen zu leiten. Ein zukunftsorientiertes Unternehmen kann dies im
gemeinsamen Einvernehmen mit seinen Mitarbeitern erreichen, denn nur über die
Arbeitnehmer kann eine Produktivitätssteigerung erzielt werden, die sowohl die Quantität
als auch die Qualität der Arbeit betrifft.

... Die Erwartungshaltung der Mitarbeiter

Zum Verständnis der heutigen Erwartungshaltung der Mitarbeiter ist es erforderlich, die
Entwicklung von Wirtschaft und Bevölkerung in Deutschland zu betrachten. So werden
drei Bereiche genannt, die maßgeblich dafür sind, daß die nahe Zukunft (Zeitraum bis
zum Jahr 2000) anders aussehen wird als bisher angenommen (Prognos 1983, 1993).
Der erste Bereich dieser Trendprognosen befaßt sich mit den geänderten ›Wertvorstellungen der Individuen im Verhältnis zu sich selbst und zu ihrer Umwelt und damit auch
in ihrem Verhältnis zur Gesellschaft‹. Im zweiten Bereich wird die veränderte Stellung
Deutschlands in der internationalen Zusammenarbeit untersucht, im dritten die Probleme
durch den von neuen Technologien verursachten Strukturwandel, der ›zugleich aber auch
von großer Bedeutung für die Weiterentwicklung der Wertvorstellungen sein wird‹.

Demnach resultiert der nachhaltige *Wertewandel* ›aus dem Spannungsfeld zwischen den
stark abnehmenden tradierten Wertvorstellungen, die durch ein harmonisches Zusammenleben und sinnvolles Produzieren das Überleben gewährleisten und den neuen Werten
als Leitlinien für zukünftige Verhaltensweisen des Menschen im Umgang mit sich selbst,
mit anderen Menschen und mit seiner Umwelt‹ (Bild 4.1).

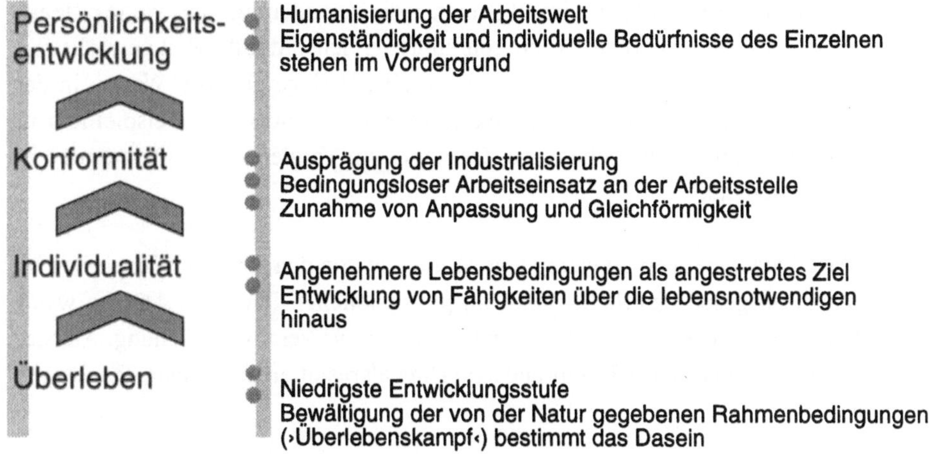

Bild 4.1:   Evolutionsstufen menschlicher Wertvorstellungen

Zwischen 1960 und 1980 wurde ein Wertewandel von den ›*Pflicht- und Akzeptanzwerten*‹
(oft auch als ›traditionelle‹ oder ›bürgerliche‹ Werte bezeichnet) hin zu den ›*Selbstentfal-
tungswerten*‹ (›aktuelle‹ Werte) vollzogen. Ein wichtiger Grund für die Veränderung der
Wertvorstellungen bezüglich des gesellschaftlichen Status des arbeitenden Menschen
ist, daß mit der Entwicklung zum Sozial- und Wohlstandsstaat die Bevölkerung im wesentlichen von Armut und Hunger befreit wurde. Damit war die Bewahrung der physischen
Existenz nicht mehr eine bloße Notwendigkeit und eine Bedingung für eine berufliche
Tätigkeit gegen Entgelt.

Als Folge nahm das Streben nach höherwertigen und damit anspruchsvolleren Betäti-
gungsfeldern zu, bei denen dann wiederum nach mehreren Stufen (vgl. Maslow) die
Möglichkeit zur Selbstverwirklichung und -entfaltung erwartet werden kann. Diese
Entwicklung der Menschheit mit ihren verschiedenen Ausprägungen und Wertvorstellungen läßt sich anhand der Kulturgeschichte deutlich nachvollziehen.

... Prozeß des Wertewandels innerhalb eines Gesellschaftssystems

Mit dem Begriff ›gesellschaftliches Wertesystem‹ wird ein historisch gewachsener, sozial
kontrollierter und in der Gesellschaft akzeptierter Orientierungsrahmen einer Gesellschaft
bezeichnet. Ein *Wertesystem* läßt sich in gesellschaftsbezogene Wertvorstellungen und
persönliche Lebenswerte weiter aufschlüsseln. Durch erstere wird die Erwartungshaltung
des Einzelnen an die Gesellschaft beschrieben, letztere kennzeichnen die eigenen Vorstellungen und Richtlinien zur persönlichen Bewältigung des Lebens.

Als ›*Wertewandel*‹ bezeichnet man im allgemeinen die Veränderung eines Wertesystems. Da jedoch in der Gesellschaft bereits ein sehr umfangreicher, mit der Zeit gewachsener Wertevorrat existiert, handelt es sich meist um eine Verlagerung von Werten in der Hierarchie innerhalb eines bestehenden Wertesystems; ein markantes Beispiel hierfür stellt die Verlagerung des Wertebereichs ›Ökologie‹ im Vergleich zur ›Ökonomie‹ in den letzten Jahren dar.

In der Werteskala weit oben rangieren jene Werte, die von den einzelnen Menschen im persönlichen, im gesellschaftlichen bzw. im professionellen Bereich als knapp wahrgenommen werden; das o. a. Beispiel dient auch hier zur Veranschaulichung: Aus der Verknappung einer als natürlich empfundenen Umwelt resultiert eine höhere Einstufung ökologischer Werte.

Wertewandelprozesse werden meist durch Veränderungen einzelner Einflußfaktoren ausgelöst (Bild 4.2). Solche auslösenden Impulse verursachen dann direkt oder auf Umwegen Veränderungen des Wertesystems.

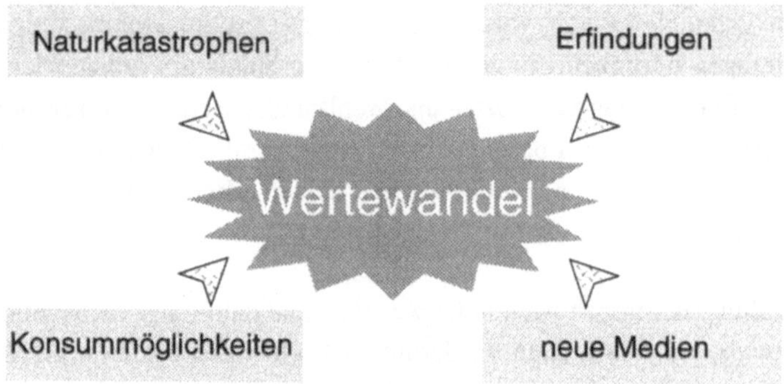

Bild 4.2:   Mögliche Auslöser für den Wertewandel

Die persönlichen Einflußfaktoren sind dagegen um einiges komplizierter strukturiert, da die Reaktion durch die Verschiedenartigkeit der Menschen auf bestimmte Veränderungen sehr unterschiedlich ausfallen kann. Es lassen sich bisweilen zwei sehr unterschiedliche Verhaltensweisen beobachten: Bestimmte Personen verharren quasi dogmatisch in althergebrachten, traditionellen Wertvorstellungen, während andere völlig konträre Vorstellungen annehmen und ihr Verhalten auch dementsprechend ändern (›*Aussteigermentalität*‹). So sind auch immer generationsunterschiedliche Werte zu erkennen.

Veränderte Umgebungsbedingungen und das Erkennen gesellschaftlicher und persönlicher Veränderungen provozieren Spannungsfelder und die Entstehung von Konfliktsituationen, woraus sich ein Wertewandel ergeben kann.

Die Entwicklung von Normen und Werten bzw. Wertvorstellungen zieht sich i. allg. über Jahrzehnte hin, wobei die Werte und Normen in den Menschen selbst vorhanden sind und sich auf deren konkrete Vorstellungen über Wesentliches und Wünschenswertes beziehen. Diese persönlichen Richtlinien bieten dem Menschen verschiedene Handlungsoptionen für sein individuelles Verhalten.

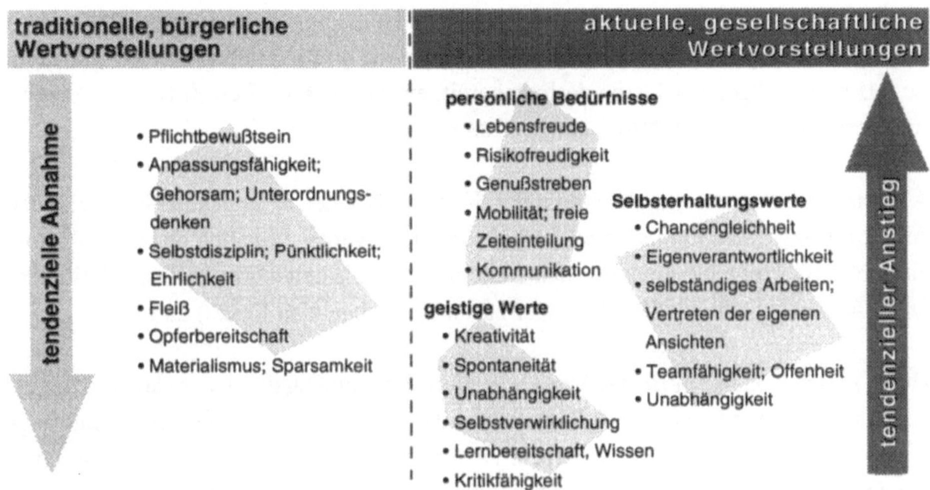

Bild 4.3:   Tendenzielle Verlagerung der individuellen Wertvorstellungen

Aus der Veränderung von Wertvorstellungen (Bild 4.3) resultieren als Folge auch Veränderungen in den *Verhaltensweisen* der Individuen. Dies impliziert auch eine mehr oder weniger unterschwellige Verstärkung der Ansprüche auf Selbstverwirklichung und Lebensqualität bei der beruflichen Tätigkeit. Somit erkennen die Arbeitenden wieder den Sinn der Arbeitsleistung (auf die eigene Persönlichkeit bezogen). Vergleicht man nun die Wertigkeit der bei der Arbeit geltenden Tugenden von Mitarbeitern verschiedenen Alters, erkennt man, daß der Orientierungscharakter der verschiedenen Wertvorstellungen unterschiedlich gewichtet wird. Bei älteren Mitarbeitern liegen die Schwerpunkte oft bei den ›traditionellen‹ Wertvorstellungen, jüngere Mitarbeiter dagegen richten ihr Verhalten eher an den ›neueren‹ Werten aus, die durch die ›5 S‹ der *Freizeitkultur* gekennzeichnet werden. Dies sind:

❏ Selbermachen und selbst aktiv sein;
❏ Spontaneität und Risikofreudigkeit;
❏ Selbstentfaltung und persönliche Entwicklung;
❏ Sozialkontakt und Gemeinsamkeit;
❏ Sich entspannen und wohlfühlen.

Aber das Ziel, Spaß am Leben zu haben, sich selbst entfalten zu können, einen Sinn im Leben zu erhalten und mit einer Aufgabe zu wachsen, bietet doch geradezu ideale Voraussetzungen, durch Spaß an der Arbeit verantwortungsvolle, engagierte und kreative Mitarbeiter in ihrer Leistungsbereitschaft zu bestärken. Rücke (1994) schreibt richtig: ›Freizeit wird wichtiger, ihr wird zunehmend mehr Zeit eingeräumt. Die Arbeitszeit wird kürzer. Deshalb muß ihre Bedeutung für den einzelnen nicht geringer werden, sie gewinnt heute teilweise schon exklusiven Charakter. Die Arbeit ist nie nur Mühsal, beinhaltet auch in wechselndem Ausmaß Hobbyaspekte. Mitarbeiter, die dies so erleben können, und nicht nur als notwendiges Übel, sind deshalb bereit, ein Stück ihrer Freizeit für ihre Arbeit - für ihre persönliche Erfüllung - einzusetzen.‹

Älteren und Jüngeren gemeinsam ist der Wunsch nach der Bedeutsamkeit der eigenen Arbeit für das Unternehmen, die Anerkennung der eigenen Tätigkeit, das Gefühl, stolz auf die selbst erbrachte Leistung sein zu können und als bedeutsamer Bestandteil einer Organisation (›wichtiges Glied in einer zusammenhängenden Kette‹) zu gelten.

Heute zählen *humane Werte* wie Menschlichkeit, Zusammenhalt, Wertschätzung, Bereitschaft zu Veränderungen oder Kollegialität weit mehr als ökonomische Werte. Allerdings wird die Arbeit auch heute noch von sehr vielen Menschen als unbefriedigender Bestandteil des Daseins angesehen, die so schnell wie möglich erledigt werden soll, weil sie als frustrierend empfunden wird und daher sehr unwillig erbracht wird.

Diese Einstellung der Mitarbeiter wird von einem Unternehmen unterstützt, dessen Führungsebene einen autoritären Führungsstil pflegt, da die Bereitschaft der Mitarbeiter, Initiative zu ergreifen, von vornherein unterdrückt bzw. eingeengt wird (vgl. hierzu die Motivationstheorie nach McGregor). Daher versuchen die betroffenen Arbeitnehmer ihren unterdrückten Einfallsreichtum und ihre Innovationsbereitschaft auf ein in ihrer Freizeit liegendes Betätigungsfeld zu verlagern. Dies wird durch den Umstand der ständig zunehmenden Freizeit als solcher, aber auch durch ein stetig breiter werdendes Spektrum an Gestaltungsmöglichkeiten weiter gefördert. Als Folge werden die gewaltigen *Kreativitäts- und Leistungsreserven* der Mitarbeiter in Form von Energie, Interessen, Neigungen, Begabungen und Fähigkeiten nicht zum Vorteil des Unternehmens eingesetzt. Somit werden sämtliche Chancen, die Möglichkeiten zur persönlichen Selbstverwirklichung vom Freizeitbereich in die Arbeitstätigkeit (und damit zum Vorteil des Unternehmens) zu verlagern, völlig vertan. Unter solchen Umständen bietet die reine Arbeitstätigkeit für einen Großteil der Arbeitnehmer keinerlei Förderung der Motivation zu höherer Leistungsbereitschaft.

Die Führungskräfte eines Unternehmens haben somit die Aufgabe, dieses Problem zu erkennen und durch entsprechende Maßnahmen die Arbeitstätigkeit und Aufgabe den jeweiligen Bedürfnissen der Mitarbeiter anzupassen und dadurch diesen Nachteil zu beseitigen. Dieser Prozeß der Einsicht ist der Schlüssel zu einer Steigerung der Effizienz und der Produktivität des Unternehmens, da nur dadurch die entsprechenden Maßnahmen ergriffen werden.

Betrachtet man nun die Statistiken über den *Qualifikationsgrad der Bevölkerung*, erkennt man, daß der Anteil der Personen mit hoher Qualifikation ständig ansteigt. Immer mehr Menschen wollen durch Bildung ihre persönlichen Bedürfnisse befriedigen. Ein elementares Bedürfnis jedes Mitarbeiters beinhaltet das Streben nach einer bedeutenden Rolle innerhalb des Unternehmens. Wird dieser Wunsch durch die Arbeitstätigkeit erfüllt, zeigt sich das in einer gesteigerten Selbstachtung des Mitarbeiters. Eine Arbeitstätigkeit, die den Großteil des Lebens eines Menschen ausfüllt, muß eine Herausforderung sein, die ihn interessiert und auslastet, ihn aber nicht durch routinemäßiges, monotones Durchführen der Tätigkeit frustriert.

Wenn dies gegeben ist und die Mitarbeiter zu höherer individueller Leistungsentfaltung motiviert werden, ist die Arbeit für alle Beteiligten ein Gewinn: Für den Arbeitnehmer durch eine Bereicherung seines Lebens und für das Unternehmen durch gesteigerte Produktivität.

... Unternehmenskultur - Summe unternehmerischer Werte

In einem Zeitalter turbulenter Märkte, dynamischer Arbeitsaufgaben, einer rasanten Entwicklung neuer I&K-Technologien, einer Vielzahl von Managementkonzepten und einer Änderung gesellschaftlicher Werte ist man auf der Suche nach Orientierung, nicht nur außerhalb, sondern auch innerhalb eines Unternehmens. Der Wunsch nach Sinngebung, nach symbolischer Führung, nach *Unternehmenskultur* wird stärker. ›Das wachsende Wertebewußtsein in der Gesellschaft sensibilisiert für Indikatoren der Unternehmenskultur, bringt einen spontanen Wandel dieser traditionellen Unternehmenskultur und er läßt es ratsam erscheinen, aktiv Veränderungen der Unternehmenskultur anzustreben, die es dem einzelnen erleichtern, sich mit dem Unternehmen zu identifizieren‹ (Lutz von Rosenstiel 1990).

Es ist ein Charakteristikum von erfolgreichen und innovativen Unternehmen, daß ihr unternehmerisches Denken und Handeln bzw. ihre Verhaltensweisen an klar definierten Grundwerten ausgerichtet wird. Solche Unternehmen zeichnen sich durch kollektive Wertvorstellungen aus, die in der gesamten Struktur umgesetzt und von ihr getragen werden. Dieses Zusammenspiel von Wertvorstellungen, *Normen*, Verhaltens- und Denkweisen wird als Unternehmenskultur bezeichnet. Darin spiegeln sich Visionen und

Leitbilder wider. Eine richtig umgesetzte, ›erlebte‹ Unternehmenskultur ist ein wichtiges Werkzeug der Mitarbeiterführung, das das gesamte gewachsene Meinungs-, Norm-, und Wertegefüge beeinflussen kann, welches das Verhalten der Führungskräfte und Mitarbeiter prägt (nach Pümpin 1990).

Definition Unternehmenskultur:

Die Unternehmenskultur stellt die Summe von Wertvorstellungen, Verhaltens-normen, Denk- und Handlungsweisen dar, die von den meisten Mitgliedern eines Unternehmens gemeinsam getragen werden. Das selbstverständliche Verhalten und Handeln und somit die Steuerung des Gruppenverhaltens beruht auf nicht offensichtlichen Werten und Normen und auf den sie begründenden Annahmen, die einer oberflächlichen Beurteilung weitgehend verschlossen bleiben. Sie weisen oft über längere Zeiträume eine große Beständigkeit auf. (vgl. Gablers Wirtschafts-lexikon 1993, Brockhaus Enzyklopädie 1990).

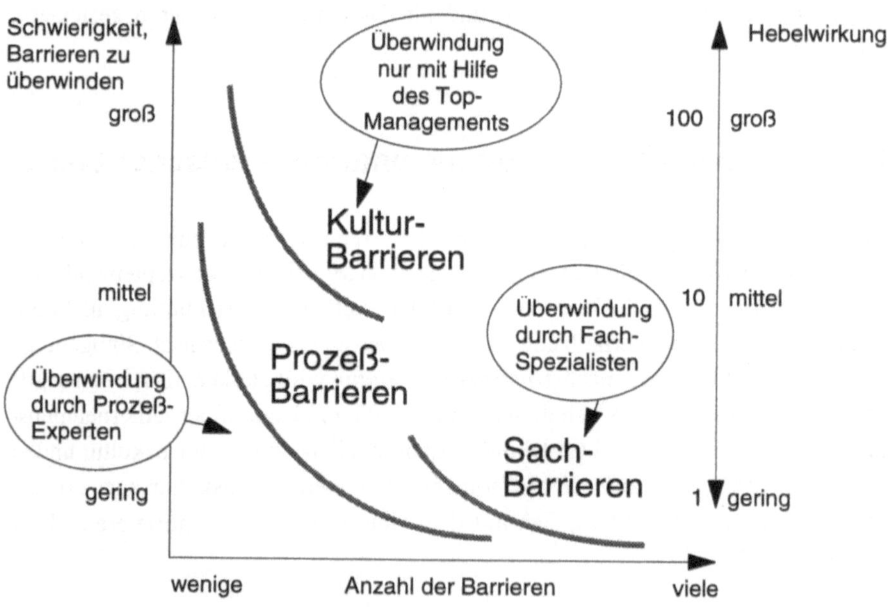

Bild 4.4:   Kultur-, Prozeß- und Sachbarrieren

Der Grad der Schwierigkeiten und der Wirkungen, die kulturellen Barrieren im Vergleich zu Prozeß- oder Sachbarrieren zukommen, ist aus der Literatur bekannt und in Bild 4.4 dargestellt. Die Funktion einer Unternehmenskultur als Summe von verschiedenartigen

Verhaltensweisen, Werten, unterschiedlichen Aspekten und Merkmalen liegt in der Koordination der Handlungen, der Integration und Motivation der Unternehmensmitglieder
über den Aufbau einer unternehmensbezogenen Identität und eines ›Wir-Gefühls‹.

Durch die Unternehmenskultur werden sämtliche Prozesse innerhalb und die damit
verbundenen Aktivitäten außerhalb des Unternehmens in charakteristischer Weise geprägt.
Die Wertvorstellungen sind die Rahmenbedingungen für jegliches organisatorische und
unternehmerische Handeln, weil sie sich auf die Einstellungen der Individuen zu ihrer
Umwelt, zur Gesellschaft, zu den Mitarbeitern und zum Firmenkonzept beziehen. Die
Unternehmenskultur begründet die *Unternehmenspolitik*, was sich in der Gestaltung von
Marketing, Personalführung, Umweltschutz, Führungs- oder Finanzpolitik, Organi-sation
oder Arbeitsablauf äußert. Einem sichtbar gelebten Wertesystem innerhalb eines
Unternehmens, wie es sich beispielsweise in dem Umgang der Mitarbeiter untereinander
äußert, wird im Hinblick auf eine erfolgreiche Unternehmensführung eine große Bedeutung beigemessen.

Beim Menschen sind schon gewisse grundlegende Wertvorstellungen vorhanden, bevor
er einem Unternehmen beitritt. Die dabei vorhandene Hierarchie der Werte unterscheidet
sich i. allg. von den Normen und Werten eines Unternehmens. Um nun diesen Unterschied
der Wertestrukturen so gering wie möglich zu halten, ist eine Anpassung sowohl von
Unternehmensseite als auch von Mitarbeiterseite notwendig. Auf der einen Seite sind
die unternehmenskulturellen Werte verstärkt den individuellen Normvorstellungen und
denen der Gesellschaft anzupassen. Auf der anderen Seite muß das Interesse der
Unternehmensleitung dahingehen, ihre Werte, Verhaltensweisen, Leitbilder und Visionen
dem Mitarbeiter durch Information und Kommunikation nahe zu bringen und ein
Verständnis beim Mitarbeiter für die Unternehmensinteressen herzustellen. Hier sei an
den Leitsatz erinnert, ›die Arbeit an den Menschen anzupassen‹ und nicht umgekehrt.
So entsteht für die Angehörigen eines Unternehmens eine Art Zusammengehörigkeitsgefühl, ein sozialer Bezugsrahmen, in dessen Mitte immer mehr ein ›wir‹ rückt und das
›ich‹ etwas in den Hintergrund bringt.

Ein Unternehmen, das sich im Laufe der Zeit entwickelt hat und somit eine erkennbare
und gelebte Identität besitzt, ist eine Art ›*Unternehmenspersönlichkeit*‹. Jedes Unternehmen hat eine eigene Unternehmenskultur, die es ständig entsprechend ihren Einfluß-
parametern anzupassen gilt und die von der Branche, der regionalen Lage, den in ihr
tätigen Menschen und der historischen Entwicklung (z. B. Tradition) abhängt. Geprägt
wird es von den sozialen Erfordernissen, dem volkswirtschaftlichen und gesellschaftlichen Zweck und natürlich den ökonomischen, betriebswirtschaftlichen Zielen. Zudem
charakterisiert die Unternehmenskultur das Verhältnis zwischen dem Unternehmen und
den wichtigsten Interessengruppen:

❑ den Kunden;
❑ den Mitarbeitern;
❑ den Zulieferern;
❑ der Öffentlichkeit, der Gesellschaft sowie den Aktionären.

Mit einem Fundament aus Denkweisen und Zielsetzungen sind Unternehmen in der Lage, mit hoher Motivationskraft ein starkes Gemeinsamkeitsgefühl herzustellen. Oft besteht eine große Diskrepanz zwischen den offiziell propagierten Werten und dem tatsächlichen Verhalten einer Unternehmung. Daraus können *Konflikte* oder Prozesse äußerst unproduktiver Anpassung resultieren. Durch den *Konsens* bestimmter Grundwerte, ethischer Wertvorstellungen und Richtlinien des Zusammenarbeitens, die von allen Unternehmensmitgliedern verstanden, begrüßt und mit Engagement mitgetragen werden, erreicht man die Zielsetzung durch gemeinsames Handeln. Dieses Werkzeug zur Steuerung des Unternehmens muß allerdings offiziell manifestiert und aktiv gelebt werden. Es darf nicht nur als ungeschriebenes Gesetz bestehen, damit es von allen Beteiligten akzeptiert und mitgetragen werden kann. Unternehmenskultur ist das, was täglich umgesetzt, gelebt wird, nicht das, was man sich als Leitlinie festgeschrieben hat. Ein wichtiger Faktor für den Erfolg ist die Konsequenz mit der die in der Unternehmenskultur enthaltenen Leitlinien befolgt werden. Damit stellt die Unternehmenskultur eine wesentliche Einflußgröße dar, die für die Identifikation aller Beteiligten unabdingbar ist. Nur mit Führungskräften, die sich mit den für das Unternehmen notwendigen Richtlinien identifizieren und ihr Denken, Verhalten und Handeln danach ausrichten, können Produktivitäts- und Gewinnsteigerungen, Kosten- und Risikominderung erreicht werden.

Um die eigene Unternehmenskultur besser zu verstehen und deren Vorteile und Nachteile zu erkennen, ist ein Vergleich mit der Darstellung unterschiedlicher Aspekte von Unternehmenskulturen, wesentlicher Merkmale, Kulturebenen und verschiedener Kulturtheorien aus der Literatur hilfreich. Unterschiedliche Aspekte sind in Bild 4.5 zusammengestellt.

Teamorientierte Unternehmenskultur		Dynamisch-innovative Unternehmenskultur	
Positive Aspekte	**Negative Aspekte**	**Positive Aspekte**	**Negative Aspekte**
+ Lernen von anderen Teammitgliedern + gemeinsame Verantwortung + Zusammenhalt + gemeinsame Wissensbasis + Dazugehörigkeitsgefühl	- Identitätsverlust des Individuums - Notwendigkeit, sich mit starken Persönlichkeiten zu arrangieren - langsamere Reaktionszeit - Kompromiß fester Überzeugungen	+ individuelle Freiheit + Flexibilität + Austausch gemeinsamer Ideen + keine Abgrenzung zw. Entscheidungsebenen/Funktionen + Suchen des Neuen/ Einzigartigen	- schwer auszugleichende Meinungsunterschiede - Konflikte bei derDefinition der Rollen und Funktionen - Betonung des persönlichen Ehrgeizes
Hierarchieorientierte Unternehmenskultur		**Zielorientierte Unternehmenskultur**	
Positive Aspekte	**Negative Aspekte**	**Positive Aspekte**	**Negative Aspekte**
+ klare Rollendefinition + bekannte Entscheidungsträger + klare Vorgehensweisen + gute Kommunikationswege + klar definierter Werdegang	- schlechtes Zusammenspiel zwischen den einzelnen Funktionen - Abhängigkeit von der Fähigkeit des Leiters - zu enge Kompetenzbereiche - Belohnung der Arbeit, nicht des Erfolgs	+ Förderung des Wettbewerbs + Möglichkeit eines schnellen Aufstiegs + Förderung der schnellen Reaktion + Bewertung individueller Beiträge	- unkoordinierte Entscheidungsfindung - Ellenbogengesellschaft, Burn out - zunehmender Hang zum Egoismus - hohe Konflikthäufigkeit - Mitarbeiter entwickeln sich zu Einzelgängern

Bild 4.5:   Aspekte von Unternehmenskulturen (Bullinger 1994)

Nach Krulis-Randa (1990) werden Kulturen fünf wesentliche *Merkmale* zugewiesen:

❑ Tradierung: Eine Kultur entstand in der Vergangenheit und hat sich über längere Zeit entwickelt.

❑ Wandlungsfähigkeit: Eine Kultur ist nicht statisch, sondern kann nur aufgrund ihrer Wandlungsfähigkeit überleben.

❑ Zeitbedingtheit: Eine Unternehmenskultur ist einerseits entsprechend einer übergeordneten gesellschaftlichen Kultur ausgerichtet. Andererseits ist die Gültigkeit der darin ausgedrückten Werte trotz ihrer langfristigen Bewahrung zeitlich begrenzt.

❑ Erfahrbarkeit: Sie ist durch Symbole zumindest teilweise verständlich und wahrnehmbar.

❑ Erlernbarkeit: Ein Außenstehender besitzt die Möglichkeit, sich in eine bestehende Unternehmenskultur zu integrieren.

Merkmale von Unternehmenskulturen lassen sich in zwei *Ebenen* unterteilen, die sich bezüglich ihrer Sichtbarkeit und ihrer Veränderungsfähigkeit unterscheiden (vgl. Kotter und Heskett 1993). Zwischen beiden Kulturebenen besteht eine gegenseitige Wechselwirkung.

Sichtbare Ebene: Die sichtbare Ebene beinhaltet festgelegte Verhaltensweisen und -normen, die neuen Mitarbeitern durch schon länger beschäftigte Mitarbeiter automatisch übermittelt werden. Sie werden aufgrund ihrer Offensichtlichkeit als selbstverständlich übernommen (Bsp.: ›harte Arbeit‹, ›Freundlichkeit gegenüber Kunden‹, ›Sicherheit als oberste Priorität‹).

Unsichtbare Ebene: Hier finden sich die tiefen, wenig offensichtlichen Wertvorstellungen, die schwer veränderbar sind, da sie den Gruppenmitgliedern häufig nicht konkret bewußt sind. Trotz Personalfluktuation präsentieren sie Konstanz, da sie im Unterbewußtsein bestehen (Bsp.: ›Vorsprung durch technologische Innovationen‹, ›Wohlergehen der Mitarbeiter im Vordergrund‹).

Oft findet sich die Unterteilung in starke und schwache Kulturen. Einer starken Kultur wird grundsätzlich größerer wirtschaftlicher Erfolg als einer schwachen Kultur zugeschrieben. Eine starke Unternehmenskultur ist die Basis für das Verhalten und die Handlungsweisen der Mitarbeiter, wohingegen bei einer schwach ausgeprägten Kultur ein gemeinsamer Grundkonsens nicht vorhanden ist.

Häufig werden Unternehmenskulturen auch in drei *Typen* unterschieden (vgl. Kotter und Heskett 1993):

❑ Starke Kultur;
❑ Strategisch angemessene Kultur;
❑ Anpassungsfähige Kultur.

Starke Kultur

Starke Kulturen werden durch eine einheitliche Zielausrichtung, eine hohe Motivation der Mitarbeiter und klare vorhandene Strukturen mit den notwendigen Kontrollinstrumenten charakterisiert. Konsistente Werte und Verhaltensweisen werden von fast allen Führungskräften getragen und bewahrt. Durch sie wird deutlich, welchen Einfluß Normen und Werte auf das Verhalten haben. Der Theorie der starken Kultur ist besonders anzulasten, daß eine starke kulturelle Ausrichtung alleine kein Garant für die richtige Richtung ist. Des weiteren ist die starre Ausrichtung nachteilig bei einer Anpassung der Strategien und Praktiken an eine Änderung des Unternehmensumfelds. Besonders im Top-Management muß einer kulturellen Flexibilität größere Beachtung geschenkt werden. Die Offenheit für kulturelle Werte, die außerhalb des eigenen, bisherigen kulturellen Verständnisses liegen, wird ein zentraler Erfolgsfaktor der Unternehmensführung in einem turbulenten Markt. Im Detail werden der Theorie der starken Kultur folgende Merkmale, Vorteile und Nachteile zugeschrieben.

Merkmale bezüglich der Unternehmensführung:

- ❑ Beteiligung der Mitarbeiter an Entscheidungen;
- ❑ Anerkennung der Arbeitsleistung der Mitarbeiter;
- ❑ Vorhandensein notwendiger Strukturen und Kontrollen, jedoch ohne erdrückende formale Bürokratie;
- ❑ Strategien zur Verinnerlichung der Managementphilosophie z. B. durch Seminare;
- ❑ Aufgabendelegation und Handlungsautonomie;
- ❑ Vorgabe konsistenter Werte und Verhaltensregeln;
- ❑ Vermittlung des Loyalitätsprinzips;
- ❑ Vermittlung von Identitätsdenken und Anspruchshaltung.

Merkmale bezüglich der Mitarbeiter:

- ❑ Steigerung der Arbeitsmoral und der Leistungsmotivation durch Loyalität bzgl. konkreten Werten und Verhaltensweisen;
- ❑ Aufwertung der Arbeit durch selbständige Entscheidungsbefugnis bzw. Entscheidungskompetenz;
- ❑ Streben nach einheitlichen, ungeschriebenen Gesetzen;
- ❑ Entwicklung von gegenseitigem Verständnis und Hilfsbereitschaft;
- ❑ Entwicklung effektiver Konfliktbewältigungsstrategien;
- ❑ Entwicklung von Dialogfähigkeit zwischen Mitarbeitern bzw. zwischen Mitarbeitern und der Unternehmensführung.

Vorteile:

- ❑ Genießt hohes Ansehen durch den ihr zugedachten hohen Unternehmenserfolg;
- ❑ Verzicht auf repressiven bürokratischen Apparat; sichert Gesamtkontrolle durch autonome Selbstverwaltung der einzelnen Unternehmensebenen;
- ❑ Gewährleistet den Aufbau einer Vertrauensbasis zwischen den Mitarbeitern und der Unternehmensführung.

Nachteile:

- ❑ Betrachtet das Unternehmen und seine Umwelt nicht als fortlaufenden dynamischen Veränderungsprozess, sondern als ein konstante Festschreibung;
- ❑ Besitzt die Tendenz zur Stagnation;
- ❑ Weist oft sehr geringe geistige Expansionsfähigkeit auf;
- ❑ Ist wirtschaftlich oft zu einseitig ausgerichtet;
- ❑ Gibt keinen Aufschluß darüber, ob kulturelle Stärke aus Unternehmenserfolg oder Unternehmenserfolg aus kultureller Stärke entsteht;
- ❑ Eine konforme Grundüberzeugung alleine ist nicht Garant für den Unternehmenserfolg; auch die Richtung muß stimmen.

Strategisch angemessene Kultur

Die Theorie der *strategisch angemessenen Kultur* geht direkt auf den Vorwurf der zu starken kulturellen Ausrichtung einer starken Kultur ein. Sie geht davon aus, daß eine Kultur nur dann erfolgreich sein kann, wenn ihre Inhalte an die Umfeldbedingungen eines Unternehmens angepaßt sind. Nicht nur die Stärke, sondern v. a. der Inhalt einer Kultur ist von Bedeutung. Es kommt auf die Praktiken an, die auf die konkreten Umfeldbedingungen des Unternehmens abgestimmt sind. Strategisch angemessene Kulturen unterscheiden sich nach Art des Unternehmens, der Branche und des Marktes. Im Detail werden ihr folgende Merkmale, Vorteile und Nachteile zugeschrieben.

Merkmale:
- ❑ Unternehmensführung gibt keine konkreten Kulturinhalte vor, betont jedoch die Wichtigkeit der strategisch angemessenen Inhalte, die sich aus der jeweiligen Unternehmenssituation und dem Unternehmensumfeld ergeben;
- ❑ Kulturinhalte, Werte und Verhaltensweisen werden nach der momentanen Stärke des Unternehmens ausgerichtet;
- ❑ Gemeinsame Ziel- und Interessenausrichtung wird vermittelt.

Vorteile:
- ❑ Bezugsgruppenorientierung, d. h. es erfolgt eine Ausrichtung auf einen definierten Kreis: Managerhandeln, Aktionärsinteressen, Mitarbeiterpotential und Kundenorientierung;
- ❑ Spezifische Ausrichtung, d. h. sie orientiert sich sehr an konkreten Unternehmensvorgaben.

Nachteile:
- ❑ Geht von einer starken Abhängigkeit des Unternehmenserfolgs von umfeldbedingten Faktoren aus;
- ❑ Scheinbare Statik; die Kultur ist radikalen Umfeldänderungen nicht gewachsen;
- ❑ Keine Einheitlichkeit, d. h. es gibt keine einheitlichen Identifikationsfaktoren bei der Klassifizierung dieser Kultur und keine Erklärung für den unterschiedlichen Anpassungserfolg.

Anpassungsfähige Kultur

Diese Kulturtheorie beinhaltet die Anpassungsproblematik der Unternehmen an Umfeldänderungen. Nur eine Kultur, in der Veränderungen des Umfelds erkannt werden und darauf mit einer Änderung der Unternehmenskultur selbst, des Unternehmens und der -strategie reagiert wird, sind über lange Zeit hinweg erfolgreich. Die Betonung liegt auf der Bedeutung besonderer Werte und Verhaltensweisen, die den Wandel ermöglichen. Bei der Erkennung von Veränderungen und der konsequenten Orientierung an den

Bedürfnissen interner und externer Kunden und Bezugsgruppen kommt den Führungskräften als Motor eine Schlüsselstellung zu. Im Detail werden einer anpassungsfähigen
Kultur folgende Merkmale, Vorteile und Nachteile zugeschrieben.

Merkmale bezüglich der Unternehmensführung:
- Interne und externe Kundenorientierung statt Sicherung der eigenen Machtposition
  und des Eigennutzens;
- Aufbau einer Vertrauensbasis zwischen Unternehmensführung und Mitarbeitern;
  Vertrauensorganisation statt Mißtrauensorganisation;
- Vermittlung einer positiven Einstellung gegenüber Problemstellungen;
- Offenheit für Veränderungen; Entwicklung der Fähigkeit zur Antizipation und
  Anpassung an Umfeldveränderungen;
- Keine Arroganz der Führungskräfte, keine Vernachlässigung von Zeichen des
  Wandels und kein Festhalten an veralteten Strategien und Verfahren;
- Verzicht auf einen bürokratischen Apparat; dezentrales, flexibles Verhalten;
- Hoher Stellenwert der Führung, die Veränderungen bewirkt. Als Folge ergeben
  sich Risikobereitschaft, Initiative, Kommunikation und Motivation;
- Bereitstellung von Mitteln für erfolgversprechende Entwicklungsvorschläge.

Merkmale bezüglich der Mitarbeiter:
- Vorhandenes Kreativitätsdenken;
- Vorhandene Risikobereitschaft und Verantwortungsbewußtsein;
- Offener Dialog, Kooperationsfähigkeit und gegenseitige Hilfsbereitschaft unter-
  einander;
- Gegenseitiges Vertrauen;
- Hohe Motivation;
- Kooperationsbereitschaft mit der Unternehmensführung zur gemeinschaftlichen
  Realisierung des Unternehmenserfolgs;
- Offenheit und Begeisterung für Veränderungen und Innovation;
- Handlungsautonomie, Unternehmertum und Initiativverhalten.

Vorteile:
- Hohe Anpassungsfähigkeit;
- Ausgeglichenheit bezüglich der Handlungsaktivität zwischen Mitarbeitern und
  der Unternehmensführung;
- Aktionsbereitschaft.

Nachteile:
- Theorie erklärt nicht, wozu Risikobereitschaft und Anpassungsfähigkeit benötigt
  werden, sondern setzt sie voraus;

❑ Gibt nicht an, daß es auf die richtige Richtung ankommt; Keine konkrete Richtungsweisung.

In der Literatur werden die dargestellten drei Theorien meist als konträre Alternativen betrachtet. Ziel ist es jedoch, in einer innovationsfreundlichen, erfolgreichen Unternehmenskultur deren Vorteile zu kombinieren und die Nachteile zu eliminieren; d.h. es kommt sowohl auf die richtige Richtung, auf die Stärke der Kultur als auch auf die Veränderungsbereitschaft der Kultur an. Wie sich der Wandel der Unternehmenskultur vollzieht und welche Rolle den Führungskräften dabei zukommt, ist nachfolgend (☞ Kapitel 5) dargestellt.

Abschließend sei als Praxisbeispiel die Unternehmenskultur von Hewlett-Packard angeführt, die die Merkmale einer innovationsfreundlichen und erfolgsorientierten Kultur erfolgreich realisiert hat. ›Unsere Kultur hat unter anderem Innovation und Unternehmertum in den Vordergrund gestellt, und das hat zweifellos dazu beigetragen, daß wir uns viele Jahre hindurch unsere Anpassungsfähigkeit erhalten haben. Unsere Kultur forderte auch eine starke Nähe zu den Kunden, um deren Bedürfnisse adäquat befriedigen zu können; auch das hat unsere Anpassungsfähigkeit verstärkt.‹ Ned Barnholt, General Manager der Gruppe Elektronische Instrumente bei HP. Die erfolgreiche Anpassung und der wirtschaftliche Erfolg von HP begründen sich in ihrer Unternehmenskultur, ihren Werten bzw. ihrem Geschäftsstil (›*HP-Stil*‹):

❑ Ehrlicher und gerechter Einsatz für die Interessen aller Bezugsgruppen;
❑ Respekt der Persönlichkeit;
❑ Möglichkeit der Selbstverwirklichung durch Freiräume;
❑ Gegenseitiges Vertrauen und Helfen;
❑ Fehler als Chance zur Verbesserung sehen;
❑ Leistungsbereitschaft durch Freude an der Arbeit;
❑ Anerkennung der individuellen Leistung und Partizipation am Erfolg des Unternehmens;
❑ Mitverantwortung durch gemeinsame Rechte und Pflichten;
❑ Übersichtliche Bereiche durch Dezentralisierung;
❑ Führen durch Zielvereinbarung;
❑ Informeller Umgang und offene Kommunikation;
❑ Förderung und Weiterentwicklung;
❑ Beschäftigungssicherheit;
❑ Soziale Absicherung.

Grundlegend stützt sie sich auf folgende Werte:
❑ Gesellschaftliches Engagement;

❏ Verpflichtung zu Innovationen;
❏ Bedeutung von Gewinn;
❏ Zufriedene Kunden (Kundenorientierung);
❏ Angenehmes Arbeitsumfeld (Mitarbeiterorientierung).

Dahinter steckt die Idee, Kreativität und Initiative sowie Manager zu fördern, die im Unternehmen Enthusiasmus und die Bereitschaft zu Zusammenarbeit und Veränderung verbreiten. Um schwierige Veränderungen durchzusetzen, mußte die Führung viel über Werte sprechen. Werte, die den Mitarbeitern am Herzen lagen und die Notwendigkeit der Veränderung begründeten (frei nach Ken Macke, HP). Darauf aufbauende Praktiken beinhalten z. B. Management by Wandering Around, Management by Objektives, informelles kollegiales Verhalten, Integration und Autonomie von Betriebseinheiten und ein angenehmes Arbeitsumfeld.

...Unternehmensethik - soziale Verantwortung des unternehmerischen Handelns

 Definition Unternehmensethik:

Die Unternehmensethik stellt sich als eine wissenschaftliche Lehre von denjenigen idealen Normen dar, die in der Marktwirtschaft zu einem friedenstiftenden Gebrauch der unternehmerischen Handlungsfreiheit anleiten sollen. Sie ist dann anzuwenden, wenn die ausschließliche Steuerung der konkreten Unternehmensaktivitäten nach den Regeln des Gewinnprinzips und des geltenden Rechts zu Konflikten zwischen dem Unternehmen und seiner Umwelt führt (nach Gablers Wirtschaftslexikon 1993, Brockhaus Enzyklopädie1990).

Die Unternehmenssteuerung orientiert sich prinzipiell an ökonomischen Prinzipien entsprechend der Betriebswirtschaftslehre. Die Vernachlässigung ökonomischer Prinzipien würde schnell zum Konkurs führen. Die Forderung nach ethischen Handlungen wäre demzufolge leicht zu erfüllen, wenn Ethik sich immer auszahlen würde. Der Markt registriert in seinen Preisen zeitlich entfernte Risiken nicht oder zu spät. Deshalb liegen *Gewinnprinzip* und Ethik im Unternehmen in einem Zielkonflikt (nach Gablers Wirtschaftslexikon 1993).

Der in der Unternehmensethik gestaltete Wertebegriff bezieht sich auf die Bedeutung, die ihm ein Individuum oder die Gesellschaft rein subjektiv beimißt. Man muß die Werte sowohl aus der Bedürfnisstruktur des Einzelnen, als auch aus der Sicht der Gesellschaft betrachten. Ethik betrifft die *Verantwortung* menschlichen Handelns, daher versteht man unter *Wirtschaftsethik* den Versuch, moralische Gesichtspunkte mit wirtschaftlichen Vorstellungen zu verbinden. Somit ist ethisches Bewußtsein notwendig, um hohe menschliche Werte nicht Kostenfaktoren und Wettbewerbsdruck unterzuordnen und damit das Vertrauen in das Unternehmen und das Wirtschaftssystem zu gefährden. Die Notwendigkeit ethischer Geschäftsgrundsätze ist unbestritten, aber es ist keine eindeutig ›richtige‹ Eingrenzung des daraus abzuleitenden Verhaltens möglich.

Ein Unternehmen muß sich seiner sozialen Verantwortung in vollem Umfang bewußt sein, will es den Anforderungen der Zukunft gewachsen sein. Auf allen Ebenen dürfen Entscheidungen wegen der ethischen Wertvorstellungen nicht mehr allein durch rationale Mechanismen oder individuellen Egoismus getroffen werden, sondern müssen von Fairneß gegenüber dem anderen und Rücksicht auf die Umwelt getragen werden, was jedoch Wirtschaftlichkeit oder Entscheidungsfreiheit keineswegs ausschließt.

Jede Organisation, die Güter materieller Art oder Dienstleistungen für die Gesellschaft produziert, muß sich nach den Gesetzen der *sozialen Marktwirtschaft* richten; im direkten Wettbewerb muß zur Existenzsicherung Gewinn erzielt werden, um am Markt bestehen zu können. Um dies sicherzustellen, muß nach betriebswirtschaftlichen Normen vorgegangen werden. Diese Vorgehensweise kann und muß den ethischen Grundsätzen eines Unternehmens entsprechen, da durch den erarbeiteten Gewinn Arbeitsplätze erhalten und Löhne an die Mitarbeiter sowie Steuern und Abgaben an die Gesellschaft gezahlt werden und dadurch die soziale Sicherheit gewährleistet wird.

Durch den gegenwärtigen Wertewandel sind die fast ausschließlich gewinn- bzw. liquiditätsorientierten Geschäftsgrundsätze den veränderten Rahmenbedingungen nicht mehr unbedingt gewachsen. In der Zukunft wird eine vorwiegend kunden- und mitarbeiterorientierte Unternehmensethik erforderlich sein, um das Überleben für das Unternehmen zu sichern. Gesellschaftliche, humanistische und soziale Gesichtspunkte sind aber nur schwer mit betriebswirtschaftlicher Nutzenmaximierung in Einklang zu bringen.

Die unternehmerischen Ziele lassen sich aus den *Geschäftsgrundsätzen* ableiten. Langfristig ist eine angemessene Rentabilität als Existenzbedingung notwendig. Allerdings können daneben auch weitere, sich ergänzende oder konkurrierende (auch nichtökonomische) Teilziele verfolgt werden, solange sie nicht die wirtschaftliche Rentabilität in Frage stellen oder sogar gefährden. Damit ergibt sich als oberste Zielsetzung für ein Unternehmen der Zukunft die Erhaltung wirtschaftlicher Ertragskraft unter Berücksichtigung bestimmter sozialer Faktoren und Werte, wie in Bild 4.6 dargestellt wird.

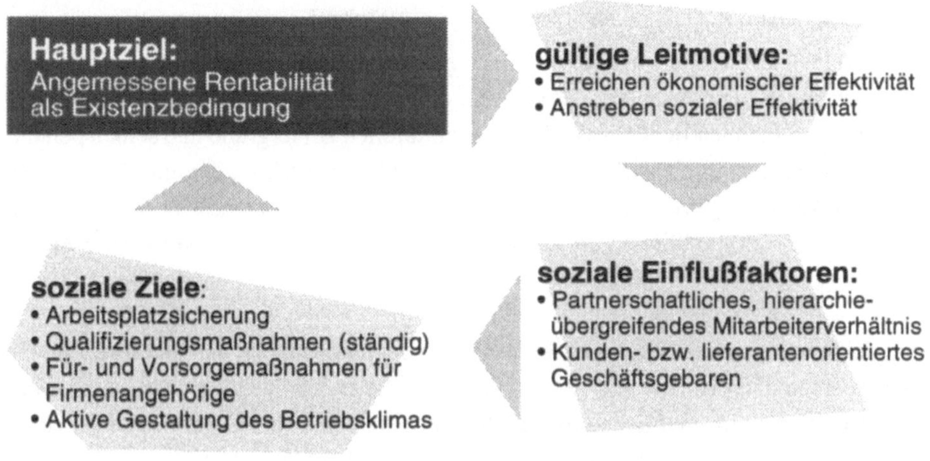

Bild 4.6:   Einflußfaktoren auf unternehmerische Ziele (Beispiel)

So hat das erfolgreiche Unternehmenskonzept der Zukunft sowohl profit- als auch mitarbeiterorientiert zu sein, um eine solide Basis für die zukünftigen Herausforderungen zu bilden. Eine einseitige ökonomische Ausrichtung bedeutet die Vernachlässigung sozialer Aspekte und senkt als Folge die Mitarbeiterzufriedenheit.

So muß man beide obengenannten Leitmotive als untrennbaren Verbund betrachten, was wiederum bedeutet, daß gewinn- und mitarbeiterorientierte Aspekte der gleichen Wichtigkeitsstufe zugeordnet werden. Dies besagt wiederum, daß das eine nicht ohne das andere erreichbar ist. Wenn nun allerdings die Mitarbeiterorientierung (Mensch steht im Mittelpunkt einer Organisation) praktiziert werden soll, muß erst der dazu notwendige Gewinn erwirtschaftet werden, denn eine soziale Effektivität kann sich nur dann einstellen, wenn sie vom Ertrag finanziert werden kann. Dies ist eine doppelte Aufgabe für ein Unternehmen, denn es muß gleichzeitig auf die Bedürfnisse der Mitarbeiter abgestimmt sein und wettbewerbsfähig am Markt agieren. Eine auch langfristig konstant ansteigende Wachstumsrate ist jedoch noch immer Voraussetzung für Wettbewerbsfähigkeit und damit für Arbeitsplatzsicherheit.

Ein Unternehmen mit gesicherter Beschäftigungslage ist ein starker Motivationsfaktor für die Mitarbeiter. Allerdings kann ein Unternehmen ohne angemessene Gewinne, die auch Investitionen für Rationalisierungsmaßnahmen, Forschungstätigkeiten oder Qualifizierungskonzepte sicherstellen, weder Arbeitsplatzsicherheit noch langfristige Lebensfähigkeit garantieren. Daher können vorwiegend diejenigen Unternehmen erfolgreich am Markt bestehen, die über mittel- und langfristige Strategien unter Berücksichtigung des stetigen Wertewandels verfügen.

Eine weitere soziale Verantwortung kommt einem Unternehmen bei der aktiven Gestaltung des *Betriebsklimas* und des Arbeitsumfelds zu. Voraussetzung für eine Integration des einzelnen Mitarbeiters in das Unternehmen bzw. in die darin gelebte soziale Gesellschaft ist eine völlige Akzeptanz des menschlichen Individuums mit seinen körperlichen, geistigen und sozialen Bedürfnissen, seinem kulturellen Hintergrund und seinen persönlichen Werten. Sein Streben nach Beteiligung (Verantwortung, Entscheidungskompetenz, sozialem Aufstieg, ganzheitlicher Arbeitsaufgabe, sozialer Versorgung) muß von dem Unternehmen einkalkuliert, gefördert und den Gegebenheiten entsprechend erfüllt werden.

Ein gleichwertiger Gesichtspunkt der sozialen Verantwortung ist die Tatsache, daß ein Unternehmen nicht isoliert von seiner Umgebung betrachtet werden kann, da eine unmittelbare volkswirtschaftliche (aber auch unter Umständen eine mittelbare kulturelle) *Wechselwirkung* eines Unternehmens mit dem regionalen Umfeld besteht. Erfolgreiche Unternehmen sind oft ein wichtiger, respektierter Bestandteil einer Region und oft besteht eine Identifikation mit dem Unternehmen. Als Randbemerkung kann hier der Effekt erwähnt werden, den ein Unternehmen erzielen kann, wenn es einen Teil seines erwirtschafteten Gewinns der regionalen Umgebung zufließen läßt, z. B. zur Förderung eines kommunalen Sozialprogramms. In gewissem Maße besteht eine Wechselwirkung eines Unternehmens mit seiner Umgebung: Langfristig kann ein Betrieb nur in einem intakten Umfeld funktionieren, wobei eine langfristige Planung durchzuführen ist, die sowohl das Firmeninteresse als auch das Gemeinwohl des Standorts (auch unter ethischen Gesichtspunkten) berücksichtigt.

Vor diesem Hintergrund wird die Unternehmenskultur und eine damit verbundene Unternehmensethik über den humanen Bereich hinaus zur Wirtschaftlichkeit und damit auch zum Gesamterfolg des Unternehmens beitragen und verstärkt an Bedeutung gewinnen.

… Unternehmensvisionen und Leitbilder, Strategien und Maßnahmen

Als Voraussetzung für unternehmerischen Erfolg bedarf es unternehmensspezifischer Visionen, die den Zweck einer›Unternehmung‹ den beteiligten Mitarbeitern verdeutlichen.

 **Definition Unternehmensvision:**

Visionen sind gewünschte Vorstellungen von einer neuartigen und doch realitätsbezogenen Unternehmenssituation in der Zukunft und beinhalten vage Vorstellungen über den Weg, Methoden und Mittel. Sie geben ein Signal zum Aufbruch und bieten eine Orientierung durch ihre einfach verständliche bildhafte Aussage zu Sinn und Antrieb der eigenen Arbeitsleistung. Unternehmensvisionen vermitteln Sinn bezüglich der Trilogie von Individuum, erzeugtem Produkt und Unternehmensgemeinschaft. Sie sind mehr als reine Ziele, denn sie werden gelebt und sind nicht nur Lippenbekenntnisse.

Eine Abgrenzung zwischen Visionen und Zielen zeigt Bild 4.7. Visionen können z. B. Aussagen zu den Bereichen Marktstellung des Unternehmens, Produkte, Abgrenzung zu Wettbewerbern machen und bieten Orientierung durch die Beantwortung der Fragen nach:

- ❑ der Zielsetzung: Warum macht man etwas?
- ❑ dem Sinn der Arbeit: Wozu macht man etwas?
- ❑ den gemeinsamen Interessen: Wohin wollen wir?

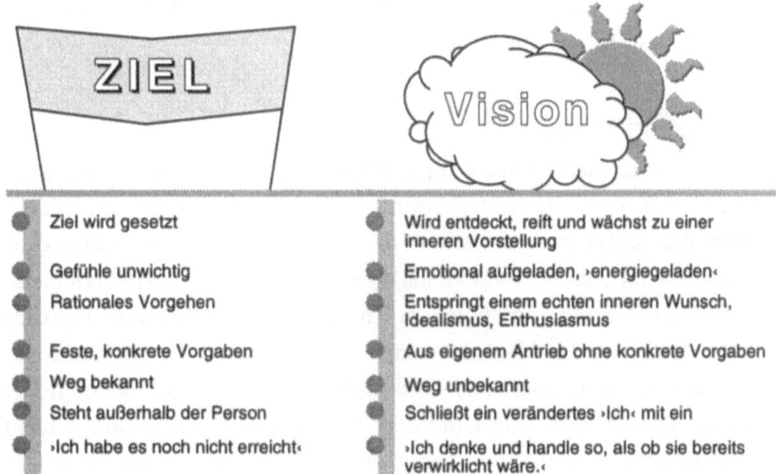

Bild 4.7:   Abgrenzung zwischen Ziel und Vision

Die Wirkung von Visionen besteht in der bahnbrechenden, faszinierenden Impulsgebung und der langanhaltenden, starken Mobilisierung aller Mitarbeiter, deren individuellen Energien und Fähigkeiten, deren aktiver Mitarbeit, deren Leistungseinbringung und zielgerichteten Kreativität. Alle Beteiligten können sich dadurch an einem gemeinsamen

Unternehmensziel orientieren und sich darin integrieren. Sinnvermittlung durch Visionen als Voraussetzung für Identifikation bewirkt die freiwillige Erhöhung und Einbringung des kreativen Humanpotentials (Bild 4.8).

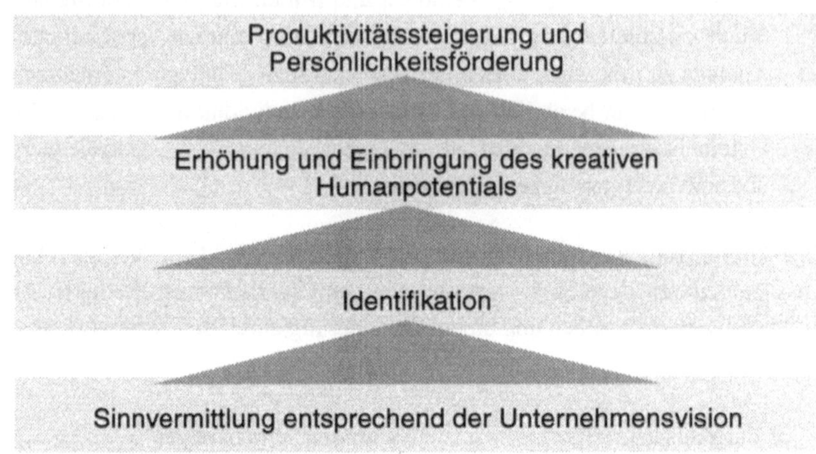

Bild 4.8:   Kausalkette des kreativen Humanpotentials

Entsprechend der Unternehmenskultur und den Unternehmensvisionen werden Unternehmensleitbilder aufgestellt.

➤ Definition Leitbilder:

Das Unternehmensleitbild (Unternehmenskonzept, Unternehmensphilosophie), als Instrument der unternehmenspolitischen Rahmenplanung, definiert Unternehmensgrundsätze entweder primär nach innen gerichtet oder nach außen gerichtet, entweder rational oder emotional ansprechend. Nach außen gerichtete Leitbilder erfüllen mit primär emotionalem Charakter Public Relations Funktionen. Nach innen gerichtete Leitbilder können sowohl eine rationale Ansprache als auch eine, durch eine charismatische Unternehmerpersönlichkeit geprägte emotionale Ansprache besitzen. Der Grad der Orientierungs-, Motivations-, Identifikations und Legitimationsfunktion hängt davon ab, inwieweit die Mitarbeiter bei der Leitbilderstellung integriert sind. Leitbilder beinhalten Wünsche, Vorbilder, Wert- und Verhaltensmuster von Gruppen (nach Gablers Wirtschaftslexikon 1993, Brockhaus Enzyklopädie 1990).

Sie stellen die Operationalisierung der Visionen als konkrete Handlungsanweisungen in mehreren Leitsätzen dar. Es ist eine Orientierungshilfe für Werte, Normen und Ideale, für das Handeln aller Mitarbeiter, für das Verhalten im zwischenmenschlichen Bereich, für das Verhältnis zu Kunden und Partnern und für den Umgang mit der Arbeit.

Visionen und Leitbilder beinhalten auf unterschiedliche Art und mit unterschiedlichen Mitteln folgende wesentliche Wirkungen:

- ❑ Orientierung: Beurteilung und Entscheidung in Grenzsituationen; Selbstvertrauen, Risikobereitschaft;
- ❑ Ordnung: Gesetzes- und Komplexitätsreduzierung durch Prioritäten; Konzentration auf das Wesentliche;
- ❑ Integration: Wir-Gefühl; gemeinsame Sprache und Verständnis;
- ❑ Sinngebung: Vom Einzelnen zum Ganzen; ganzheitliches, systemisches Verständnis.

Es empfiehlt sich die gemeinsame Erarbeitung der gesteckten Grobziele und des Leitbildes mit Beschäftigten aus verschiedenen Geschäftsbereichen und Hierarchieebenen, um die bessere Akzeptanz und Umsetzung in der gesamten Belegschaft zu erreichen. Die im Leitbild aufgestellten Spielregeln sollten besonders von den Führungskräften, im Bewußtsein ihrer Vorbildfunktion, vorgelebt werden. Zur Bewußtseinsstärkung sollten sich alle Mitarbeiter bei Verstößen gegen die Regeln gegenseitig darauf aufmerksam machen. Als Hilfsmittel dient ein Leitbild zur Veränderung der Unternehmenskultur.

Lang-, mittel- und kurzfristige Unternehmensziele werden in Anlehnung an Visionen und Leitbilder definiert. Sie gilt es anhand von Strategien und daraus abgeleiteten Maßnahmen zu erreichen. Neue *Strategien* für die Unternehmensführung zur Abkehr von der Strategie der Massenproduktion sind in Bild 4.9 dargestellt. Allen gemeinsam ist die Dynamik sowohl bezüglich des Produktangebots als auch der Produktionsprozesse.

Definition Unternehmensstrategie:

Zur Erreichung der grundsätzlichen Unternehmensziele und Visionen geben Unternehmensstrategien ein rational geplantes, in sich stimmiges, komplexes, handlungsanweisendes Maßnahmenbündel und die Verfahrensweise vor. Ebenfalls geben sie die prinzipielle Richtung und den Weg vor. Klassifiziert nach themenspezifischen Schwerpunkten ergeben sich gesellschaftliche Strategien, Markteintrittsstrategien (Teilnahme an neuen Geschäften) oder Wertschöpfungsstrategien (Positionierung des Unternehmens im Wettbewerb, Kostenführerschaft) (nach Gablers Wirtschaftslexikon 1993, Brockhaus Enzyklopädie 1990).

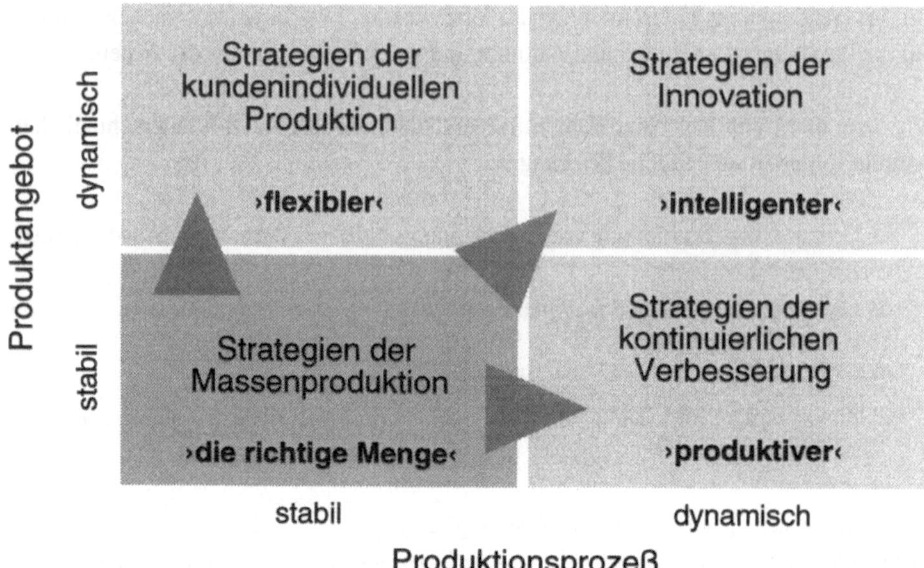

Bild 4.9:   Neue Strategien für die Unternehmensführung (Bullinger 1994)

Ausblick

Nach der Klärung dieser Grundbegriffe als tragende Säulen eines Unternehmens wird im nächsten Kapitel die Rolle von Führungskräften im Prozeß der Verhaltensänderung, der Motivations- und Kreativitätssteigerung aufgezeigt.

5

Führung zur Verhaltensänderung

›Nach einer 1995 erschienenen Studie von Watson Wyatt zur Unternehmens- und Personalführung, an der sich rund 1900 Topmanager aus Kanada, Frankreich, Deutschland, Japan, Großbritannien und den USA beteiligten, steht die Entwicklung von Führungskräften unter den personalpolitischen Herausforderungen der nächsten fünf Jahre an erster Stelle.‹ (Hauser und Hempler 1995).

Eine essentielle Voraussetzung für erfolgreiche Unternehmenspolitik wird der Aufbau und die ständige Pflege zwischenmenschlicher Beziehungen innerhalb des Unternehmens sein. Führung ist nicht nur *Unternehmensführung*, sondern in erster Linie *Menschenführung*.

Führung als Menschenführung und das dabei zum Teil neu zu entwickelnde Verhalten vorzuleben und weiterzugeben ist vorrangige Aufgabe der Führungskraft und Inhalt dieses fünften Kapitels.

Unternehmensführung bezeichnet betriebswirtschaftliches Handeln zur erfolgreichen Bewältigung der organisatorischen Abläufe operativer Aufgaben; Menschenführung dagegen die Herstellung eines *sozialen Kontaktes* zu den Mitarbeitern. Dies bedeutet, ihre Fähigkeiten und Bedürfnisse zu erkennen und die Unternehmensziele unter Rücksichtnahme darauf umzusetzen, also die Mitglieder der Organisation erfolgreich dahingehend zu beeinflussen, daß ihre Interessen gebündelt werden und in die Richtung weisen, die ihnen von der Führungskraft als persönliches und unternehmerisches Ziel aufgezeigt wurde. Führungskräfte werden vom Mitarbeiter nur dann akzeptiert und respektiert, wenn sie diesen hohen Anforderungen gerecht werden. Dabei ist Mitarbeiterführung nicht nur eine Technik (im Sinne von Arbeitsweise), sondern eine geistige Haltung.

...Mitarbeiterorientierung von Führungskräften

Heute muß eine Führungskraft wissen, wie wichtig es ist, sich mit den Mitmenschen und dem eigenen Führungsverhalten auseinanderzusetzen und sich durch die daraus gewonnenen Erfahrungen ständig weiterzuentwickeln. Ein anderer Führungsstil ist heute durch den stetigen Wertewandel und die daraus resultierenden Erwartungen der Arbeitskräfte nicht mehr praktikabel.

Die Mitarbeiterführung der Zukunft muß im Hinblick auf die veränderten sozialen Einstellungen und der damit verbundenen Forderung nach mehr *Wertschätzung* des Individuums gekennzeichnet sein. Die Stärkung des Selbstwertgefühls und die Entdeckung der eigenen Bedeutung für die Organisation führt zu einer größeren Bereitschaft, sich für das Unternehmen einzusetzen. Wenn ein Mitarbeiter das Gefühl vermittelt bekommt, wie ein Stück der technischen Unternehmensausrüstung und nicht wie ein menschliches Individuum behandelt zu werden, kann das zu Resignation (im Sinne von Erfüllen der bloßen Arbeitsaufgabe) führen.

So brauchen Arbeitskräfte individuelle Zuwendung, ohne die keine Gegenleistung im Sinne von gesteigerter Effizienz bzw. Produktivität zu erwarten ist. Dieses Bedürfnis ist keineswegs unnatürlich oder überzogen, da dadurch Leistungssteigerung, Kreativität und ein verbessertes Betriebsklima erzielt werden können. Die Arbeitskräfte sollten ihre Tätigkeit als anerkannt und sinnvoll erleben. Wenn ihnen die Gelegenheit geboten wird, Erfolgserlebnisse zu haben, entsteht ein harmonisches Zusammenarbeiten im Sinne eines Zusammenlebens im Betrieb. Die Innovationsfreudigkeit eines Unternehmens entsteht aus der Kreativität und den weitervermittelten Ideen aller Beschäftigten. Das erfordert in einer mitarbeiterorientierten Struktur auch immer die Fähigkeit, den Mitarbeitern zuzuhören. Dadurch entsteht eine Anregung, auch über den eigenen Wirkungsbereich hinaus weiterzudenken, um neue Vorschläge zur Verbesserung der Zustände oder Prozesse im Unternehmen zu ersinnen.

Das deutlichste Merkmal für den Erfolg einer Führungskraft ist die Qualität der Mitarbeiter und ihrer Arbeitsleistung. Leistungsbereitschaft und *Identifikation* mit den *Unternehmenszielen* lassen sich nur dann erzielen, wenn die Führungskraft in der Lage ist, ihre Mitarbeiter dahingehend zu beeinflussen, nach gemeinsamen Zielen zu streben.

Die Koordination individueller *Mitarbeiterinteressen* einerseits und ökonomischer Zielsetzungen des Unternehmens andererseits stellt eine große Herausforderung dar. Sie wird nur gemeistert, wenn sich eine Führungskraft mit den Denk- und Verhaltensmustern der Mitarbeiter auseinandergesetzt hat und auf sie eingeht. Im wesentlichen geht es darum, Beziehungen im zwischenmenschlichen Bereich zu knüpfen, zu pflegen und zu vertiefen, um Zugang zu der Gefühlswelt der Mitarbeiter zu erhalten. Der Aufbau guter *menschlicher Beziehungen* gehört zu den Grundvoraussetzungen einer erfolgreichen Mitarbeiter- und Unternehmensführung. Deshalb ist es für ein erfolgreiches Management unerläßlich, sich mit den Erkenntnissen der Verhaltenspsychologie im Hinblick auf die innerbetriebliche Menschenführung auseinanderzusetzen. Mit diesem Hintergrundwissen läßt sich etwas bewirken, indem die Führungskraft gezielt auf die Mitarbeiter zugeht. Persönlichkeits- und Sozialkompetenz aus dem Bereich der Menschenführung sind mehr denn je wesentliche Bestandteile der *Managementqualifikation* und nicht einzig allein die Methoden- und Fachkompetenz.

Um die Kräfte der Mitarbeiter zu mobilisieren und deren individuelle Begabungen, Stärken und Talente effizient einzusetzen, muß die Führungskraft

- ❑ sich durch Überzeugen statt durch Anordnen durchsetzen,
- ❑ Teams erstellen und für sehr gute Kommunikationsmöglichkeiten sorgen,
- ❑ auf allen Ebenen die Mitarbeiter dazu bewegen, einen aktiven Beitrag (Wünsche, Verbesserungen, etc.) zum Unternehmenserfolg zu leisten,
- ❑ Mitarbeitern die Gelegenheit bieten, ihre eigenen Ziele mit denen des Unternehmens zu verknüpfen, damit aus Betroffenen Beteiligte werden,
- ❑ dabei den Mitarbeitern nur Ziele setzen, die sie auch erreichen können,
- ❑ Interesse und Einfühlungsvermögen für die Probleme anderer aufbringen,
- ❑ unerfahrenen Mitarbeitern helfen, Selbstvertrauen aufzubauen,
- ❑ Erwartungshaltungen eindeutig offenlegen,
- ❑ bei allen Herausforderungen hinter den Mitarbeitern stehen,
- ❑ bei Kritik die Gegebenheiten selbst überprüfen, anstatt sich auf das Urteil dritter zu verlassen,
- ❑ eigene Kritik nur an Ergebnissen, nicht an den Personen ausrichten,
- ❑ gute Leistungen anerkennen und honorieren sowie
- ❑ den Mitarbeitern sagen, wie bedeutsam sie für die Organisation sind.

... Verständnis durch verhaltenspsychologische Hintergründe

Da die erklärten Ziele der Führungskräfte nur in Zusammenarbeit mit den Mitarbeitern im Unternehmen erreicht werden können, ist es wichtig, daß ihre Vorstellungen bezüglich des Verhaltens dieser Menschen auf einer fachlich fundierten Basis beruhen und vor allem den kontiniuerlichen Veränderungen angepaßt werden. Allerdings läßt sich das menschliche Verhalten nur unzureichend vorhersagen. Da die Beziehungen zwischen Einwirkungen von außen und der Reaktion darauf nicht eindeutig bestimmt werden können, müssen die Ursachen und Beweggründe des Handelns sowie die persönlichkeitsspezifischen Gesichtspunkte stärker von den Führungskräften beim Umgang mit ihren Mitarbeitern berücksichtigt werden.

Damit Führungskräfte überhaupt die Verhaltensweisen der Arbeitskräfte nicht nur nachvollziehen, sondern zu einem bestimmten Grad auch vorhersagen können, müssen sie sich mit den Grundregeln der menschlichen *Psyche* vertraut machen. Dazu gehören

- ❏ die Menschenbilder (Typologie des Menschen),
- ❏ das Rollenverhalten in der Arbeitswelt,
- ❏ Bestimmungsfaktoren des Arbeitsverhaltens,
- ❏ äußere Anreize, die bereits vorher vorhandene Verhaltensmuster aktivieren, d. h. Bedürfnisse oder Motive ansprechen, die dann eine Motivation erzeugen sowie
- ❏ persönlichkeitsspezifische Faktoren, beispielsweise Erwartungshaltungen, Einstellungen etc.

Das Verständnis für Verhaltenspsychologie soll es Führungskräften erleichtern, sich selbst und vor allem ihre Mitarbeiter besser erkennen und einschätzen zu können, um danach die richtigen Maßnahmen für eine notwendige Veränderung einzuleiten.

Menschenbild

Menschenbilder sind Orientierungshilfen, die das Verhalten der Führungskräfte beeinflussen können. Sie bestehen aus grundlegenden Annahmen über Ziele, Bedürfnisse, Motive und das zu erwartende Verhalten der ihm unterstellten Menschen. Die Grundlage von Erwartungshaltungen, Beurteilungen und Annahmen sind meist eigene Erfahrungen oder allgemein geltende Einstellungen, denen allerdings oft ein nur unzureichendes Verständnis der menschlichen Natur zugrunde liegt. Aufgrund dieser oft fehlerbehafteten Menschenbilder werden dann falsche *Verhaltensmuster* oder Eigenschaften erwartet.

Das dargestellte Menschenbild entstammt dem *Human Resource Modell*, das von *Miles* (1965) geprägt wurde und seinen Ausgang in dem *Human Relations Modell* von *Mayo*

(1923) findet. Nach Mayo entsteht hohe Arbeitsleistung aufgrund hoher *Arbeitszufriedenheit* und diese wiederum aufgrund entsprechender Sozialbedingungen. Nach Miles will jeder Mensch eine sinnvolle Arbeit verrichten und sich mit seinem Arbeitsergebnis identifizieren können. Er möchte bei der Aufgabenstellung mitbestimmen und seine Tätigkeit eigenverantwortlich steuern und kontrollieren. Die Nutzung seiner kreativen Fähigkeiten für ein von ihm akzeptiertes Ziel trägt zu seiner Selbstentfaltung bei und fördert letztendlich auch seine Zufriedenheit bei der Arbeit. Ziel der Mitarbeiterführung ist es, die Erwartungen der Mitarbeiter zu erfüllen und damit deren Kreativpotential für den Unternehmenserfolg einzusetzen.

Heutzutage erhält das mit dem Menschenbild verbundene Verständnis einen weiteren Einfluß durch das *konfuzianische Gedankengut*. Dieses geht davon aus, daß:

❑ jeder Mitarbeiter alle seine Fähigkeiten im Arbeitsprozeß zur Verfügung stellt. Von jedem Mitarbeiter wird erwartet, daß er entsprechend seinen Fähigkeiten mitarbeitet (denn sonst wäre er sein Geld nicht wert);

❑ jeder Mitarbeiter etwas nützliches macht (denn sonst wäre er nicht im Unternehmen beschäftigt);

❑ niemand mit Absicht Fehler macht;

❑ Arbeit Fehler beinhaltet. Der Umgang mit Fehlern geht von dem Verständnis aus, daß erst durch die Aufdeckung von Fehlern deren Vermeidung und in Folge die Produktivitätssteigerung möglich ist.

Dieses Verständnis und dieses Vertrauen in die Leistung der Mitarbeiter, das auf der anderen Seite natürlich auch eine Verpflichtung beinhaltet, fördert Selbständigkeit und Arbeitsmotivation, ja setzt sie sogar voraus. In der fernöstlichen Arbeitswelt führt dieses Verständnis sogar soweit, daß aufgrund des großen Vertrauens Kontrollinstrumente an Bedeutung verlieren. Das die japanische Einstellung kennzeichnende Sprichwort: ›*Kontrolle* ist gut, *Vertrauen* ist besser‹ bringt dies zum Ausdruck.

Der ganzheitliche Mitarbeiter

Menschen wollen bei ihrer Arbeit ihre *Persönlichkeit* ausleben. Sie wollen in ihrer Arbeit ihre Fähigkeiten einbringen. Dazu müssen die Fähigkeiten erkannt werden; sowohl von der Führungskraft für die Mitarbeiter als auch von jedem Mitarbeiter für sich selbst.

Zur Erkennung der Fähigkeiten müssen Menschen als ganzheitliche Persönlichkeit betrachtet werden. Die in Bild 5.1 dargestellten drei Bereiche eines Mitarbeiters gilt es auf der einen Seite klar zu trennen als auch auf der anderen Seite im Zusammenhang zu erkennen.

Darüber hinaus hat ein Mitarbeiter körperliche Bedürfnisse und Eigenschaften. Deshalb sollte eine Führungskraft mit *ergonomischen* Grundsätzen vertraut sein. Kennt sie z. B. die Kurve der über den Arbeitstag verteilten menschlichen Leistungsfähigkeit, so kann sie Arbeiten mit erhöhten Konzentrationsanforderungen auf geeignete Zeiten verlegen. Der Geist der Mitarbeiter umfaßt die analytischen und schöpferischen Fähigkeiten und Fertigkeiten sowie die geistigen Erwartungen der Mitarbeiter, wie beispielsweise der Wunsch nach Fortbildung oder Information (*Feedback*). Das Handeln eines Menschen ist nicht nur von seiner körperlichen Verfassung und seiner geistigen Überzeugung bestimmt. Instinkte und emotionale Einflüsse können die geistige Ebene lähmen und so verhaltensbestimmend wirken. Solche Empfindungen gehören in den seelischen Gefühlsbereich.

Bild 5.1:   Ganzheitliches Menschenbild

Zusammenwirken von Einstellung und Verhalten

Menschliches *Verhalten* und geistige *Einstellung* bedingen sich gegenseitig. Bild 5.2 zeigt die Beziehung zwischen innerer Einstellung und nach außen sichtbarem Verhalten.

Eine Wertschöpfung wird nur erreicht, wenn gearbeitet wird. Zunächst ist es irrelevant, ob ein Mitarbeiter seine Tätigkeit und das damit angestrebte Ziel für gut befindet oder nicht. Wichtig ist zunächt einmal nur, daß er die ihm aufgetragene Arbeit erledigt. Da die Anforderungen an moderne Produkte bzgl. Qualität und Innovationsgrad stark gestiegen sind, müssen sich die Beschäftigten in immer stärkerem Maß für ihr Unternehmen engagieren. Dies gilt insbesondere für das Einbringen von Ideen. Damit die Mitarbeiter gewillt und motiviert sind diese Anforderungen zu erfüllen, muß ein von Arbeitszufriedenheit geprägtes Klima geschaffen werden. Dies ist Aufgabe der Führungskräfte. Bei motivierten Mitarbeitern, die ihr Arbeitsziel nicht erreichen, muß überprüft werden, ob sie für die gestellte Arbeitsaufgabe geeignet sind oder ob eine für sie passendere Stelle im Betrieb frei ist. Sie müssen durch aktive Hilfestellung seitens der Führungskräfte unterstützt werden. Mitarbeiter, die sich der Arbeit in Einstellung und Verhalten verweigern sind traditionelle *Verhinderer*. Sie tragen zum Erfolg wenig bei. Im Gegenteil, sie können motivierte Kollegen negativ beeinflussen und so dem Unternehmen schaden. Bei ihnen sollte geprüft werden, ob sie überhaupt zum Unternehmen passen, da dieser Mitarbeitertyp eine Gefahr für sein Arbeitsumfeld darstellt.

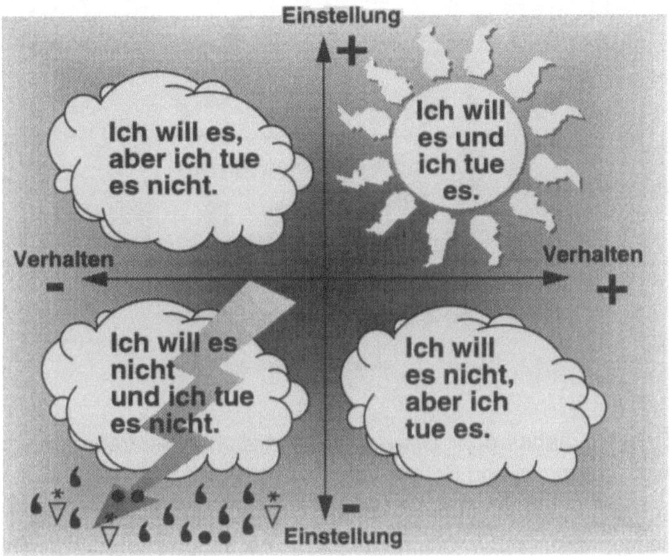

Bild 5.2:   Korrelation von Einstellung und Verhalten

Menschentypen und ihre grundsätzlichen Bestrebungen

Aufgabe der Führungskräfte ist es, ihre Mitarbeiter entsprechend ihrer Veranlagung und ihren Fähigkeiten einzusetzen. Dazu sind verschiedene *Typologiemodelle* vorhanden, von denen nachfolgend zwei dargestellt sind. Die Modelle dürfen nicht dazu dienen, Menschen vorschnell und unsachgemäß abzustempeln. Sie können jedoch dabei helfen, das Verhalten von Mitmenschen besser zu verstehen und ihre persönliche, grundsätzliche Veranlagung zu charakterisieren. Erst durch das Verständnis für das Verhalten anderer und das eigene Verhalten kommt es zum effizienten Zusammenwirken und zum Unternehmenserfolg.

Gemäß der Theorie nach Riemann (Bild 5.3) vereinigt jeder Mensch in sich die vier grundsätzlichen Bestrebungen nach Distanz, Nähe, Dauer und Wechsel. Diese Bestrebungen sind paarweise gegensätzlich. Bei ein und derselben Person können in unterschiedlichen Lebensbereichen gegensätzliche Bestrebungen richtungsweisend wirken. So kann beispielsweise ein Mensch, der im Beruf ständig wechselnde Tätigkeiten und Einsatzorte anstrebt, im Privatleben Geborgenheit in einer ehelichen Bindung suchen. Dennoch ist die dominante persönliche Veranlagung eines Menschen einem der vier Quadranten zuzuordnen. Dies ist auf die Tätigkeit im beruflichen Bereich zu übertragen.

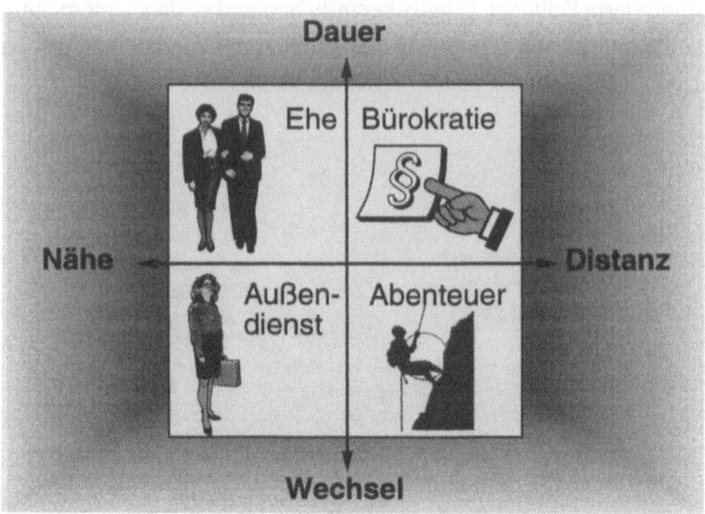

Bild 5.3:   Das ›Riemannkreuz‹: Die vier grundsätzlichen Bestrebungen des Menschen
(vgl. Thomann und Schulz von Thun 1990)

Den Bestrebungen lassen sich verschiedene Eigenschaften zuordnen (vgl. REFA 1995):

❑ Dauer   ⟺   ❑ Wechsel

• Ordnung   • Spiel
• Verläßlichkeit   • Kreativität
• Gewohnheit   • Chaos
                                                 • Neugierde

❑ Nähe   ⟺   ❑ Distanz

• Geborgenheit   • Eigenständigkeit
• Harmonie   • Freiheit

Gemäß dem *Leavitt-Berth Modell* werden sechs verschiedene Menschentypen charakterisiert. Dabei muß davon ausgegangen werden, daß zwar die dominante Verhaltensweise
einer Person dieser Typologie zugeordnet werden kann, daß jedoch keine Person ein z.
B. 100 prozentiger Analytiker oder ein 100 prozentiger Problemlöser ist, sondern immer
auch weniger ausgeprägte Eigenschaften anderer Charaktere besitzt. Nachfolgend sind
die *Charaktertypen* des Leavitt-Berth Modells dargestellt (Bild 5.4). Ebenso ist darin
die prozentuale Verteilung für das durchschnittliche deutsche Unternehmen beinhaltet.
Bild 5.5 dagegen zeigt die Verteilung für Vorbildfirmen, die sich durch eine relativ innovative, kurzlebige, erfolgreiche Produktpalette kennzeichnen.

Bild 5.4: Verteilung von Menschentypen im durchschnittlichen Unternehmen (Leavitt-Berth Modell)

Problemlöser	Analytiker	Moderator
17%	21%	8%

Visionär	Macher	Verläßlichkeitssucher, Sicherheitsplaner
13%	25%	16%

Bild 5.5: Durchschnittliche Verteilung von Menschentypen im Vorbildunternehmen (Leavitt-Berth Modell)

Diese Untersuchung zeigt, daß Ideen, unternehmerische Innovationen oder z. B. die Erneuerung einer Produktpalette zu 90 %, und somit in viel stärkerem Maß als bisher erkannt, von Visionären ausgehen, die neue Trends erkennen und anderen diese quasi als Handlungsanleitung mitgeben. Es bedarf aber gleichfalls in stärkerem Maß Problemlöser für deren Umsetzung.

Mitarbeiter lassen sich entsprechend ihrer Problemlösungsfähigkeit tendenziell in zwei extreme Charaktere klassifizieren (Bild 5.6). Gerade wenn man sich fragt, warum es denn mit der Kreativität oder der Innovationsfähigkeit von Unternehmen so schlecht bestellt ist, muß man sich fragen, was für ein Typ von Menschen diesen Prozeß vorantreiben soll.

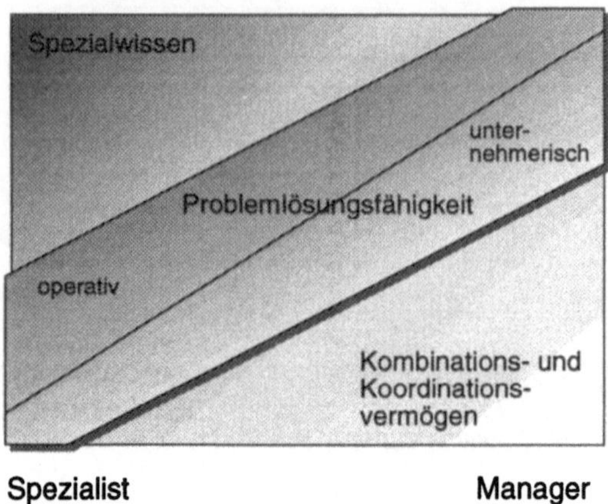

Bild 5.6:   Problemlösungsfähigkeiten von Spezialisten und Managern

Psychoanalytik beginnt bei sich selbst durch Fragen wie: ›Wer bin ich? Wo habe ich Qualifikationen? Was bringe ich in den Arbeitsprozeß, in den Wertschöpfungsprozeß mit ein?‹. Der Unternehmenserfolg wird vergrößert, wenn die eigenen Fähigkeiten erkannt werden, die eigenen Qualifikationen erweitert werden und im nächsten Schritt versucht wird, den anderen Mitarbeiter als Menschen zu verstehen, um sich als echtes gelebtes Team gegenseitig zu bereichern.

Handlungsdimensionen als Verständnis für Mitarbeiterverhalten

Verhalten und damit Handeln wird durch mehrere Dimensionen bestimmt, die es gemeinsam zu beachten, zu fordern und zu fördern gilt (›Fördern durch fordern!‹). Nach Geiger und Sheppart (1996) wird optimales Verhalten durch folgende vier Merkmale erreicht:

❑ Competence: fachliches, technisches, menschliches und soziales Know-how.
❑ Committment: der Wille, Competence einzusetzen.
❑ Convergence: die Ausrichtung von Competence und Committment auf die Unternehmensziele.
❑ Customer Focus: die Ausrichtung von Competence, Committment und Convergence an den Kundenwünschen.

Diese lassen sich zu sechs Handlungsdimensionen vervollständigen, die in Bild 5.7 dargestellt sind.

❑ *Kennen* heißt auch wissen. Die *Visionen*, *Leitbilder*, *Strategien* und *Ziele* müssen den Mitarbeitern transparent gemacht werden und von diesen verinnerlicht werden. Indem das Management Visionen und Leitbilder gemeinsam mit Firmenmitgliedern aus verschiedenen Fachbereichen und Hierarchieebenen entwickelt, wird die Akzeptanz dieser Orientierungshilfen erheblich verbessert.

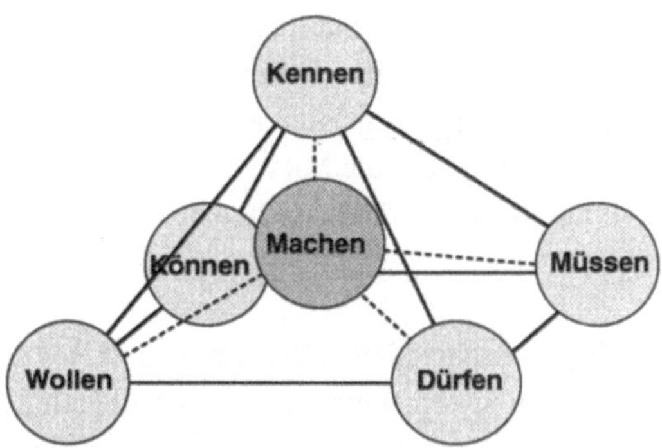

Bild 5.7:	Handlungsdimensionen

❑ *Müssen* beschreibt die Notwendigkeit zum Handeln, die aus dem Erkennen eines Sachzwanges abgeleitet wird. Dieser *Handlungsbedarf* wird meistens durch Manager oder Abteilungsleiter anhand von Kennzahlen abgeleitet. Es folgen dann entsprechende Anordnungen an die ausführenden Ebenen.

❑ *Können* steht für die Kompetenz und die *Qualifikation* der Mitarbeiter. Sie müssen die erforderlichen Fähigkeiten und Fertigkeiten zur Erfüllung der Aufgabe besitzen. Dabei ist eine solide Berufsausbildung genauso wichtig wie geschickter Umgang mit technischen Arbeitsmitteln und Menschen. Private Einflüsse und die Tagesform jedes Einzelnen sind unbedingt zu berücksichtigen. Auf die Qualifizierung wird im folgenden nochmals eingegangen (☞ Kapitel 9).

❑ *Dürfen* steht für die Handlungs- und *Entscheidungsbefugnis* und zielt auf die Unternehmensorganisation ab. Der entsprechende Mitarbeiter muß von seiner Führungskraft die Legitimation für sein Handeln haben. Diese Erlaubnis kann aufgrund einer individuellen Absprache oder im Rahmen einer Betriebsvereinbarung festgelegt sein. Die Einräumung eines ausreichenden Handlungs- und Entscheidungsspielraumes erleichtert dem Firmenmitglied eine schnelle und unbürokratische Reaktion. Vor allem unter der Forderung nach Gruppenarbeit und selbständiger Problemfindung und -lösung müssen dem Mitarbeiter erweiterte Spielräume zugestanden werden.

❑ *Wollen* ist Synonym für *Motivation* und *Engagement.* Erhält ein Mitarbeiter einen Auftrag, so wird er nur dann seine gesamte Energie dafür aufwenden, wenn er den Sinn des Auftrages versteht und sich mit den damit angestrebten Visionen, Leitbildern und Zielen identifizieren kann.

❏ *Machen* steht für die Ausführung, die *Umsetzung* in die Tat. Vorhaben, die bis zum ›Wollen‹ gediehen sind, müssen dann auch konsequent in Aktionen umgesetzt werden.

Die Dimensionen ›Wollen‹ und ›Machen‹ sind direkt voneinander abhängig. Auf der einen Seite ist Motivation (Wollen) die Voraussetzung für das Leistungsergebnis (Machen). Auf der anderen Seite wird durch die erfolgreiche Umsetzung eines Vorhabens in die Tat ein Erfolgserlebnis geschaffen, das die Mitarbeitermotivation rückwirkend steigert. Motivation und Leistungserfolg verstärken sich gegenseitig.

Arbeitssituation

Ebenso müssen sich auch die unterschiedlichen Betrachtungsweisen der Arbeitssituation (abhängig von der Stellung im Unternehmen) in der Führungsstrategie niederschlagen, wobei die drei im folgenden aufgeführten Beziehungsbereiche maßgebend sind:

❏ Verhältnis zur Arbeitstätigkeit und zum Arbeitsumfeld;
❏ zwischenmenschliche Beziehungen in vertikaler und horizontaler Richtung (zu Führungskräften und Kollegen);
❏ hierarchische Stellung in der organisatorischen Struktur.

Hauptziel ist die Verbesserung der zwischenmenschlichen Beziehungen, weil sich gesteigerte Leistungsbereitschaft und Identifikation mit den Unternehmenszielen nur dann realisieren lassen, wenn die Unternehmensleitung mit den Verhaltens- und Denkweisen der Angestellten auf allen Ebenen vertraut ist.

... Kompetenzfelder einer Führungskraft

In der Literatur findet man viele Theorien über Führungsstile, -methoden und -techniken. Dabei sollte man jedoch nicht vergessen, daß bei der Mitarbeiterführung die Persönlichkeit der Führungskraft - mit ihren Charaktereigenschaften - eine ausschlaggebende Rolle spielt.

Erhält eine Führungskraft innerhalb der betrieblichen Hierarchie einen größeren *Verantwortungsbereich*, so gilt es nicht nur die fachlichen Kompetenzen, sondern *Methoden-, Sozial-* und *Fachkompetenzen* gemeinsam weiterzuentwickeln. Mit einer erweiterten fachlichen Arbeitsaufgabe steigen auch die Anforderungen an die Persönlichkeit. Gerade die *Persönlichkeitskompetenz*, die auch als Humankompetenz bezeichnet wird, ist es, die den ersten wichtigen Eindruck, den zwei Personen voneinander haben, bestimmt.

In der Literatur werden die verschiedenen Kompetenzfelder einer Person unterschiedlich klassifiziert und unterschiedlich bezeichnet. So finden sich Klassifizierungen von traditionellerweise drei (Fach-, Methoden- und Sozialkompetenz) bis zu fünf Kompetenzfeldern. Auch bei der Zuweisung bestimmter Kompetenzen und Fähigkeiten zu bestimmten Feldern besteht keine eindeutige Zuordnung, was jedoch im Detail für den praktischen Gebrauch auch keinen entscheidenden Einfluß hat. Wichtig ist es vielmehr, die verschiedenen Kompetenzfelder mit den ihnen tendenziell zugeordneten Kompetenzen im Überblick zu kennen. Von besonderer praktischer Bedeutung ist die Unterteilung in die in Bild 5.8 dargestellten vier Kompetenzfelder.

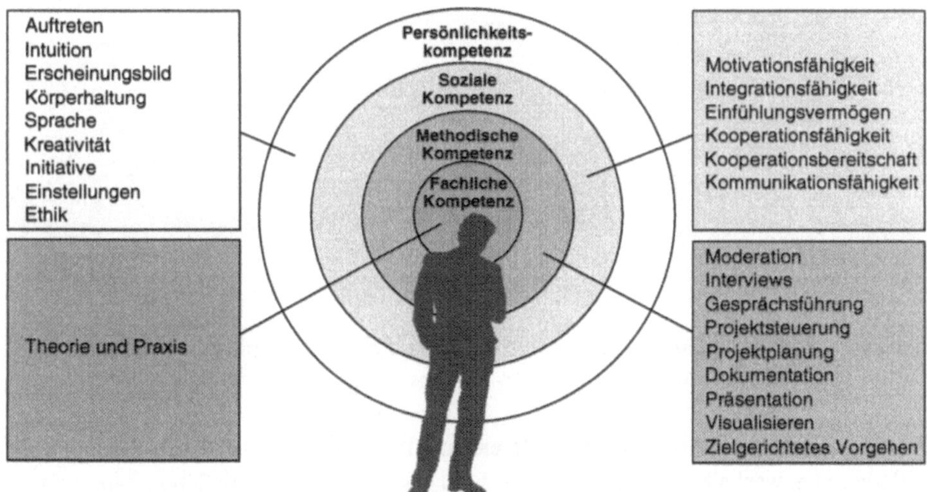

Bild 5.8: Die vier Kompetenzfelder einer Führungskraft (Fuchs 1995)

In der Literatur werden die fachliche und vor allem die methodische Kompetenz ausführlich beschrieben. Ebenso werden in der Schul- und Berufsausbildung traditionellerweise schwerpunktmäßig Inhalte aus diesen beiden Bereichen gelehrt und vermittelt. Die Kompetenzbereiche Persönlichkeit und Sozialverhalten werden dabei oft übergangen, obwohl sie ebenso wichtig sind, wie die ersten beiden.

Die Inhalte eines ganzheitlichen *Qualifizierungsansatzes* mit der Bezeichnung ›*Dezentrales Lernen*‹ (Schonhardt und Wilke-Schnaufer 1995), die alle vier Kompetenzfelder berücksichtigen, sind in Bild 5.9 dargestellt. Hier werden die Bildungsziele am Beispiel technisch-gewerblicher Berufe im Sinne eines *Kompetenz-Portfolios* den vier Feldern tendenziell zugeordnet, durchaus in dem Bewußtsein, daß in einem gewissen Rahmen Verschiebungen möglich sind. Die Schwierigkeit der Qualifizierung nimmt von der Fach- über die Methoden- und Sozialkompetenz zur *Humankompetenz* hin zu.

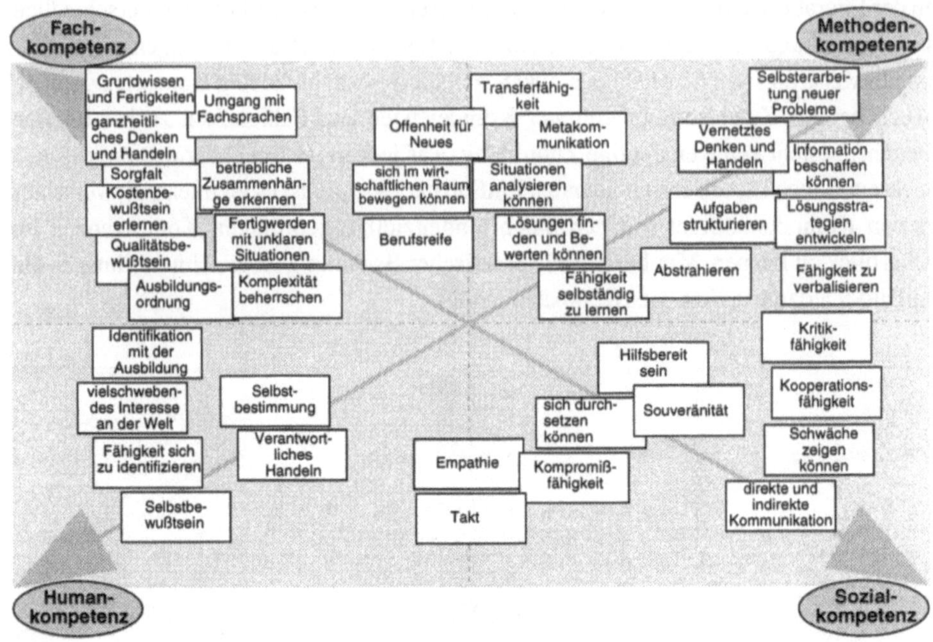

Bild 5.9: Bildungsziele im ganzheitlichen Qualifizierungsansatz (Schonhardt und Wilke-Schnaufer 1996)

Gerade für Führungskräfte erlangt der Bereich der Persönlichkeits- und Sozialkompetenz an Bedeutung, weshalb nachfolgender Abschnitt besonders darauf den Schwerpunkt setzt. Diese Kompetenzen sind überwiegend Charaktereigenschaften und lassen sich - wenn überhaupt - nur schwer vermitteln. Vielmehr entstehen sie aus einem lebenslang andauernden Lern- und Erfahrungsprozeß. Die Unternehmen haben die Möglichkeit, diesen *Personalentwicklungsprozeß* mit begleitenden Lernprojekten voranzutreiben. Bei solchen Projekten ist die Erreichung des Projektzieles weniger wichtig. Dafür wird großer Wert auf das methodische Vorgehen der Projektmitglieder gelegt. Diese sollen die erlernten Fähigkeiten und Methoden in ihrer Alltagsarbeit anwenden.

Für diese Kompetenzfelder lassen sich *Anforderungsprofile* aufstellen, anhand dieser sich die Führungskräfte eines Unternehmens selbst einschätzen und ihr Verhalten daran angleichen können. Bei Neueinstellungen von Führungskräften wird das Ist-Profil des Bewerbers mit dem Soll-Anforderungsprofil des Unternehmens verglichen, um die Eignung des Kandidaten für die angebotene Stelle zu überprüfen. Nachfolgend ist ein Anforderungsprofil bzgl. Persönlichkeitskompetenz und Sozialkompetenz dargestellt.

Persönlichkeitskompetenz

Unter der Persönlichkeit werden die innere Einstellung eines Menschen, seine geistigen Fähigkeiten und sein äußeres Erscheinungsbild zusammengefaßt. Ihr fällt eine besondere Bedeutung zu, denn sie entscheidet in den ersten Sekunden einer Begegnung zweier Menschen, ob sie auf ›einer gemeinsamen Welle‹ sind, ob ›die Chemie stimmt‹. Sie entscheiden über den Erfolg des weiteren gesellschaftlichen Zusammenwirkens, der methodischen Lösung von Problemen und dem effektiven Zusammenwirken von Fachwissen. Die folgende Aufstellung gliedert diese Bereiche noch detaillierter auf (vgl. Fuchs 1995).

❑ Ethik und Moral:
- Gewissenhaftigkeit;
- Gerechtigkeit;
- Verläßlichkeit;
- Vertrauenswürdigkeit; dazu gehören:
  - Ehrlichkeit;
  - Zuverlässigkeit;
  - Anstand/Würde;
  - Diskretion;
  - Neutralität/Parteilosigkeit;
  - Sachlichkeit;
  - Toleranz.

❑ Einstellung gegenüber Arbeitsaufgabe und Unternehmen:
- Freude an der Herausforderung;
- Verantwortungsbewußtsein;
- positives Denken über Unternehmensziele;
- Entscheidungsfreude;
- Optimismus, Mut;
- Risikobereitschaft;
- Lernbereitschaft;
- Begeisterungsfähigkeit;
- Überblick;
- unternehmerisches Denken;
- Mobilität.

❑ Geistig-mentale Fähigkeiten:
- vielseitiges Wissen/Allgemeinbildung;
- vernetzt-komplexes Denkvermögen;
- *Kreativität*;
  - schöpferische Gestaltungsfähigkeit;

- Zukunftsdenken/Visionen;
- Phantasie;
- Initiative/Engagement;
- Intuition/Einfallsreichtum;
- Flexibilität;
- Improvisationsvermögen;
- Innovationsfreudigkeit;
- Offenheit/Aufgeschlossenheit;
- Selbstvertrauen;
- Willenskraft;
- Ausdauer/Zähigkeit/Geduld;
- Belastbarkeit (Stress);
- Entschlußkraft;
- Konzentrationsvermögen;
- Gelassenheit;
- Aufmerksamkeit/Wachsamkeit;
- Urteilsvermögen;
- Humor.

❑ Auftreten:
- vorbildliche Körperhaltung;
- klare Ausdrucksform in Sprache und Schrift (Kürze, Prägnanz);
- Selbstbewußtsein;
- Sicherheit.

Sozialkompetenz

Die Fähigkeiten einer Führungskraft im Umgang mit Vorgesetzten, Kollegen und vor allem mit Mitarbeitern werden unter dem Begriff ›Sozialkompetenz‹ zusammengefaßt. Inhaltlich lassen sich sieben Bereiche untergliedern (vgl. Fuchs 1995), die an anderer Stelle ausführlich erläutert werden.

❑ Motivationsfähigkeit:
- Fordern und Fördern der Mitarbeiter;
- Erzeugen von Begeisterung;
- Identifikationsprozesse in Gang setzen;
- Anerkennung überdurchschnittlicher Leistungen.

❑ Integrationsfähigkeit:
- Zielabsprache;
- Partizipation der Mitarbeiter.

❏ Kommunikationsfähigkeit:
- Zugänglichkeit;
- Kontaktfreudigkeit;
- Informationen weitergeben;
- Rückkoppelung sicherstellen.

❏ Kooperationsfähigkeit:
- Delegationsbereitschaft;
- Partnerschaftliches Verhalten zu Kunden und Mitarbeitern;
- Akzeptanz von berechtigter Kritik;
- Vereinbaren von Spielregeln.

❏ Konfliktlösungsfähigkeit:
- Überzeugungskraft;
- Durchsetzungsvermögen;
- Sachlichkeit;
- Gleichbehandlung;
- Objektivität/Neutralität.

❏ Einfühlungsvermögen in Kunden- und Mitarbeiterbelange:
- Achtung, Respekt;
- Interesse für persönliche Belange der Mitarbeiter;
- Fehlertoleranz;
- Üben konstruktiver Kritik.

❏ Teamfähigkeit, d. h. statt Vorschriften:
- Moderation;
- Betreuung;
- Beratung;
- Unterstützung, Hilfestellung;
- Kooperation;
- Training.

... Persönliche Eigenschaften und Verhalten

Das Führungsverhalten einer Führungskraft beruht auf ihren individuellen Eigenschaften, ihren Kompetenzen, ihren Wertvorstellungen, ihrer Wahrnehmungsfähigkeit bezüglich der gestellten Anforderungen und ihrer Urteilsfähigkeit bezüglich der Arbeitsumgebung.

Das Bild, das sich eine Führungskraft von sich selbst und von anderen Menschen macht, muß wegen des kontinuierlichen Wertewandels ständig an sich neu ergebende Realitäten angepaßt werden. Allerdings darf eine Führungspersönlichkeit sich weder nur an die Einstellungen und Vorstellungen anderer anpassen, noch darf sie bislang funktionierende Wertvorstellungen, ohne sie kritisch zu hinterfragen, auf die Gegenwart übertragen. Eine gute Führungskraft muß eine von innerer Überzeugung (die auf den sich ständig verändernden, aktuellen Gegebenheiten beruht) geleitete Persönlichkeit darstellen.

Dies darf jedoch nicht als eine vorübergehende Modeerscheinung behandelt werden, genauso wenig, wie solche Konzepte nur um ihrer selbst willen angewandt werden dürfen. Somit müssen folgende Maßnahmen ergriffen werden:

- ❑ Dem Mitarbeiter muß in seinem Arbeitsbereich echte *Entscheidungsfreiheit* und Verantwortung eingeräumt werden.
- ❑ Die harmonische *Arbeitsatmosphäre* zwischen Mitarbeiter und Vorgesetzten muß der inneren Überzeugung der Führungskräfte entsprechen, sie darf nicht nur eine Ausprägung formalen Umgangs miteinander darstellen.
- ❑ Freundlichkeit, Respekt und Verständnis gegenüber den Mitarbeitern müssen echt und nicht nur vorgetäuscht sein, wenn wirkliche Leistungsbereitschaft dafür erwartet wird.

Werden unter dem Schlagwort der Mitarbeiterorientierung derartige Maßnahmen nur der Form halber oder mit zahlreichen Einschränkungen eingeführt, werden sich die Mitarbeiter hintergangen fühlen, da sie erkennen werden, daß so, ohne wirklich ihre Bedürfnisse zu berücksichtigen, auf ihre Kosten nur eine dem Wohl des Unternehmens dienliche höhere Produktivität erreicht werden soll. Aktiv und richtig angewandte Führungsmacht ist die Fähigkeit, andere zu einem Verhalten zu veranlassen, das gemeinsam definierten und festgelegten Zielen dient. Diese Form von Machtausübung, also die Fähigkeit, andere in gewisser Weise manipulieren zu können, birgt allerdings auch die Gefahr in sich, daß Führungskräfte ihre Position und somit ihre Entscheidungsbefugnis mißbrauchen, um so andere Menschen dem eigenen Willen zu unterwerfen anstatt in kooperativer Form mit ihnen zusammenzuarbeiten.

Wenn die Mitarbeiter diese *Manipulation* durchschaut haben, werden sie ablehnend und verbittert reagieren, und die Unternehmensleitung erreicht das Gegenteil des ursprünglichen Ziels: statt Produktivitätssteigerung folgt noch geringere Leistungsbereitschaft, denn das Verhalten der Belegschaft richtet sich nach der wirklichen Einstellung der Unternehmensleitung ihr gegenüber und nicht nach der ihr vorgespielten, die einzig und allein eine höhere Arbeitsleistung zum Ziel hat.

... Eigenschaften der Führungskräfte im Wandel

Die gefragten *Eigenschaften* der Führungskräfte ändern sich mit ihren Aufgaben, mit der Umwelt und mit den Mitarbeitern. Dies ist grundsätzlich keine neue Erkenntnis, doch man tut sich schwer damit, diesen Wandel in die richtige Richtung zu vollziehen. Relativ zur Gesamtheit der Anforderungen wird Personaladministration immer mehr durch Personalbetreuung ersetzt; verliert Fachkompetenz an Bedeutung im Vergleich zum Anstieg der Sozial- und Persönlichkeitskompetenz. Die Entwicklung von Aufgabenbereichen und abverlangten Kompetenzen des Personalleiters in den Jahren von 1973 bis 1993 zeigen die Bilder 5.10 und 5.11.

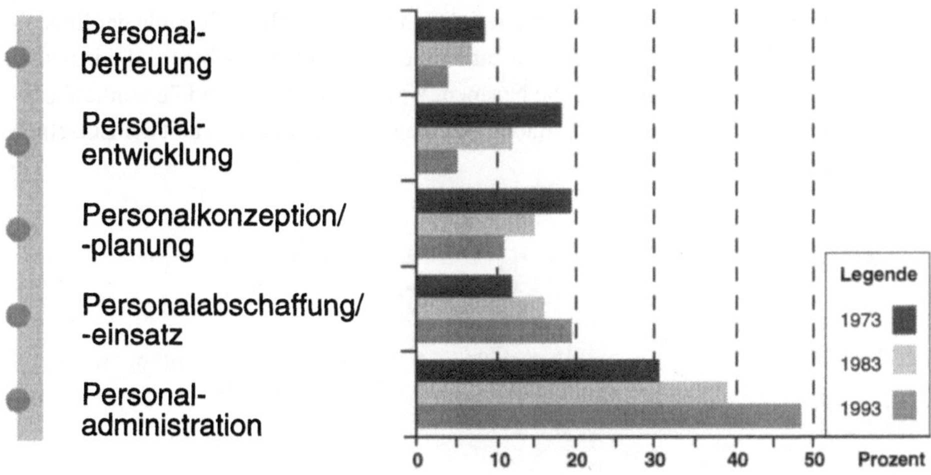

Bild 5.10: Entwicklung von Führungsaufgaben von 1973 bis 1993 (Niedermair 1995)

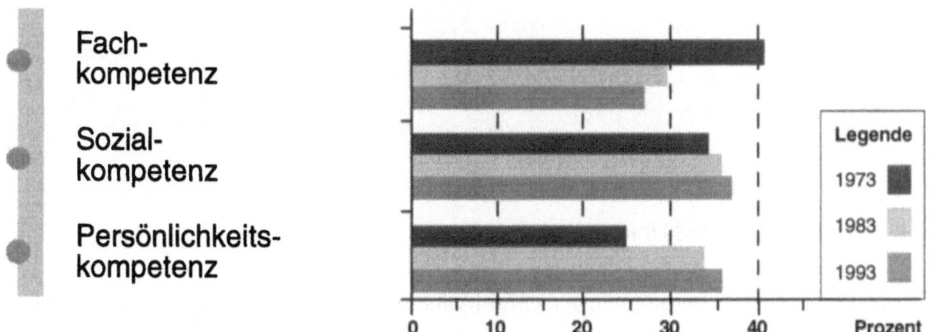

Bild 5.11: Entwicklung von Führungskompetenzen von 1973 bis 1993 (Niedermair 1995)

Es gilt den Wandel vom Vorgesetzten zur Führungskraft zu vollziehen und dabei Manager-, Führungs- und Unternehmerfähigkeiten in einer Person zu vereinen.

Zwischen Führen und Managen bestehen grundlegende Unterschiede. Manche Führungskräfte konzentrieren sich zu stark auf Managementaufgaben und vernachlässigen dabei ihre eigentlichen Führungsaufgaben. Managen ist das Steuern von *Geschäftsabläufen* und bezieht sich auf die Sachebene, Situationen oder Abläufe. Grundlage für Entscheidungen des Managements sind *Kennzahlen* und wirtschaftlich orientierte Motive. Führen dagegen ist das Steuern der menschlichen Zusammenarbeit. Man führt Menschen. Zur Führung gehören zwei Personengruppen - Führungskräfte und Mitarbeiter - die immer gemeinsam betrachtet werden müssen. Deshalb spricht man in diesem Zusammenhang von *Mitarbeiterführung*. Führung ist die gezielte und bewußte Beeinflussung der Einstellungen und des Verhaltens von Personen zur Erreichung der Unternehmensvisionen und -ziele. Führung wirkt nicht nur auf die Normen, Wertvorstellungen und Persönlichkeitseigenschaften von Einzelpersonen, sondern auch auf die Zusammenarbeit der Einzelnen untereinander.

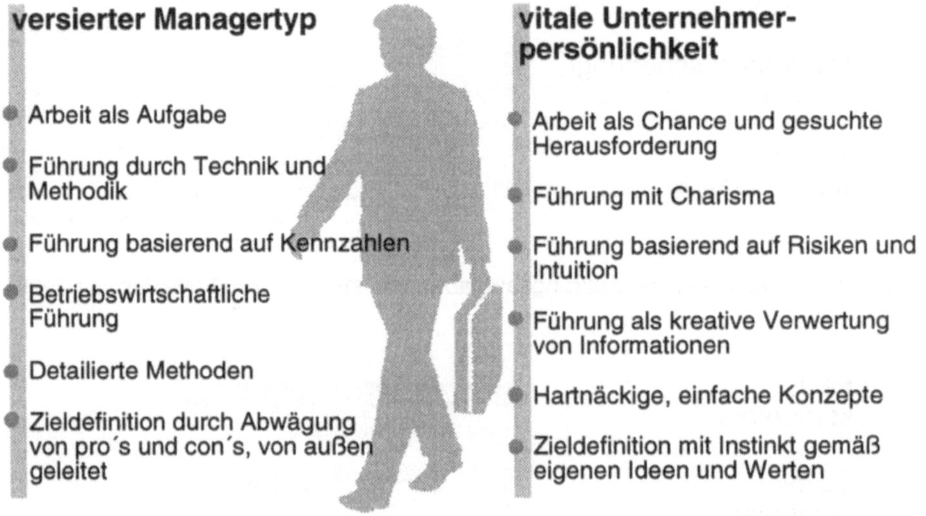

Bild 5.12: Manager und Unternehmer vereinen

War im klassischen Unternehmen je nach Aufgabenstellung entweder der versierte Managertyp oder die vitale Unternehmerpersönlichkeit gefordert, so gilt es heute, diese beiden extremen *Charaktermerkmale* in einer Person zu vereinen (Bild 5.12). Sowohl Führung durch Technik und Methodik als auch Führung mit Charisma, sowohl Führung basierend auf Kennzahlen als auch Führung basierend auf Risiken und *Intuition*, sowohl detaillierte, komplexe Methoden als auch einfache, jedoch hartnäckig verfolgte Konzepte sind miteinander zu kombinieren. In den Vordergrund treten die *Sensibilität* für *Erneuerung*, die Fähigkeit, gelerntes überzeugend weiterzugeben und Mitarbeiter zu ›Mit-Arbeitern‹ zu machen. Es gilt, in einem innovativen, kreativen Klima bei den Mitarbeitern in den Teamstrukturen ein Zusammengehörigkeitsgefühl sowie ein Verständnis für Zusammenhänge zu schaffen.

Die nachfolgende Gegenüberstellung von ›Managen‹ und ›Führen‹ detailliert die wesentlichsten Unterschiede (nach Weigle 1994).

Managen	**Führen**
❏ Sich auf Geschäftsabläufe konzentrieren	❏ Sich auf Menschen konzentrieren
❏ mittel-/kurzfristige operative Unternehmensziele erreichen	❏ Visionen und langfristige Unternehmensziele verdeutlichen
❏ Unternehmenssysteme kontinuierlich verbessern	❏ Spielregeln vereinbaren
❏ Ergebnisse fordern	❏ Vorbild sein
❏ Revision und Kontrolle stärken	❏ Vertrauensklima schaffen
❏ Disziplinieren	❏ Inspirieren
❏ Anweisen	❏ Überzeugen
❏ Für den eigenen Erfolg sorgen	❏ Für den Erfolg anderer sorgen
❏ Selbst entscheiden	❏ Entscheidungsprozesse organisieren
❏ Kompetenz entwickeln	❏ Begeisterung entfachen
❏ Antreiben	❏ Vorangehen
❏ Einhaltung von Regeln überwachen	❏ Initiativen begünstigen
❏ Richtlinien und Organisationsanweisungen geben	❏ Für Selbstorganisation und Selbstkontrolle sorgen
❏ Informieren	❏ Kommunizieren
❏ Dienstweg klären	❏ Beziehungsnetze fördern
❏ Konkurrenten bekämpfen	❏ Konkurrenten als Partner gewinnen
❏ Für Beständigkeit sorgen	❏ Immer wieder erneuern/Wandel vorantreiben
❏ Risiken begrenzen	❏ Chancen ergreifen
❏ Für Wachstum sorgen	❏ Für Geschwindigkeit sorgen
❏ Sich auf Gewinn konzentrieren	❏ Sich auf die Kunden konzentrieren

Leistungsorientierung läßt sich im operativen Tagesgeschäft durch das Setzen von klaren Zielen für die eigene Arbeit und die der Mitarbeiter erreichen: ›Binden Sie die Mitarbeiter in die Zielfindung ein und halten Sie Ziele und Meilensteine zur prozeßbegleitenden *Zielkontrolle* schriftlich fest. Definieren Sie anspruchsvolle, durchführbare und überprüfbare Ziele. Vermitteln Sie ein klares *Feedback* über den Grad der Erreichung der angestrebten Ziele. Loben Sie Ihre Mitarbeiter für gute Leistung, bieten Sie Rat, Know-how und Unterstützung bei Schwierigkeiten, vermitteln Sie Sinn und Visionen für die Arbeit.‹ Gerade in Zeiten der Aufgabendelegation tritt die Fähigkeit des Coaching besonders hervor.

Um eine Kultur der *Fehlertoleranz* zu schaffen, ist es ein zentrales Element der Führungskultur, die offene Diskussion über gemachte Fehler, über aufgabenbezogene und übergeordnete unternehmenspolitische Informationen zu fördern. Die Führungskraft setzt damit die Rahmenbedingungen und gibt die Impulse für eine lernende Organisation.

Unter konsequenter Stärkung dieser Verhaltensmerkmale und Eigenschaften wird es Führungskräften gelingen, in dieser Phase des Wandels Vertrauen und Orientierung zu geben. Vertrauen der Mitarbeiter in sich selbst und in das Unternehmen. Es wird gelingen, eine *Vertrauensorganisation* in einem vitalen Unternehmen zu bilden, deren Merkmale

- ❑ Ziel- und Leistungsorientierung mit unternehmerischem Denken,
- ❑ Delegation von Verantwortung bei Entscheidungsbereitschaft,
- ❑ Aufgaben- statt Statusorientierung,
- ❑ Teamfähigkeit durch offene Kommunikation,
- ❑ Wissenserweiterung durch offenen Erfahrungsaustausch,
- ❑ Verständnis für den Umgang miteinander sowie
- ❑ Vertrauen in Leistungsvermögen, -willigkeit und Verantwortungsbereitschaft der Mitarbeiter sind.

Eine erfolgreiche Führungskraft muß alle Eigenschaften und Kompetenzen in sich bündeln, von denen der unternehmerische Erfolg abhängen kann. Die Gesamtheit persönlicher Fähigkeiten und Charaktermerkmale kennzeichnet die Persönlichkeit der Führungskraft. Eine Zusammenfassung der wichtigsten Eigenschaften und Kompetenzen einer Führungskraft zeigt Bild 5.13. Daran anschließend zeigt Bild 5.14 die Umsetzung von Führungseigenschaften in operatives *Führungshandeln*.

- Sensibilität gegenüber Erneuerungen, Veränderungen im Unternehmen und der Unternehmensumwelt

- Einfühlungsvermögen gegenüber den Mitarbeitern

- Lernfähigkeit, als erster Lernen und das Gelernte weitergeben

- Fähigkeit des Coaching

- Glaubwürdigkeit, Überzeugungsfähigkeit

- Leistungs- und Aufgabenorientierung, Führungswille, Optimismus, Selbstbewußtsein

- Entscheidungs-, Verantwortungs-, und Risikobereitschaft

- Kommunikations- und Motivationsfähigkeit nach innen und außen, Bildung von Beziehungen, Mitarbeiter zu Mit-Arbeitern machen, Vertrauenswürdigkeit

- Schaffung eines innovativen, kreativen Klimas

- Internationales Verständnis, Denken in Zusammenhängen

- Unabhängigkeit, Unkonventionalität, Begeisterungsfähigkeit

Bild 5.13: Eigenschaften von Führungskräften

Führungseigenschaften	Operatives Führungshandeln
Leistungsorientierung	Setzen Sie klare Ziele für die eigene Arbeit und die der Mitarbeiter. Binden Sie Ihre Mitarbeiter in die Zielfindung ein. Halten Sie Ziele und Meilensteine zur prozeßbegleitenden Zielkontrolle schriftlich fest. Definieren Sie anspruchsvolle, durchführbare, überprüfbare und auswertbare Ziele.
Fähigkeit des Coaching	Vermitteln Sie Sinn und Visionen. Loben Sie Ihre Mitarbeiter für gute Leistungen. Bieten Sie Rat, Know-how und Unterstützung bei Schwierigkeiten.
Glaubwürdigkeit	Gestehen Sie eigene Fehler ein. Wenn sich Ihre Meinung ändert, erklären Sie warum.
Entscheidungs- und Verantwortungsbereitschaft	Treffen Sie die Entscheidungen, die nur Sie treffen können. Bringen Sie Aufgabendelegation in Einklang mit der Qualifikation der Mitarbeiter.
Kommunikationsfähigkeit	Machen Sie deutlich, wie wichtig Kommunikation ist. Hören Sie zu und seien Sie offen für neue Ideen Ihrer Mitarbeiter.

Bild 5.14: Führungseigenschaften

Mit diesen Eigenschaften als unterstützende Mittel können die Führungskräfte durch eine bewußt umgesetzte (›gelebte‹) Führungskultur ihren Wirkungsbereich, also ihr Subunternehmen, in Kooperation mit den Mitarbeitern zum Erfolg führen. Auch ist es wichtig, zu erkennen, daß durch erfolgreiche Mitarbeiter im eigenen Bereich das Ansehen eben dieses Bereichs und natürlich des Verantwortlichen im ganzen Unternehmen steigen wird (*Vorbildfunktion*). Das Ziel einer leistungsfähigen Führungskraft muß also sein, sich selbst und die Mitarbeiter so effizient einzusetzen, daß alle von diesem Engagement Betroffenen davon profitieren können. Also wird parallel Ergebnisorientierung wie Mitarbeiterorientierung betrieben, denn nur auf diese Weise können mit den Mitarbeitern wirkliche Ergebnisse erzielt werden. Voraussetzung dafür ist ein positives inneres Verhältnis zu den Mitarbeitern:

❑ Es wird vorausgesetzt, daß gute Mitarbeiter aus eigenem Antrieb gute Leistung erbringen können, die dafür nötige Erwartungshaltung aber verdeutlicht werden muß.

❑ *Kontrollverfahren* werden nur zur Prozeßunterstützung einsetzt, nicht als Druckmittel. Die Kontrolle selbst wird zwar nicht ausschließlich den Mitarbeitern überlassen, sie ist aber nur Mittel zum Zweck, nicht der Zweck selbst.

Diese Fähigkeiten einer Führungskraft sind entscheidend für die *Arbeitszufriedenheit* und -freude, was wiederum die Basis für ein gutes *Betriebsklima*, die Gesamtleistung der Mitarbeiter eines Unternehmens und den unternehmerischen Erfolg darstellt.

Die Anforderungen an die Führungseigenschaften werden durch empirische Untersuchung unterstützt. Nach einer Studie der Management Research GmbH werden die zukünftigen Anforderungen an die Führungskräfte in der Zukunft nicht nur generell höher sein, sondern es wird sich auch ihr Charakter wesentlich ändern. Ergebnis dieser Untersuchung ist eine Rangfolge der Anforderungen, wie sie in Bild 5.15 ersichtlich ist.

An dieser Stelle sei an die Herzbergsche Theorie erinnert (☞ Kapitel 3). Gemäß Herzberg kann der ›Beziehung zu Vorgesetzten‹ nur die Funktion eines *Hygienefaktors* zugewiesen werden, der nicht motivierend wirkt, sondern nur die Ursache für Unzufriedenheit sein kann.

Dennoch zeigt die hier dargestellte Untersuchung, daß der Schwerpunkt der Führungseigenschaften sich auf die speziellen Fähigkeiten zur Innovation, Motivation und Konfliktlösung verlagern wird. Wichtig sind in erster Linie sozial-kommunikative Kompetenzen und nicht wie bisher vorwiegend fachliche Kompetenzen. Das reine Fachwissen ist weiterhin notwendig, wobei die Gewichtung sich in Zukunft verändern wird.

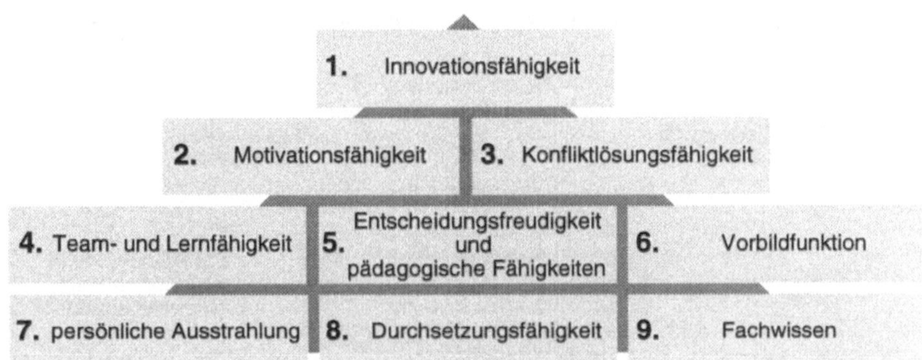

Bild 5.15: Rangfolge der Anforderungen an Führungskräfte

... Verhalten der Führungskräfte im Wandel

Es ist die Aufgabe der Führungskräfte, in den Unternehmen sowohl den organisatorischen *Wandel* als auch den Wandel des Geistes ihrer Mitarbeiter zu vollziehen. Die Notwendigkeit organisatorischer Änderungen wurden bereits dargestellt. Doch noch vor dem Handeln muß das Denken, das Verhalten geändert werden. Dazu bedarf es viel Einfühlungsvermögen und Menschenkenntnis. Studien belegen die Bedeutung, die hier v. a. Führungskräften zukommt.

Helmut Maucher, Präsident und Delegierter des Verwaltungsrates bei Nestlé, hat die Bedeutung der Vorbereitung der Mitarbeiter auf Veränderungen so formuliert: ›In einer anonymen, komplexen und technisierten Welt entgleitet dem einzelnen immer mehr das Verständnis dafür, was gelegentlich vor sich geht. Daher bedarf jedes Unternehmen eines konsequenten und sensiblen Managements, welches mit viel Kommunikation und *psychologischem Feingefühl* Veränderungen erklärt, einleitet und implementiert‹. Die Veränderung der Unternehmenskultur, der Prozeß und die notwendigen Eigenschaften sind in einem nachfolgenden Teilkapitel explizit dargestellt.

Die Priorität verlagert sich von der Fach- und Methodenkompetenz hin zur Sozialkompetenz. Das vielzitierte ›*permanente Lernen*‹ bezieht sich nicht nur auf die Erweiterung der Fachkompetenzen. Innovative Ideen, Produkte und Prozesse lassen sich nur dann verwirklichen, wenn die Führungskräfte ihre Hauptaufgaben nicht darin sehen, operative Tätigkeiten anzuweisen, sondern die eigenverantwortliche, engagierte *Selbstorganisation* der Mitarbeiter zu fördern.

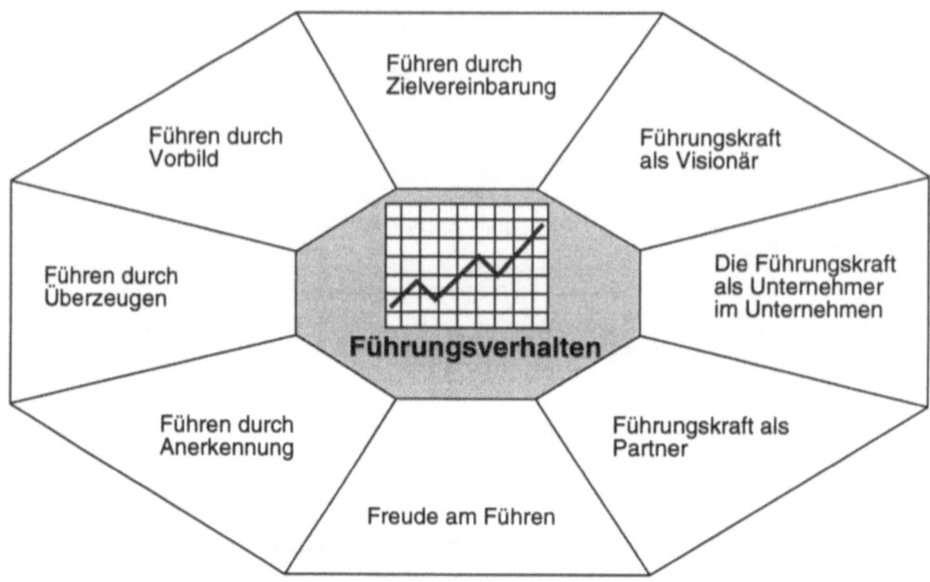

Bild 5.16: Führungsverhalten

Eine Hilfestellung sollen die dargestellten *Verhaltensgrundsätze* und die dazu nachfolgend aufgeführten Fragen geben (Bild 5.16). Jeder hat Personalverantwortung, für sich und für andere. Jeder muß danach trachten, seine Verhaltensweise konstant zu hinterfragen, nicht als Kritik, sondern zur Verbesserung.

Führungskraft als Vorbild

Wer durch eigenes Verhalten Vorbildwirkung erzeugt, Leistung und Verantwortung selbst lebt, bringt die Potentiale der Mitarbeiter voll zur Entfaltung. Vorbildwirkung ist viel größer als wir oft annehmen. Eine Führungskraft ist Vorbild und Trainer, von der man etwas lernen kann.

- ❑ Bin ich tagein, tagaus ausreichend Vorbild für die mir anvertrauten Mitarbeiter?
- ❑ Zeige ich strategische Kompetenz, soziale Kompetenz und Methodenkompetenz?
- ❑ Was kann ich an meinem Persönlichkeitsprofil verbessern: Begeisterungsfähigkeit, Kommunikationsfähigkeit, Offenheit, Ehrlichkeit, Kritikfähigkeit, Selbstvertrauen, Courage?
- ❑ Bin ich selbst lernwillig und mental flexibel?

Führen durch Überzeugen

Wir sitzen in einem Boot mit einem gemeinsamen Ziel; einer ist der Steuermann, aber nur wenn alle zusammenarbeiten werden wir dieses Ziel erreichen. Überzeugung wird nur erreicht, wenn der Mitarbeiter die Ziele kennt und ihrer Notwendigkeit zustimmt.

❑ Wie vermittle ich den Mitarbeitern die Sinnhaftigkeit der gesetzten Ziele?

❑ Betrachte ich Offenheit, Kommunikation und Vertrauen als notwendige Voraussetzung?

Führen durch Anerkennung und Vertrauen

Erreichtes als Motivation für die Zukunft.

❑ Werden herausragende Leistungen und Arbeitsergebnisse der Mitarbeiter ausreichend gelobt und anerkannt?

❑ Haben die Mitarbeiter Etappenziele?

❑ Suche ich nach Fehlern und Schuldigen oder nach den Ursachen dafür?

❑ Schaffe ich ein Klima von Vertrauen, um eigene Leistung und Kreativität zu fördern?

❑ Trage ich dazu bei, Spannungen und Ängste abzubauen?

❑ Herrscht in meinem Tätigkeitsbereich Aufgaben- statt Statusorientierung und Selbst- statt Fremdkontrolle?

❑ Kontrolliere ich meine Mitarbeiter kontinuierlich oder gewähre ich Vertrauensvorschuß?

❑ Führe ich Anwesenheits- oder Ergebniskontrolle durch?

Führen durch Zielvereinbarung

Oberstes Ziel des Unternehmens ist langfristiger wirtschaftlicher Erfolg!

❑ Existiert eine gemeinsame Vereinbarung über Rahmenbedingungen und Ziele?

❑ Vermittle ich den Mitarbeitern den Zweck, also die Sinnhaftigkeit der Arbeit?

❑ Sind die Ziele erreichbar, damit am Ende ein entsprechendes Erfolgserlebnis vorliegt?

❑ Bestehen klare und vor allem gelebte Leitbilder?

❑ Gebe ich den Mitarbeitern ein entsprechendes Feedback über die Zielerreichung?

Freude am Führen

Freude am Führen ist die Grundmotivation einer erfolgreichen Führungskraft.

❑ Betrachte ich die Wettbewerbssituation als Herausforderung?

❑ Bin ich bereit und in der Lage, über mehrere Ebenen und Hierarchiestufen zu kommunizieren?

❑ Suche ich direkten Kontakt, um zu erfahren, was im Unternehmen abläuft?

❑ Stelle ich rhetorische Fragen, wenn die Antwort schon bekannt ist?

❑ Gehe ich konzentriert auf Fragen der Mitarbeiter ein?

❑ Habe ich für fragende Mitarbeiter Zeit, um diese mit den benötigten Informationen zu versorgen?

❑ Wie sind die Dinge angekommen, die ich als Vorgesetzter entschieden habe? Was ist nicht oder falsch angekommen?

Führungskraft als Visionär

Im Wettbewerb der Zukunft besser sein als der andere. Die Führungskraft der Zukunft wird frühzeitig erkennen müssen, was heute getan werden muß, damit die Aufgaben in Zukunft erfolgreich erfüllt werden können.

❑ Wie sieht die ideale Entwicklung meines Unternehmens für die Zukunft aus?

❑ Wie erreiche ich diese Vision am besten?

❑ Erkenne ich mögliche Entwicklungen am Markt und bei den Kunden so frühzeitig, daß daraus die entsprechenden Maßnahmen rechtzeitig abgeleitet werden können?

❑ Bin ich bereit, ein vorhandenes Risiko zu tragen?

❑ Fördere ich die Innovationskompetenz in meinem Unternehmen und bei meinen Mitarbeitern?

❑ Habe ich Visionen, die die zukünftige Entwicklung im Unternehmen betreffen und kann ich für das anvertraute Personal berufliche und persönliche Perspektiven (Fach-/Führungslaufbahn) aufzeigen?

❑ Vermittle ich diese Visionen glaubhaft?

❑ Bin ich selbst bereit meinen Standpunkt zu verlassen, um dadurch aktiv zu lernen?

❑ Bin ich selbst offen für Wandel und Veränderungen?

Führungskraft als Unternehmer im Unternehmen

Gefordert wird leistungsorientiertes Denken in Zusammenhängen.

❑ Trägt das gesamte Engagement von mir und meinen Mitarbeitern zum gesamtbetriebswirtschaftlichen Wertschöpfungsprozeß bei?

❑ Räume ich meinen Mitarbeitern entsprechend den betrieblichen Erfordernissen den richtigen Handlungs- und Entscheidungsrahmen ein (z. B. flexible Arbeitszeiten, Materialbeschaffung, Reisekostenabrechnung)?

❑ Bin ich Verwalter oder Koordinator und Macher?

❑ Handle und entscheide ich verantwortungsbewußt?

Führungskraft als Partner

Durch den Wandel von einer Befehls- zu einer Betreuungs- und Beratungskultur bedeutet Führung nicht Machtausübung, sondern Service und Dienstleistung. Die Führungskraft wird der zentrale Förderer und Begleiter der individuellen Entwicklung ihrer Mitarbeiter. Wer selbst begegnungsfähig ist und das Miteinander sucht, kann mit viel größeren Erfolgsaussichten etwas bewegen.

- ❑ Führe ich partnerschaftlich ausgerichtete Mitarbeitergespräche mit gemeinsamer Zielvereinbarung, offenem und konstruktivem Dialog?
- ❑ Bin ich im Team Berater, Vermittler und Coach?
- ❑ Beherrsche ich Projekt-Management und Konflikt-Management zur Förderung der Gruppenzusammenarbeit?
- ❑ Sind die Mitarbeiter Partner und Mit-Arbeiter? Besteht ein ›Wir-Gefühl‹?

... Führungssystem und Führungsstil

Die Grundlage eines *Führungssystems* ist das Zusammenspiel von Werten, Normen und Grundeinstellungen, was mit den *Führungsgrundsätzen* und der *Führungsphilosophie* bezeichnet wird. Darunter versteht man bestimmte Wertvorstellungen, aber auch die Vorurteile, durch die das Verhalten von Führungskräften beeinflußt wird. Bei der Erfüllung ihrer Führungsfunktion sind diese Denkweisen dem Umfeld gegenüber für das *Führungsverhalten* maßgeblich, da sie unmittelbar das Verhältnis zum Unternehmen, zu den Mitarbeitern und zum gesellschaftlichen Umfeld (bezüglich der unternehmerischen Belange) charakterisieren.

Die Berücksichtigung ethischer Gesichtspunkte ist eine Bedingung für eine Führungsphilosophie, da nur so moralisch einwandfreies Führungsverhalten gewährleistet werden kann. Die Führungsgrundsätze bezeichnen die Beziehungsstrukturen zwischen Vorgesetzten und Mitarbeitern. Als Führungsprinzipien bezeichnet man die verschiedenen Führungsmodelle und Managementkonzepte, also die konkreten Ausprägungen des Führungsverhaltens mit vorgegebenen Handlungsspielräumen zur Führung von Mitarbeitern. Wie bereits erwähnt, wird ein Unternehmen in der Zukunft noch in verstärktem Maße durch den Wertewandel in der Gesellschaft zum einen und durch den technologischen Fortschritt zum anderen geprägt sein. Diese Veränderungen sind bei der Gestaltung des Führungssystems zu berücksichtigen. Daher sind für den unternehmerischen Erfolg nicht allein die Methoden der Führungskräfte ausschlaggebend, sondern vor allem die Flexibilität des angewandten Führungssystems, was das strategische Denken und Handeln betrifft.

Führung ist gleichzusetzen mit Menschenführung und bezeichnet die Beziehung zwischen Führungskräften und Mitarbeitern, die sowohl Gruppen als auch Einzelpersonen umfaßt.

Führungsstile können unter verschiedenen Aspekten betrachtet werden, wie z. B.

- ❑ nach Macht und Entscheidungsspielraum des Vorgesetzten bzw. der Gruppe (vgl. Tannenbaum und Schmidt, Bild 5.17),
- ❑ nach der Orientierung gegenüber der Aufgabe und den Personen (vgl. managerial grid, Bild 5.18),
- ❑ oder nach ihrer motivierenden Funktion.

Als Führungsstil werden bestimmte Verhaltensmuster bezeichnet, die sich aus den unternehmerischen Wertvorstellungen der Führungskräfte ergeben. Der Wirkungsgrad verschiedener Führungsstile ist meist situationsabhängig, dennoch läßt sich die Aussage machen, daß bestimmte Führungsstile für bestimmte Situationen generell effizienter sind als andere.

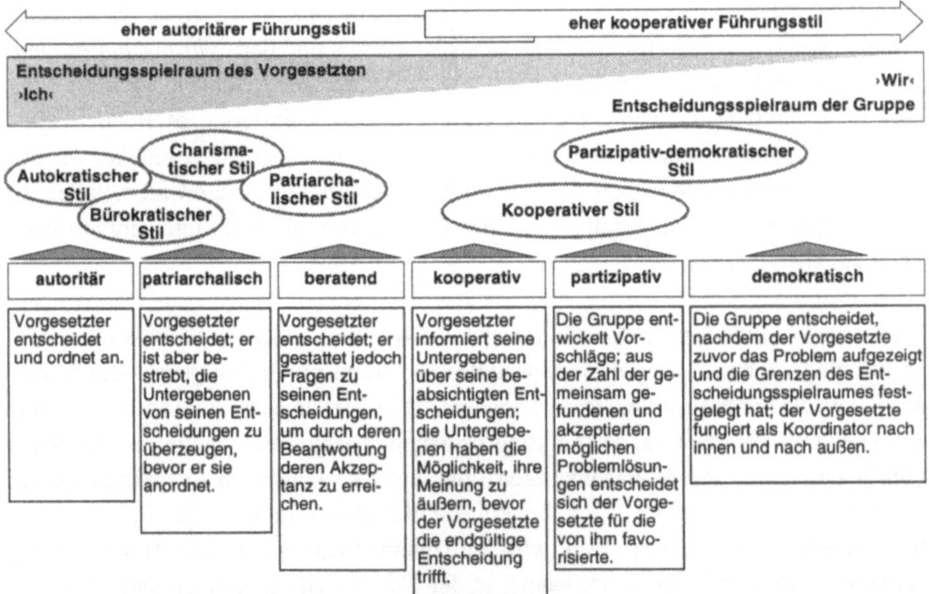

Bild 5.17: Führungsstil-Kontinuum (nach Tannenbaum und Schmidt 1958/1973, erweitert in Bullinger 1994)

Gemäß dem *Führungsstil-Kontinuum* reicht das Spektrum vom autoritär-patriarchalischen bis zum partizipativ-demokratischen Führungsstil (siehe Bild 5.17). Der klassische autoritäre Führungsstil ist gekennzeichnet durch direktives oder eben autoritäres Verhalten. Die Führungskraft entscheidet allein, die Mitwirkung anderer ist ausgeschlossen. Durch diese Konzentration von Entscheidungskompetenz werden die hierarchisch untergeordneten Mitarbeiter zu ausführenden Organen degradiert, die, ohne selbst kreativ zu sein, ausschließlich auf Arbeitsanweisungen hin tätig werden. Von derart geführten Mitarbeitern wird auch keine *Innovationsbereitschaft* erwartet.

Ein beratender Führungsstil beinhaltet einen verstärkten Informationsaustausch zwischen der Führungskraft und den Mitarbeitern. Hier werden Meinungsäußerungen aller an einem bestimmten Arbeitsprozeß Beteiligten erwartet und von der jeweiligen Führungskraft positiv aufgenommen - die endgültige Entscheidung jedoch trifft die Führungskraft. Mit Partizipation kann man die aktive Teilnahme aller Betroffenen an einem Entscheidungsprozeß bezeichnen. Diese Beteiligung erhöht die Qualität der Entscheidungsfindung und wirkt sich positiv auf die Verträglichkeit mit menschlichen Grundwerten aus.

Kooperatives Führungsverhalten bezieht sich sowohl auf die Beteiligung aller Betroffenen am *Entscheidungsprozeß* als auch auf die Qualität der interpersonellen Arbeits- und Führungsbeziehungen im Sinne einer partnerschaftlichen Orientierung. Der kooperative Führungsstil setzt aber auch ein ausgeprägtes Informations- und Kommunikationssystem voraus, das alle Unternehmensebenen sowohl horizontal als auch vertikal einschließt.

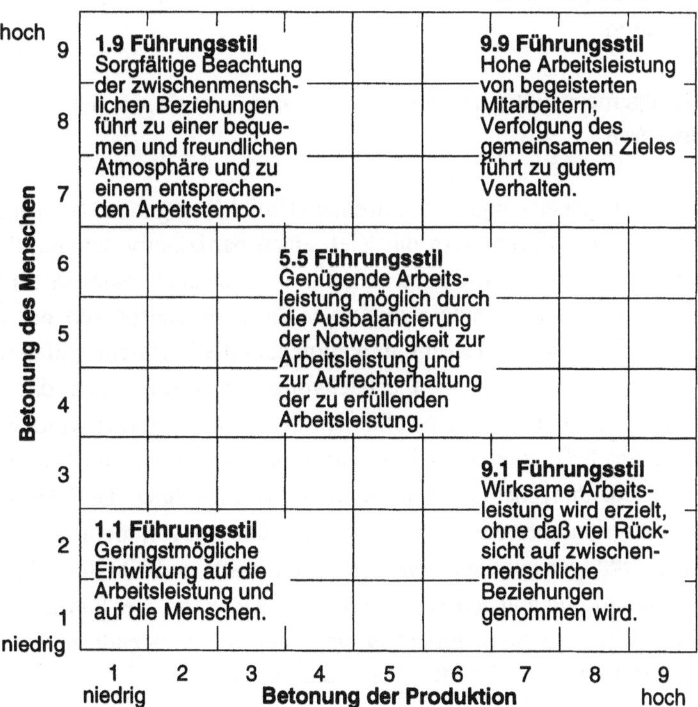

Bild 5.18: Verhaltensgitter (Blake und Mouton 1968)

Eine andere Klassifizierung, das *Verhaltensgitter* nach Blake und Mouton (engl. ›*managerial-grid*‹), beruht auf unterschiedlichen Betonungen in Bezug auf den Menschen bzw. die Produktion (Bild 5.18). Nach dieser Theorie wird ein einziger Führungsstil, der des Feldes 9.9, als allgemein erstrebenswert betrachtet.

Weitere Theorien, auf die hier nicht näher eingegangen eingegangen werden soll, sind aus der Literatur bekannt, wie z. B. die Kontingenztheorie von Fiedler, das Vroom/Yetton Modell oder das Reifegradmodell von Hersey und Blanchard. In diesen kommt zum Ausdruck, daß Führung *situationsbedingte* Führungsstile erfordert. Einen Führungsstil, der allen möglichen Situationen gerecht wird und zugleich sämtliche Bedürfnisse der im Unternehmen beschäftigten Menschen berücksichtigt, gibt es nicht. Führungsverhalten wird durch individuell verschiedene Entscheidungssituationen bedingt und ist abhängig von

- ❏ der Persönlichkeit der Führungskraft,
- ❏ dem Mitarbeiter,
- ❏ dem Gruppenumfeld,
- ❏ der Arbeitsaufgabe und
- ❏ der Situation.

Daher gilt es, allgemeine Führungseigenschaften zu entwickeln, die sich in der jeweiligen Situation bewähren.

Nach empirischen Untersuchungen ist es in einem Umfeld von gut und hoch qualifizierten, selbstverantwortlichen Mitarbeitern das Ziel, einen partizipativ-demokratischen Führungsstil zu pflegen, der die nachfolgend aufgeführten Elemente besonders berücksichtigt. Dieser Führungsstil beruht auf einem objektiven Entscheidungsprozeß, der durch einen hohen Grad an Information und Kommunikation über die Hierarchiestufen hinweg von allen Mitarbeitern verstanden wird und nachvollzogen werden kann, da sie über die anzustrebenden Ziele und Aufgabenstellungen in Kenntnis gesetzt wurden. Er beruht auf einem partnerschaftlichen Verhältnis von Führungskräften und Mitarbeitern, der Abgabe von Entscheidungsbefugnissen und Verantwortung durch die Führungskraft und der Übernahme seitens der Mitarbeiter. Dieses Führungsverhalten hat motivationssteigernde Auswirkungen auf die beteiligten Arbeitskräfte und gibt ihnen Freiräume für eigene Kreativität, die auch in den Prozeß mit einfließen kann. Der Führungsstil in einer innovationsfreundlichen Unternehmenskultur fördert den notwendigen *Veränderungsprozeß* und die *Partizipation* der Mitarbeiter durch:

- ❏ Vertrauensvolle Zusammenarbeit:
  - • Recht auf freie Meinungsäußerung ohne negative Konsequenzen.

❑ Delegation von Aufgaben, Entscheidungskompetenz und Verantwortung:
  • Entscheidungsspielräume: Durch ein Minimum an Vorschriften wird den Mit-
    arbeitern weitgehende Autonomie bei der Aufgabenbewältigung ermöglicht.
    So werden sie motiviert, ihre Ideen in das Unternehmen einzubringen. In diesem
    Zusammenhang gewinnen Zielvereinbarungen entscheidend an Bedeutung.
    Zielvereinbarung wird in einem separaten Kapitel ›Durch Zielvereinbarung zur
    Steigerung der Identifikation‹ behandelt.
  • Selbstkontrolle der Arbeit: Mitarbeiter kontrollieren selbst die Qualität im Prozeß
    und das Arbeitsergebnis.
  • Ergebnisorientierung: Nur das geforderte Arbeitsergebnis wird vereinbart und
    von der Führungskraft kontrolliert. Der Weg, den der Mitarbeiter dorthin ein-
    schlägt, wird ihm selbstverantwortlich überlassen, wenn er bestätigt, daß er das
    Ziel mit den ihm zur Verfügung stehenden Mitteln erreichen kann. Es werden
    Kriterien vereinbart, an denen das Arbeitsergebnis gemessen wird. So können
    die Mitarbeiter ihre Handlungen zielorientiert ausrichten; sie werden zu ›Mit-
    unternehmern‹.
  • Fördern von Initiative, Engagement und Kreativität.

❑ Offene Information:
  • Ziele;
  • Zusammenhänge;
  • Weiterbildung;
  • Erfolge / Mißerfolge - Feedback als Lernprozeß.

❑ Offene Kommunikation:
  • Zuhören und Erklären;
  • Horizontal und vertikal.

❑ Beteiligung der Mitarbeiter (Bild 5.19)
  • An Entscheidungen / Problemlösungen: Lösungswege und Mittel werden vom
    Team und der Führungskraft gemeinsam entwickelt und dann auch gemeinsam
    getragen. Die Integration von Unternehmens- und Mitarbeiterinteressen wirkt
    motivationssteigernd.
  • An Ergebnissen (Erfolge und Mißerfolge): Durch nicht-monetäre Erfolgsbe-
    teiligung (Anerkennung/Kritik, Feedback) werden die betroffenen Mitarbeiter
    zu Beteiligten am Unternehmen. Sie werden aktiviert, sich für ihr Unternehmen
    einzusetzen, und ihr Interesse am wirtschaftlichen Erfolg wird geweckt. Mone-
    täre Maßnahmen wirken hier unterstützend, sind aber nicht Teil des Führungs-
    stils.

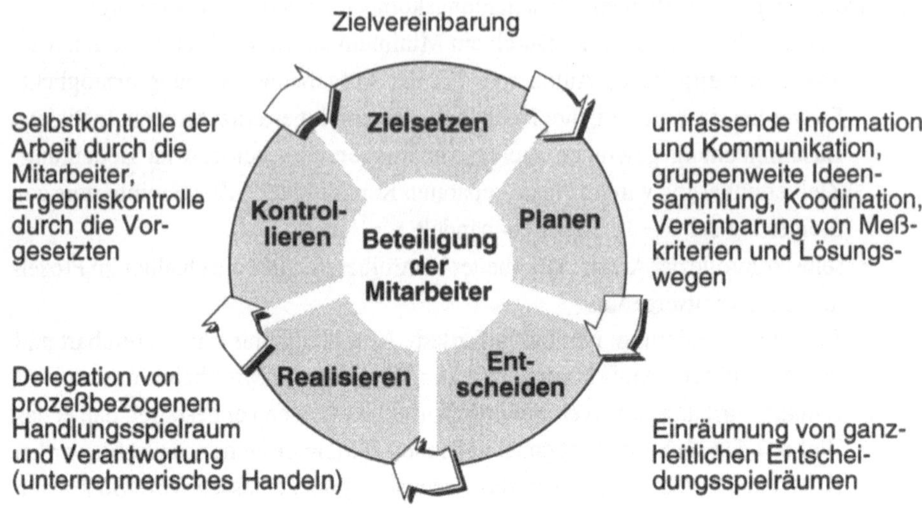

Bild 5.19: Partizipationsphasen der Mitarbeiter am Arbeitsprozeß

Aufgaben- und mitarbeiterorientierte Führung

Man unterscheidet Führungsverhalten nach *Aufgaben-* und *Mitarbeiterorientierung.* Diese schließen sich nicht zwingend gegenseitig aus; wenigstens nicht, solange die Aufgabenorientierung nicht ausschließlich von Autorität geprägt ist (Bild 5.20).

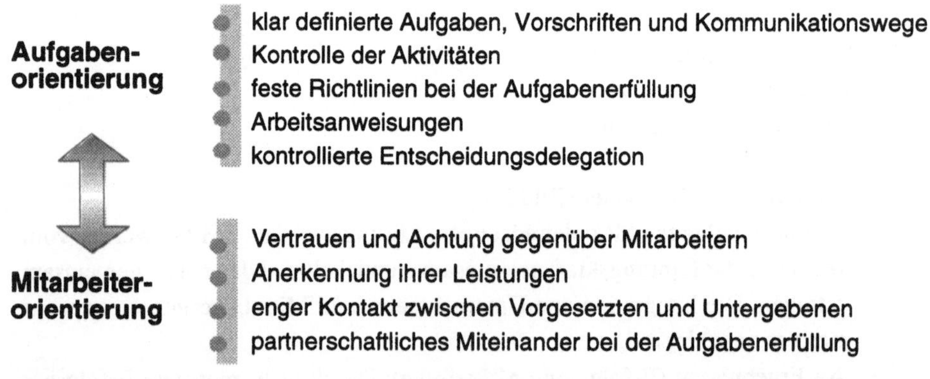

Bild 5.20: Unterschiede zwischen aufgaben- und mitarbeiterorientierter Führung

In der Vergangenheit wurde oft davon ausgegangen, daß Führungseigenschaften unterschiedlich ausgeprägt in der Natur des Menschen liegen, mittlerweile gilt als erwiesen, daß *Führungskompetenz* erlernt werden kann. Ein von vielen Führungskräften praktizierter Führungsstil ist die dirigistische Leitung von Mitarbeitern. Ähnlich wie der autoritäre Führungsstil unterbindet auch sie die Einmischung hierarchisch untergeordneter Mitarbeiter in Entscheidungsprozesse. Das Humanpotential der Mitarbeiter wird nicht zum Vorteil des Unternehmens eingesetzt. Durch den fehlenden Einsatz der Mitarbeiter sind solche Organisationen bei weitem nicht so leistungsfähig und so flexibel wie ein durch kooperatives Verhalten gekennzeichnetes Unternehmen.

Weist eine Arbeitseinheit eine hohe Produktivität auf, wird das meist durch mitarbeiterorientierten Führungsstil erreicht. Ein gutes Betriebsklima, das ein Zusammenspiel der Fähigkeiten von Menschen verschiedener Hierarchiestufen ermöglicht, veranlaßt den Menschen dazu, sich verstärkt dafür zu engagieren.

Im folgenden sind einige *Charkteristika* erfolgreicher Führungskräfte zusammengefaßt:

- ❑ Die Mitarbeiter können ihren persönlichen Arbeitsstil anwenden. Das Verhältnis ist durch Vertrauen gekennzeichnet.
- ❑ Von den Mitarbeitern erdachte Konzepte und Vorschläge werden ernstgenommen und unterstützt.
- ❑ Durch Freundlichkeit und Respekt geprägtes Verhältnis zu den Mitarbeitern.
- ❑ Erfolgreiche Leistung wird anerkannt und belohnt.
- ❑ Es besteht ständig die Möglichkeit zur Kommunikation zwischen Führungskraft und Mitarbeiter.
- ❑ Führungskräfte vertreten verantwortungsvoll ihre Mitarbeiter vor ihren Vorgesetzten.
- ❑ Der Wandel der Führungsqualifikationen vom Sachmanagement zum Personalmanagement wird aktiv unterstützt.
- ❑ Fach- und Methodenkompetenz der Mitarbeiter wird gefördert.
- ❑ Fähigkeiten und Begabungen der Mitarbeiter werden richtig erkannt.
- ❑ Mitarbeiter werden entsprechend ihrer Fähigkeiten eingesetzt.
- ❑ Zum richtigen Zeitpunkt werden Impulse gegeben bzw. Kontinuität vermittelt.

Kritik oder Demonstration der persönlichen Macht in Form der Einschüchterung von Mitarbeitern können nur kurzfristig eine Arbeitskraft zum verstärkten Einsatz veranlassen, auf Dauer aber werden wenig selbstbewußte Arbeitnehmer zu reinen Befehlsempfängern ohne eigenen Leistungswillen.

Dagegen erkennen Mitarbeiter mit ausgeprägtem und berechtigtem *Selbstvertrauen*, daß es sich nicht auszahlt, ihre Kräfte weiterhin an eine Organisation zu vergeuden, die ihren Einsatz nicht honoriert. Sie setzen ihre Fähigkeiten dann eher für Freizeitaktivitäten ein oder orientieren sich anderweitig. Ein solches Führungsverhalten kann daher weder die Arbeitskraft selbst noch die Leistungsfähigkeit des Unternehmens steigern. Führungskräfte, deren Führungsstil sich durch Unterdrückung, Einschüchterung und Manipulation äußert, lassen ihren Mitarbeitern nur zwei mögliche Handlungsoptionen:

❑ Ihre Arbeitsleistung paßt sich an das vorherrschende Klima an, die Leistung sinkt und ihr möglicher Beitrag zum unternehmerischen Erfolg wird nicht zum Wohl des Unternehmens eingesetzt.

❑ Sie verlassen das Unternehmen, um dort tätig zu werden, wo ihre Leistungsbereitschaft anerkannt und honoriert wird.

Führungsdefizite und -potentiale

Eine Nichtbeachtung der dargestellten Anforderungen an Führungseigenschaften und Führungsstile äußert sich in *Führungsdefiziten*, die sich gegenseitig bedingen und verstärken können (siehe Bild 5.21).

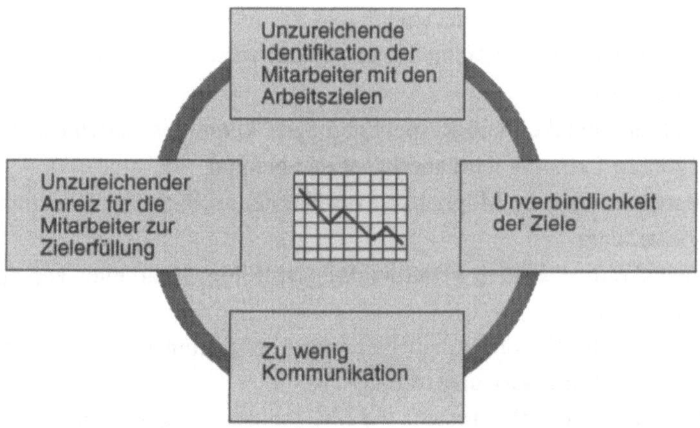

Bild 5.21:   Führungsdefizite

Jedes Führungsdefizit stellt aber auch ein Potential zur Beseitigung der vorhandenen Defizite dar, was durch gezielte Maßnahmen erreicht werden kann. Dies ist beispielhaft in Bild 5.22 dargestellt.

Die Zeiten, in denen eine Organisation Arbeitskräfte ohne *Eigeninitiative* und *Innovationsbereitschaft* tragen konnte, sind vorbei. Auch hohe *Fluktuationsraten* oder Verhaltensweisen wie ›innere Kündigung‹ sind nicht mehr tragbar, da in Zeiten schwieriger Marktlagen die Belegschaft und das Unternehmen eine Einheit bilden müssen. Durch solch einengendes Führungsverhalten werden Mitarbeiter zu einer Verhaltensweise der persönlichen Existenzsicherung animiert, Gedanken wie ›*meine* Sicherheit‹ und ›*meine*

Zukunft‹ werden zur Notwendigkeit. Kollektive Wertvorstellungen wie Kooperation können nicht umgesetzt werden. Darunter leidet auch das Erfolgspotential des Unternehmens.

Führungspotentiale	Maßnahmen zur Verbesserung
Unzureichende Identifikation der Mitarbeiter mit den Arbeitszielen	• Binden Sie Ihre Mitarbeiter in die Zielfindung ein • Führen Sie regelmäßige Zielvereinbarungsgespräche für einzelne Mitarbeiter und Arbeitsgruppen durch
Unverbindlichkeit der Ziele	• Halten Sie die Ziele schriftlich fest, definieren Sie Meilensteine • Achten Sie auf kontinuierliche, prozeßbegleitende Zielkontrolle mit unmittelbarem Feedback • Überprüfen Sie die Zielerreichung entsprechend der Meilensteine

Unzureichender Anreiz für die Mitarbeiter zur Zielerfüllung	• Formulieren Sie anspruchsvolle, aber erreichbare Ziele
	• Ziele müssen die folgenden Kriterien erfüllen:
	  -Durchführbarkeit
	  -Überprüfbarkeit
	  -Auswertbarkeit (Auswerten der Zielerfüllung zur Prozeßverbesserung)

Zu wenig Kommunikation	• Machen Sie deutlich, wie wichtig Kommunikation ist • Führen Sie feste Termine ein, an denen Sie Besprechungen mit Ihren Mitarbeitern über Zielvereinbarung, Probleme und Zielerfüllung abhalten • Vermeiden Sie Killerphrasen

Bild 5.22: Führungspotentiale und Maßnahmen (vgl. Bühner 1995)

Je stärker demokratisches Führungsverhalten ausgeprägt ist, desto höher ist die Beteiligung, die Motivation und die Arbeitszufriedenheit und damit die Leistungsfähigkeit der Mitarbeiter. Werden diese jedoch weitgehend von allen Entscheidungsprozessen ausgeschlossen und zu reinen Ausführenden degradiert, werden sie im Laufe der Zeit frustriert, da diese Art der Arbeitsdurchführung nicht mehr mit ihrem eigenen Rollenverständnis übereinstimmt und sie keinen Sinn mehr in ihrer Tätigkeit sehen. Ein demokratischer Führungsstil bedient sich daher verstärkt der Delegation als Führungsinstrument, die einen essentiellen Teil der kooperativen Führung darstellt.

... Die Aufgabenbereiche von Führungskräften

... Bildung von Vertrauen - die Basis der Unternehmenskultur

Es gibt viele Theorien, Leitsätze aus der Praxis und Grundsätze zum Thema Management, Führungsstile und Motivation. Doch leider kann ein noch so guter Führungsstil allein kein gutes Betriebsklima herstellen. Alle Motivationsversuche schlagen fehl, wenn eine wichtige Grundlage fehlt - das gegenseitige Vertrauen unter allen Mitarbeitern.

Vertrauen ist die emotionale Sicherheit, einem anderen Menschen, sich selbst und seiner Umwelt offen gegenübertreten zu können. Es ist die Grundlage für jede zwischenmenschliche Beziehung und jedes Gespräch. Vertrauen geht von der Verläßlichkeit der Umstände und anderer Menschen sowie von deren guten Absichten aus. Erst ein enttäuschtes Vertrauen, z. B. durch Vertrauensmißbrauch, führt zu Mißtrauen, Zurückhaltung und skeptischer Verschlossenheit. Vom Vertrauen hängen in schwierigen Lebenslagen die Hoffnungen auf eine bessere Zukunft ab. Es ist die Voraussetzung für die Bereitschaft, Neues oder Risikoreiches zu beginnen (vgl. Brockhaus Enzyklopädie 1990).

Vertrauen beschreibt zwischenmenschliches Verhalten. Deshalb ist Vertrauen ein Bestandteil der Unternehmenskultur. Es ist eine geistig-mentale Vorleistung. Gewährt man einer dritten Person einen *Vertrauensvorschuß*, so erhöht man dadurch die eigene Verwundbarkeit, d. h. der Schaden, den man selbst durch einen eventuellen Vertrauensmißbrauch erleiden könnte, ist größer, als der erwartete Eigennutzen. Vertrauen wird einem nicht in unbegrenztem Maß von vorneherein geschenkt. Man muß es gewinnen und bewahren. Enttäuscht man seine Mitarbeiter oder Kollegen, wird die bis dahin geschaffene Vertrauensbasis geschwächt. Eine auf Vertrauen basierende Führungssituation ist belastbar. Der Führungskraft werden dann Führungsfehler, wie z. B. Fehlentscheidungen, von Seiten ihrer Mitarbeiter verziehen. Vertrauen bedeutet Verzicht auf Kontrolle. Das heißt aber nicht, daß eine Führungskraft überhaupt nicht kontrollieren soll. Im Gegenteil, das Ziel wird mit dem betreffenden Mitarbeiter abgesprochen, aber der Weg, den er dorthin geht, liegt in seinem Ermessensspielraum. Dem Mitarbeiter wird ein ausreichend großer Handlungs- und Entscheidungsspielraum eingeräumt. Anstatt des Verfahrens wird das Arbeitsergebnis kontrolliert. Meilensteine oder Zwischenberichte helfen der Führungskraft ihre Ungewißheit darüber, ob der Mitarbeiter das gesteckte Ziel in der festgelegten Zeit und mit den zur Verfügung stehenden Mitteln erreicht, zu mindern. Vertrauen bedeutet die Inkaufnahme eines kalkulierbaren Risikos.

Wie schafft man Vertrauen?

Will eine Führungskraft das Vertrauen ihrer Mitarbeiter gewinnen oder bewahren, so muß sie die nachstehend aufgeführten neun Merkmale vertrauenswürdiger Menschen im wesentlichen beachten (vgl. Grunwald 1995). Besonders wichtig sind Ehrlichkeit, Offenheit, Zuhören-Können, Verschwiegenheit, Zuverlässigkeit und Hilfsbereitschaft. Die nachfolgende Aufzählung stellt keine Rangfolge dar. Eine zusammenfassende Darstellung zeigt Bild 5.23.

❑ Verhaltenskonsistenz:
- Berechenbarkeit, Vorhersagbarkeit;
- Zuverlässigkeit;
- Beständigkeit;
- Vorleben/Vorbildfunktion;
- Sicherheit.

Mitarbeiter brauchen jemanden, an dem sie sich orientieren können, nach dem sie ihr eigenes Verhalten ausrichten können. Wenn sie ihren Vorgesetzten und ihre Kollegen kennen und wissen, wie sich der andere in einer bestimmten Situation verhält, dann vermeidet dies Gefühle der Unsicherheit. Berechenbarkeit und einschätzbares Verhalten ist für die Beziehung Mitarbeiter - Führungskraft, unter Kollegen und in Teams unentbehrlich. Ein Sicherheitsgefühl muß entstehen und reifen. Es beruht auf der persönlichen Erfahrung jedes Einzelnen.

❑ Glaubwürdigkeit:
- Erfüllen von Ankündigungen;
- Vorbildfunktion;
- Persönlichkeit zeigen.

Mit Glaubwürdigkeit ist sowohl das Erfüllen von Versprechen gemeint als auch ein vorbildhaftes Verhalten und Handeln der Führungskraft. Der Mitarbeiter muß der Meinung sein, daß Ankündigungen durch seine Führungskraft nicht nur leere Worte sind. Dies gilt im positiven, wie auch im negativen Sinn. Einerseits müssen Versprechen eingehalten werden, andererseits ist es aber genauso wichtig, daß Androhungen durch Maßnahmen in die Tat umgesetzt werden. Eine Führungskraft soll Persönlichkeit zeigen. Sie soll sich nicht verstellen sondern ehrlich und glaubwürdig der Mensch sein, der sie ist. Es ist nicht gut, wenn man, um irgend einen Vorteil zu erreichen, in eine andere Rolle hineinschlüpft und anderen etwas vorspielt. Dieses Theaterspiel wird von der Umgebung sofort erkannt und negativ bewertet. Solches Verhalten schwächt das Vertrauen. Nach der alten Erkennt-nis ›Nobody is perfect‹ gilt es Charakter zu zeigen.

❑ Fairness:
* Anstand;
* Gleichbehandlung und Gerechtigkeit;
* Verhältnismäßigkeit;
* Neutralität;
* Sachlichkeit.

Im Umgang mit anderen sollte man sich immer fair verhalten. Dazu gehört ein elementares Minimum an Manieren und Anstand. Lautes Herumbrüllen oder Beleidigungen zerstören die Achtung, die andere einem entgegenbringen. Eine wichtige Regel der Fairness ist die Beachtung des Gleichheitsgrundsatzes. Eine Führungskraft muß in vergleichbaren Situationen bei verschiedenen Mitarbeitern gleiche Reaktionen zeigen (Berechenbarkeit). Die Reaktion muß verhältnismäßig sein, d. h. sie darf weder übertrieben hart, noch zu sanft sein. Neutrales Verhalten bedeutet, daß man bei Streitigkeiten unter Mitarbeitern nicht aus Sympathie für einen von beiden Partei ergreift. Kritik bei Mängeln oder Fehlern muß auf der Sachebene ausgetragen werden. Niemals dürfen persönliche Informationen über Mitarbeiter gegen ihn verwendet werden. Er fühlt sich sonst getäuscht oder mißbraucht. Hält sich eine Führungskraft an diese Grundsätze, werden sich Mitarbeiter und Kollegen immer gerecht behandelt fühlen.

❑ Loyalität:
* Zuverlässigkeit;
* Unterstützung/Hilfsbereitschaft;
* Wohlwollen;
* Zusammenhalt;
* Verantwortungsbewußtsein.

Eine Führungskraft hat für Fehler ihrer Mitarbeiter gegenüber der Unternehmensleitung die Verantwortung zu übernehmen und darf diese nicht auf ihre Mitarbeiter abschieben. Die Verantwortung für eigene Fehler muß sie ebenfalls selbst tragen. Eine gute Führungskraft zeigt sich nach außen und nach oben für sein Team voll verantwortlich. Ihre Mitarbeiter werden dann gerne bereit sein, ihr bei der Korrektur eigener Fehler zu helfen.

❑ Integrität:
* Ehrlichkeit;
* Geradlinigkeit;
* Aufrichtigkeit;
* Würde.

Eine vertrauenswürdige Führungskraft ist zu ihren Mitarbeitern, Vorgesetzten und Kollegen gleichermaßen ehrlich. Dies bedeutet die Identität von Meinung, Aussage und Handlungsweise. Eine Führungskraft darf ihre Meinung ändern, muß es ihren Mitarbeitern aber dann mitteilen. Mit klaren Vorstellungen auftretend, soll sie zielgerichtet handeln. Es ist durchaus angebracht einen Mitarbeiter zu maßregeln, wenn dies mit Höflichkeit und Würde geschieht. Vertrauensstörende Handlungen sind täuschen, taktieren und intrigieren.

❏ Diskretion:
Verschwiegenheit kennzeichnet einen vertrauenswürdigen Menschen. Er gibt ihm ›anvertraute‹ Informationen nicht an andere weiter. Dies gilt in besonderem Maße für persönliche Angelegenheiten. Er verwendet dieses Wissen nie zum Nachteil der betreffenden Person, auch nicht in einem Streitgespräch. Dagegen ist es angebracht, Anvertrautes bei der Verteilung von Aufträgen zu berücksichtigen. Mit Dritten darf aber nicht darüber gesprochen werden. Redseligkeit ist ein Vertrauenskiller.

❏ Offenheit:
- Zuhören-Können;
- Ausreden-Lassen;
- Toleranz;
- Humor.

Voraussetzung für einen offenen Austausch von Ideen und Meinungen ist, daß man auch ›zuhören kann‹. Das gilt auch, wenn man selbst einer ganz anderen Auffassung ist. Zuhören und ausreden lassen signalisieren Interesse am Mitarbeiter und dessen Meinung. Steht eine Führungskraft unter Zeitdruck, darf sie ihre Mitarbeiter ermahnen, sich kurz zu fassen, muß sich aber das Wichtigste anhören. Offenheit bedeutet auch, daß man gute Vorschläge ›von unten‹ übernimmt, besonders wenn diese besser sind, als die eigenen. Man zeigt damit seinen Mitarbeitern, daß man sie achtet und anerkennt. Dieser Autoritätsverzicht ist nicht automatisch ein Autoritätsverlust. Im Gegenteil, bringt man seinen Mitarbeitern Respekt entgegen, so steigt bei diesen das eigene Ansehen. Wie wir wissen beruht Vertrauen auf Gegenseitigkeit. Die Übernahme einer guten Idee aus einer aufbauorganisatorisch niedriger angeordneten Ebene ist auch kennzeichnend für einen partizipativen Führungsstil.

❏ Erreichbarkeit:
- Physische Anwesenheit;
- Hilfsbereitschaft.

Bei der Aufgabenbewältigung durch Mitarbeiter treten häufig Probleme auf, die er selbst nicht lösen kann oder darf. In solchen Fällen ist es wichtig, daß die Führungskraft präsent ist und dem Mitarbeiter hilft. Das wirkt beruhigend auf den Mitarbeiter. Dieses Sicherheitsgefühl steigert auch das Vertrauen in seinen Vorgesetzten. Außerdem verhindert diese Erreichbarkeit Verzögerungen im Produktionsablauf und trägt damit zu einer verbessertenTermintreue bei.

❑ Fachkompetenz:
Mitarbeiter suchen in schwierigen Situationen Rat in der Fachkompetenz ihrer Führungskraft. Grundlage für die Fachkompetenz einer Führungskraft bilden betriebsexterne und -interne Berufsausbildung und Weiterbildungen. Eine Führungskraft besitzt im Vergleich zu ihren Mitarbeitern, normalerweise eine fachliche Höherqualifikation. Dies darf sie aber nicht zu der Annahme verleiten, sie könne damit alles besser als die Mitarbeiter. Im Gegenteil, jeder Mitarbeiter ist Spezialist in seinem Aufgabenbereich und hat dort die nötige Routine und Erfahrung. In modern geführten Unternehmen mit Gruppenarbeit kommt den Führungskräften immer mehr Bedeutung als Moderator, Organisator und Koordinator zu. Damit wird ihr Fachwissen immer mehr in den Hintergrund gedrängt, obwohl es für die Entscheidungskompetenz nach wie vor unersetzlich bleibt.

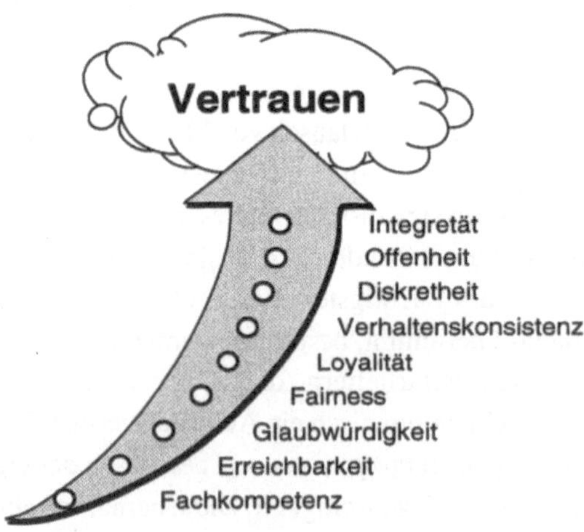

Bild 5.23: Merkmale vertrauenswürdiger Menschen

Fragenkatalog zum Selbsttest: Bin ich vertrauenswürdig?
Die Vertrauenswürdigkeit ist eine Grundvoraussetzung erfolgreicher Mitarbeiterführung. Anhand der folgenden Fragen kann eine Führungskraft selbst beurteilen, wie vertrauenswürdig sie ist. Ziel der abschließenden Frage, die situationsbedingt und individuell unterschiedlich zu beantworten ist, ist die Initiierung eines Denkprozesses.

❏ Meine ich was ich sage?

❏ Sage ich immer die Wahrheit?

❏ Benutze ich Ausreden?

❏ Wissen meine Mitarbeiter und Kollegen, wie ich über sie denke?

❏ Halte ich mich selbst an die Spielregeln, die ich meinen Mitarbeitern vorgebe?

❏ Halte ich meine Versprechen?

❏ Setze ich Drohungen auch in die Tat um?

❏ Teile ich es meinen Mitarbeitern mit, wenn ich meine Entscheidung geändert habe? - Gebe ich meine Gründe dafür an?

❏ Behandle ich alle Mitarbeiter gleich?

❏ Höre ich meinen Mitarbeitern und Kollegen zu?

❏ Bin ich bereit, auch einmal etwas Unbequemes zu tun, um anderen bei einem Problem zu helfen?

❏ Sprechen Mitarbeiter oder Kollegen mit mir über persönliche Probleme?

❏ Was sage ich zum Chef, wenn er mich auf einen Fehler anspricht, den einer meiner Mitarbeiter gemacht hat?

❏ Gebe ich es zu, wenn ich einen Fehler gemacht habe?

❏ Gebe ich mich so, wie ich bin?

❏ Wie denke ich selbst über meine Mitarbeiter und Kollegen?

❏ Bitte ich selbst jemanden um Hilfe, wenn ich mich in einer schwierigen Situation befinde?

❏ Bin ich für meine Mitarbeiter ständig ansprechbar?

❏ Ich mache einen Poblemlösungsvorschlag. Einer meiner Mitarbeiter macht auch einen. - Entscheide ich mich für die beste Lösung, auch wenn sie nicht meine eigene ist?

... Bildung einer innovationsförderlichen, wandlungsfähigen Unternehmenskultur

Obwohl die Unternehmenskultur sich aus der Summe aller Wertvorstellungen aller Mitarbeiter eines Unternehmens zusammensetzt, und alle Mitarbeiter dazu beitragen, die Kultur zu bilden bzw. zu erhalten, kommt den Führungskräften dabei eine entscheidende Rolle zu, selbst wenn diese Führungsrolle in manchen Literaturstellen überbewertet dargestellt wird. Nachfolgend sind nochmals die wichtigsten Merkmale einer innovationsförderlichen, wandlungsfähigen Unternehmenskultur, die den langfristigen wirtschaftlichen Unternehmenserfolg sichert, dargestellt:

❑ Manager übernehmen Führungsverantwortung;

❑ Echte Führung zur Verhaltensänderung, die Bereitschaft zum Wandel und zur Anpassung an Umfeldänderungen fordert. Hoher Stellenwert von Menschen und Verfahren, die Veränderungen bewirken;

❑ Umfeld, das Kreativität und Begabung liebt;

❑ Die Unternehmensführung weist den Bezugsgruppen des Unternehmens eine große Bedeutung zu; dies sind interne und externe Kunden, Mitarbeiter, Zulieferer, Gesellschaft und Aktionäre;

❑ Alle am Wertschöpfungsprozeß Beteiligten werden dazu aufgefordert, ihre Leistung stärker an den Kundenbedürfnissen zu orientieren;

❑ Relative Gleichberechtigung der Mitarbeiter, Offenheit in der internen Kommunikation;

❑ Strategien sind auf die Unternehmenskultur und die Unternehmensvisionen abgestimmt;

❑ Reduzierung der Bürokratie.

Dieses *Wertesystem* spornt alle Mitarbeiter mit und ohne Führungsverantwortung dazu an, das zu tun, was erforderlich ist, um dem Unternehmen die Anpassung an den permanenten Wandel, an ein sich ständig änderndes Wettbewerbsumfeld zu ermöglichen und Kundenbedürfnisse effektiv zu erfüllen (vgl. Kotter u. Heskett 1993).

Die *Änderung* einer Kultur und die Entstehung einer neuen Kultur läßt sich durch folgenden Prozeß erreichen:

1. Von grundlegender Bedeutung ist eine *Führungspersönlichkeit* des Top-Managements, die sowohl die Glaubwürdigkeit und die Machtposition eines Unternehmensinternen besitzt als auch die Offenheit für neue Ideen, die Sichtweise über den eigenen Horizont hinaus mitbringt, die meist Unternehmensexternen zugeschrieben wird. Sie verfügt über eine Unternehmensphilosophie, die die wichtigsten Merkmale der bereits dargestellten anpassungsfähigen Kultur (vgl. Kapitel 4) beinhaltet.

2. Diese Führungspersönlichkeit verbreitet die Vision von der Notwendigkeit des Wandels.

3. Entwicklung eines Krisenbewußtseins, Erkennen von Krisenstimmung und Leidensdruck und deren aktive Bewältigung.

4. Krisenzustand durch Daten belegen.

5. Status quo weiterhin in Frage stellen; z. B. ›Ist unser Service besser als der der Konkurrenten?‹ ›Sind unsere Geschäftsprozesse und Abläufe so effizient wie möglich?‹; ›Erfüllen wir alle Kundenbedürfnisse?‹.

6. Neue Philosophie, Vision und Strategien einfach, eindringlich und permanent wiederholen (beinhaltet z. B. Kundengruppe, Führungshindernisse, Führungsqualitäten). Auch die aus der Unternehmensvision abgeleitete Strategie muß der konkreten Situation des Unternehmens und seinem Umfeld entsprechen. In diesem Zusammenhang kommt der konstruktiven Kommunikation zwischen Führungspersönlichkeit, Management und Mitarbeitern, dem Hinterfragen und Weiterentwickeln der Visionen und Strategien eine besondere Bedeutung zu.

7. Glaubwürdigkeit durch Übereinstimmung von Worten und Taten sowie durch Erfolge stärken. Anerkennung von so viel Erfolgen wie möglich und Motivation zur Initiative statt Mikromanagement. Erfolge stellen sich ein, wenn die Praktiken und Verhaltensweisen den Bedürfnissen der Bezugsgruppen, der internen und externen Kunden sowie der Mitarbeiter entsprechen.

8. Eine steigende Zahl von Managern übernehmen Werte der Führungspersönlichkeit. Weitere Mitarbeiter und Meinungsmacher werden durch Betonung der ihnen jeweils wichtigen Werte als Teil der Vision gewonnen. Diese entwickeln jeweils für ihre Bereiche eigene Strategien.

9. Konzentration auf Verhaltenswandel vor Wertewandel.

10. Kundennähe und Ergebnisverantwortung durch Dezentralisation und Autonomie fördern.

11. Positive Erfolge stärken Verhalten und Werte bereits gleichgesinnter Mitarbeiter und ziehen weitere Mitarbeiter an.

12. Wandel selbst bei einzelnen Mißerfolgen konsequent weiterführen.

In Bild 5.24 sind in aller Kürze einige *Faustregeln* für Veränderer dargestellt, die mit Sicherheit nicht vollständig sind, jedoch eine einfache Orientierung vermitteln.

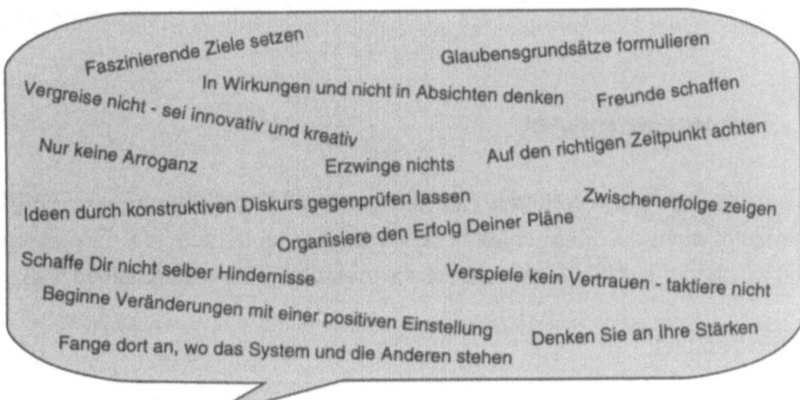

Bild 5.24: Faustregeln für Veränderer

Erhalt einer innovationsförderlichen, wandlungsfähigen Unternehmenskultur

Eine neue Kultur ist nötig, um die Kreativität und die Innovationsfähigkeiten der Mitarbeiter in die Unternehmensprozesse einzubringen. Doch nicht nur der Wandel zu einer neuen, wandlungsfähigen Kultur ist notwendig, sondern auch deren Erhalt. Dies ist ein ständiger Balanceakt zwischen der Bewahrung und der Bildung neuer wandlungsfördernder Verhaltensweisen, zwischen langfristigen Grundwerten und kurzfristigen Praktiken (vgl. Kotter und Heskett 1993). Kurzfristige Praktiken dürfen nicht zu heiligen Regeln werden, nur weil ›man es immer schon so gemacht hat‹. Dieser Balanceakt, den es besonders durch die Führungskräfte zu meistern gilt ist in Bild 5.25 dargestellt.

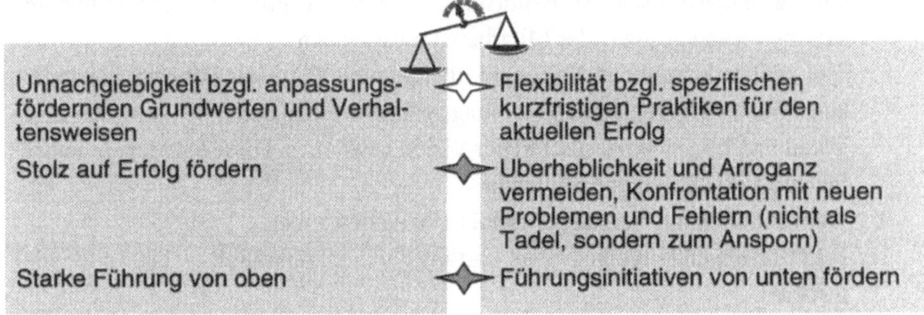

Notwendigkeit einer hervorragenden Führungspersönlichkeit an der Unternehmensspitze, die

- andere zum Wandel ermuntert,
- die Herzen und Köpfe von Zweiflern gewinnt und
- bereit ist, im Dienste anderer Mitarbeiter zu führen (Führung als Dienst am internen Kunden).

Bild 5.25: Balanceakt zum Erhalt einer wandlungsfähigen Unternehmenskultur

... Zeitmanagement

Viele Führungskräfte verlieren viel Zeit durch die Durchführung von Tätigkeiten, die überhaupt nicht zu ihrem eigentlichen Aufgabengebiet gehören. Ihre Hauptaufgaben sind es, operative Abläufe zu veranlassen und echte Führungsaufgaben wahrzunehmen.

Ersteres umfaßt:

- ❑ die Festlegung von Arbeitsergebnissen (›Soll‹),
- ❑ die Planung und Einführung von Maßnahmen, um die Ziele zu erreichen und
- ❑ die ständige Kontrolle der gesetzten Ziele sowie die eventuelle Neuorientierung.

Die Führungsaufgaben umfassen:

❑ das aktive Vorleben der Unternehmenskultur, der Visionen und Leitbilder,
❑ die zielgerichtete Motivation der Mitarbeiter,
❑ das Vermeiden bzw. Lösen von Konflikten,
❑ Entscheidungen bezüglich organisatorischer oder personeller Fragen sowie
❑ die Planung und Umsetzung von Qualifizierungsmaßnahmen.

Zeitmangel ist wohl eines der größten Probleme, über die Führungskräfte tagtäglich klagen. Abhilfe schafft - so paradox es erscheint - jedoch nur die Investition zusätzlicher Zeit und Gedankenarbeit, um unter der Flut der Papiere und Aufgaben eine Rangfolge zu bilden, um sich so auf das Wesentliche zu konzentrieren und dadurch letztendlich Zeit zu gewinnen. Zu erledigende Aufgaben lassen sich in drei Kategorien unterteilen:

1. Kategorie: Aufgaben, die Sie persönlich erledigen müssen und die absolute Priorität besitzen.
2. Kategorie: Aufgaben, die auf den ersten Blick nur Sie erledigen können, die jedoch nicht so zeitkritisch sind wie die der ersten Kategorie. Überlegen Sie hier, ob Ihre Mitarbeiter diese Aufgaben fast genauso gut erledigen können wie Sie. Wenn ja, dann sollten Sie diese Aufgaben delegieren.
3. Kategorie: Aufgaben, die Sie gerne erledigen möchten, wozu Ihnen aber immer die Zeit fehlt: z. B. das Lesen von Zeitschriften, Artikeln, etc. Hier hilft nur Selbstbeherrschung und die Reduzierung auf das Notwendigste. Investieren Sie besser die dadurch freigesetzte Zeit zur Informationsverarbeitung und zum Nachdenken.

Schon Aristoteles sagte: ›Zum Denken braucht man Muße‹. Schaffen Sie sich zeitliche Freiräume, um über Unternehmensprozesse nachzudenken und Mitarbeiter zu führen.

... Delegation

Die Delegation wird in der Organisationslehre als ›vertikale *Dezentralisierung* der Entscheidungskompetenz‹ bezeichnet. Man versteht darunter ein effektives Werkzeug zum Abbau hierarchischer Strukturen, durch Verlagerung von Aufgaben entsprechend der daran gekoppelten Fach- und Methodenkompetenz sowie der Verantwortung für deren erfolgreiche Bewältigung. Eine entsprechende Bedeutung von Delegation, nämlich ›die Vergabe von zuständigen Aufgaben und die Selbständigkeit bzgl. der Entscheidungsmacht‹ ist bereits historisch belegt (Kuhn 1996). Durch die Übertragung klar definierter Tätigkeitsbereiche werden selbständig zu bewältigende Handlungsspielräume gerade in untergeordneten Hierarchieebenen geschaffen.

Mit Delegation werden folgende Ziele verbunden:

❑ Mit der Delegation von Aufgaben und Aufgabenbereichen wird eine Entlastung übergeordneter Hierarchieebenen erreicht; dadurch werden Freiräume für Innovation und Kreativität geschaffen.

❑ Vertikale und horizontale *Kommunikationswege* können verkürzt und entlastet werden. Ebenso können die Geschwindigkeit und die Qualität der erfolgreichen Bewältigung von Arbeitsaufgaben werden, da die individuellen Fähigkeiten der Mitarbeiter weniger eingeschränkt sind.

❑ Es wird eine höhere Arbeitszufriedenheit erreicht, da durch das breitere Spektrum der Tätigkeitsbereiche das Bedürfnis nach Selbstentfaltung besser befriedigt wird. Beim Mitarbeiter entsteht das Gefühl eines Mit-Unternehmers, der mitbestimmt und mitverantwortet (Kuhn 1996).

❑ Durch Weitergabe von Verantwortung für anspruchsvollere Aufgabenbereiche wird eine verstärkte Nutzung des vorhandenen Humanpotentials erreicht, wodurch die Mitarbeiter ihren Erfahrungsschatz erweitern können.

❑ Als mögliche Ausprägung eines demokratischen Führungsstils trägt die erweiterte Selbständigkeit und Verantwortung im eigenen Tätigkeitsbereich durch Aufgabendelegation dazu bei, durch die verstärkte Beteiligung der Arbeitskräfte an Entscheidungsprozessen des Unternehmens aus nicht motivierten Befehlsempfängern eine verantwortungsbewußte und besser qualifizierte Arbeitnehmerschaft heranzubilden. Kennzeichnend definiert Kuhn (1996) die logische Kette:
›Vertrauen ➜ Delegation ➜ Motivation.‹

... Durch Zielvereinbarung zur Steigerung der Identifikation

Gedacht ist nicht gesagt.
Gesagt ist nicht gehört.
Gehört ist nicht verstanden.
Verstanden ist nicht einverstanden.

Zielvereinbarungen sind Grundlage des ›Management by Objectives‹. Sie sind eine anspruchsvolle Führungsaufgabe und können nicht befohlen, sondern müssen ausgehandelt werden. Durch gesetzte Ziele werden Mitarbeiter nur zu demotivierten, auszuführenden Befehlsempfängern. Zielvereinbarungsprozesse sind zwar zeitintensiv, machen jedoch Mitarbeiter zu engagierten Beteiligten (Egli 1996). Durch die Anpassung der Ziele an die Fähigkeiten des Mitarbeiters gilt es dabei Über- oder Unterforderungen zu vermieden. Mit der Aufgabe müssen *Entscheidungskompetenzen* und Verantwortung übertragen werden. Die Methode, wie der Mitarbeiter das Ziel erreicht, ist ihm freigestellt. Sein Ermessensspielraum wird nur durch die ihm zur Verfügung stehenden Mittel und den festgelegten Termin begrenzt. Das Führen durch Zielabsprache entstand auf Grundlage des *Human Ressources Modells*, bei dem der Mitarbeiter nach Selbstverwirklichung strebt.

Voraussetzung für die Zielerreichung

Arbeit ist mehr als nur Verhalten; sie ist zielgerichtetes Handeln. Das Vereinbaren und Formulieren von Zielen ist Aufgabe der Führungskraft. Die erfolgreiche Bewältigung der Arbeitsaufgabe bedingt drei Voraussetzungen (vgl. REFA 1994):

1. Zieldefinition:
Um ein Ziel möglichst exakt zu erreichen, muß es klar definiert werden, d. h. es muß festgelegt werden, welcher Arbeitsumfang bis zu welchem Termin erledigt sein soll.

2. Zielakzeptanz:
Übernahme des in der Arbeit enthaltenen Leistungsziels als persönliches Ziel des Mitarbeiters.

3. Zielbindung:
Ausführen von zielangemessenen Handlungen über einen längeren Zeitraum bis hin zur Zielerreichung. Wichtigstes Mittel zur Zielvereinbarung ist das Gespräch zwischen Mitarbeitern und Führungskräften. Damit Zielvereinbarungsgespräche erfolgreich verlaufen, sind einige grundsätzliche Regeln zu beachten (vgl. Daimler-Benz AG 1994). Dazu wird die Zielvereinbarung in drei Phasen unterteilt:

❑ Die Gesprächsvorbereitung;
❑ Das eigentliche Zielvereinbarungsgespräch;
❑ Die Gesprächsnachbereitung.

Gesprächsvorbereitung

Zielvereinbarungsgespräche erfordern eine Vorbereitung in folgenden Bereichen:

❑ Zeit einplanen:
Eine gute Vorbereitung erspart später Zeit. Schaffen Sie sich genügend Spielraum für die Vorbereitung. Wenn möglich, planen Sie Zielvereinbarungsgespräche mit freiem Ende ein.

❑ Vorgespräche führen:
Welcher Bereich ist mit welchem verknüpft? Bei welchen Aufgaben? Wo sind Abstim-

mungen notwendig, um eine Gesamtleistung zu erbringen? Was muß vorher geklärt werden? Wo kann und muß kooperiert werden?

❑ Aufträge überprüfen:
Überprüfen und analysieren Sie vergangene Aufträge. Vergleichen Sie die Istwerte mit den Sollwerten des vergangenen Zeitraums. Was haben Gesprächspartner erreicht, was nicht? Woran lag es?

❑ Ziele formulieren:
Welche konkreten Ziele werden für den nächsten Zeitraum angepeilt? Welche Planungsvorgaben müssen erfüllt werden? Welche Ressourcen stehen Ihnen zur Verfügung? Das Ergebnis der Zielformulierung ist der Handlungsplan, der das Gruppenziel in kleinere abgeschlossene Arbeitsaufgaben aufteilt, die dann von den einzelnen Teammitgliedern übernommen werden. Der Plan wird von der Führungskraft und ihren Mitarbeitern, im Regelfall in mündlicher Form, gemeinsam erstellt. Hilfe bieten dabei ›die sieben W´s‹: *Wer - Was - Wann - Wo - Warum - Wie - Wieviel.* Die einzelnen Kriterien sollen in gemeinsamer Absprache zwischen Führungskraft und ihren Mitarbeitern festgelegt werden. Beim ›wie‹ sollte den Mitarbeitern ein möglichst großer Handlungsspielraum eingeräumt werden, d. h. die Führungskraft prüft vor der Ausführung, ob das vorgeschlagene Verfahren praktikabel scheint und überläßt die Detaillösungen ihren Mitarbeitern. Es gilt zu prüfen, welcher Entscheidungsspielraum für die einzelnen Mitarbeiter besteht, welche Mittel zur Verfügung stehen und wo die Arbeit erledigt werden kann?

❑ Schwerpunkte setzen:
Setzen Sie Schwerpunkte. Wer übernimmt welche Arbeitsaufgabe (Leistungsumfang, Meßkriterien)? Formulieren Sie Vorschläge für die weitere berufliche Entwicklung Ihrer Mitarbeiter.

❑ Ansprüche verdeutlichen:
Nur Sie wissen, was Sie wollen. Machen Sie klar, was Sie bei dem anstehenden Gespräch erreichen möchten. Welche Ansprüche hat Ihr Partner? Was erwarten Sie von Ihrem Gegenüber?

❑ Konflikte vorwegnehmen:
Wo können Probleme auftreten? Streitpunkte nicht vertuschen, sondern Lösungswege vorbereiten.

❑ Mitarbeiter vorbereiten:
Solide Planung gewährleistet erfolgreiche Gespräche. Ist der Mitarbeiter genauso vorbereitet, wird später noch mehr Zeit gespart. Informieren Sie ihn über Daten, Fakten

sowie ihre eigenen Vorgaben und Vereinbarungen, ermuntern Sie ihn, seine Vorstellungen in das anstehende Gespräch einzubringen.

Zielvereinbarungsgespräch

Damit das Zielvereinbarungsgespräch zum Erfolg führt ist folgendes zu beachten:

❑ Termine einhalten:
Aufgeschoben kann Aufgehoben bedeuten. Nehmen Sie Ihren Gesprächspartner ernst, signalisieren Sie das auch durch Höflichkeit. Verschieben Sie Ihre Termine nicht, lassen Sie Ihr Gegenüber nicht warten. Vermeiden Sie jeden Zeitdruck und sorgen Sie für einen störungsfreien Ablauf.

❑ Geordnet diskutieren:
Immer der Reihe nach. Halten Sie sich an Ihre Vorbereitungen, ohne pedantisch jeden Freiraum zu verschütten. Stellen Sie aber sicher, daß über die wichtigsten Ziele gesprochen wird. Vertagen Sie, wenn Sie oder Ihr Partner zusätzliche Informationen brauchen. Halten Sie die Ergebnisse als Basis für künftige Gespräche fest.

❑ Mitarbeiter einbinden:
Vergebliche Anstrengung frustriert doppelt. Lassen Sie Ihren Mitarbeiter zu Wort kommen, nehmen Sie seinen Standpunkt ernst, geben Sie ihm Gelegenheit, seine Einschätzungen, Vorstellungen und Erwartungen einzubringen. Nutzen Sie die Chance: versetzen Sie sich in seine Sichtweise.

❑ Ansprüche ansprechen:
Klippen nicht umschiffen. Loten Sie die Problemfelder aus, schätzen Sie die Position Ihres Gesprächspartners ein: was will Ihr Mitarbeiter? Definieren Sie Ihre › Verhandlungsmasse‹ und Ihre Grenzen, treffen Sie klare Aussagen.

❑ Trennendes benennen:
Klären Sie Fronten, wenn es welche gibt. Machen Sie unterschiedliche Standpunkte deutlich, erst dann können sie zum Verhandlungsgegenstand werden.

❑ Konflikt erkennen:
Bestimmte Situationen sind für den einen kein Problem und für den anderen unüberwindlich. Verhalten Sie sich entstehenden Konfliktsituationen gegenüber sensibel, reagieren Sie rechtzeitig und offen, harmonisieren Sie nicht um jeden Preis.

❑ Emotionen einkalkulieren:
Auch notwendige Kritik kann verletzen. Formulieren Sie behutsam. Wird die Situation

verfahren, brechen Sie zur Not das Gespräch ab. Vertagen Sie, aber verharmlosen Sie nichts. Probleme sind da, um gelöst zu werden - oft können in verfahrenen Situationen Dritte weiterhelfen.

❑ Transparenz herstellen:
Geheimniskrämerei sät Mißtrauen. Machen Sie Ihre Entscheidungen und Vorgaben nachvollziehbar. Wer weiß, worum es geht, setzt sich stärker ein. Entscheiden Sie mit Ihrem Gesprächspartner, welche Vereinbarungen anderen mitgeteilt werden sollen. Wie ist die Einzelaufgabe im Zusammenhang zum Gesamtergebnis einzuordnen (-> Sinn)? Wer hat welchen Nutzen?

❑ Vergangenes besprechen:
Gemeinsame Bilanzen bringen mehr. Stellen Sie dar, was aus Ihrer Sicht erreicht wurde, würdigen Sie die Leistungen der Mitarbeiter, benennen Sie unerfüllte Aufgaben. Was kam neu hinzu? Was kann künftig wegfallen? Wie denkt Ihr Mitarbeiter über die erreichten/nicht erreichten Ziele? Analysieren Sie Gründe für Erfolge und Mißerfolge.

❑ Prioritäten setzen:
Nicht alles läßt sich gleichzeitig erledigen. Ordnen Sie die ausgehandelten Ziele nach Wichtigkeit und Dringlichkeit. Wann werden die Ergebnisse an wen weitergegeben (zwischenzeitliche Meldung über Arbeitsfortschritt, Priorität der Termine)?

❑ Übereifer vermeiden:
Weniger ist oft mehr. Konzentrieren Sie sich auf wenige überschaubare Ziele.

❑ Gesamtziele darstellen:
Erläutern Sie die Ziele des Gesamtbereichs auf der Grundlage übergeordneter Zielsetzungen. Verwenden Sie klare Zielbeschreibungen. Jedem muß klar sein, worum es geht.

❑ Individuelle Ziele vereinbaren:
Diktieren Sie die individuellen Leistungsinhalte nicht. Vereinbaren Sie den Beitrag, den der Mitarbeiter zur Zielerreichung erbringen soll. Jedem muß klar sein, wer was zu tun hat und welche persönliche Verantwortung das für ihn bedeutet. Die Meßlatte soll hoch hängen, muß aber erreichbar sein. Nur Machbares kann herausfordern.

❑ Ziele terminieren:
Sprechen Sie den Zeitrahmen ab. Einigen Sie sich auf konkrete, nachprüfbare Vorgaben und Kontrollpunkte: ›Ziel ist erreicht, wenn....‹. Legen Sie Meilensteine fest: was muß wann vorliegen, wann ist eine Aufgabe erledigt, was ist zu tun, wenn es nicht klappt?

❑ Mitarbeiter fördern:
Förderung forciert das Engagement. Sprechen Sie gemeinsam ab, wie und wo es mit Ihrem Mitarbeiter weitergehen kann. Als Möglichkeiten bietet sich die Übertragung neuer, anspruchsvollerer Aufgaben, wie z. B. Projektmitarbeit, -leitung, Stellvertretungen, Querschnitts- und Sonderaufgaben an. Wie schätzt der Mitarbeiter seine eigene berufliche Situation ein? Wie stellt er sich seine zukünftige Förderung und Entwicklung vor?

Nach dem Gespräch

Das Zielvereinbarungsgespräch erfordert eine intensive *Nachbereitung*, um die Umsetzung der festgelegten Ziele zu gewährleisten.

❑ Gespräch bewerten:
Erst nachdenken, dann handeln. Analysieren Sie den Gesprächsverlauf, ermitteln Sie Ihre Stärken und Schwächen und die Ihres Gesprächspartners. Vergleichen Sie das Gespräch summarisch mit anderen Zielvereinbarungen. Machen Sie sich Gedanken über Förderung, Einsatz und Qualifizierung Ihrer Mitarbeiter, leiten Sie die notwendigen Schritte ein. Die folgende Checkliste dient Führungskräften als Orientierung und zur Überprüfung der Zielabsprache (vgl. Suzaki 1994, REFA 1994):

❑ Kenne ich die Ziele des Unternehmens? - Akzeptiere ich diese?
❑ Kann ich meine eigenen Ziele benennen (Inhalt, Termine)?
❑ Kann ich die Ziele meiner Mitarbeiter benennen?
❑ Habe ich diese Ziele mit den Betreffenden abgesprochen? - Teilen sie die Ziele?
❑ Können alle Mitarbeiter zur Zielerreichung beitragen?
❑ Begründe ich meine Zielvorschläge? - Wirke ich dabei überzeugend?
❑ Führe ich regelmäßige Gespräche über die Zielerreichung (Rückmeldung)?
❑ Stelle ich mit meinen Mitarbeitern Handlungspläne auf?

❑ Kommunikation sichern:
Wissen alle, was gerade ansteht? Erinnern Sie sich an die Kommunikationsvereinbarungen mit Ihren Mitarbeitern. Informieren Sie andere Beteiligte über die Ergebnisse des Gesprächs. Sorgen Sie dafür, daß alle auf dem Laufenden bleiben. Informieren Sie nicht nur nach ›oben‹, beziehen Sie Ihre Mitarbeiter und die Kollegen beteiligter Bereiche in den Kommunikationsfluß ein.

❑ Prozesse begleiten:
Bleiben Sie am Ball. Nutzen Sie Ihre Meilensteine. Welche Ergebnisse wurden erzielt? Was läuft anders als geplant? Auch zwischen den Meilensteinen können Sie oder Ihre Mitarbeiter erkennen, wenn es erste Anzeichen drohender Probleme gibt. Haben sich Rahmenbedingungen geändert? Prüfen Sie gemeinsam mit dem Partner, ob Sie neue

Prioritäten setzen müssen oder ob Sie sogar gezwungen sind, die Ziele den veränderten Herausforderungen anzupassen.

❑ Prozesse vorantreiben:
Vorhaben vertragen kein schlichtes ›Abhaken‹. Stellen Sie gemeinsam in einem neuen Gespräch fest, ob die alten Ziele erreicht sind, ziehen Sie die Konsequenzen - sowohl was die berufliche Entwicklung als auch die Vergütung Ihrer Mitarbeiter angeht. Bauen Sie auf dem Erreichten auf, peilen Sie neue Ziele an.

Kontrolle

Die kooperative Führung mit Delegation von Aufgabenbereichen, Verantwortung und Kompetenzen bedarf der Kontrolle als Maßnahme zur Mitarbeiterführung. Kontrolle darf in diesem Zusammenhang jedoch nicht als Ausprägung von Mißtrauen oder ›Bespitzelung‹ verstanden und eingesetzt werden. Sie muß als positive Maßnahme zur gemeinsamen Zielerreichung angewandt werden, mit der der kollektiv angestrebte Erfolg gemessen werden kann. Voraussetzungen dafür sind das Vorhandensein eines guten Verhältnisses zwischen Mitarbeiter und Führungskraft und gegenseitige Information und Kommunikation. Die Art und Weise, wie diese Kontrollfunktion in den einzelnen Unternehmen ausgeübt wird, ist Ausdruck des im Unternehmen vorherrschenden Führungsstils und damit der Unternehmenskultur.

... Feedback durch Mitarbeitergespräche

Für jeden Mitarbeiter ist es wichtig, von seiner Führungskraft eine eindeutige Rückkopplung bezüglich seiner Arbeitsergebnisse zu erhalten. Er muß wissen, ob und warum seine Arbeitsleistung den Erwartungen des Unternehmens entspricht. Ohne dieses Wissen kann er den Stellenwert seiner Arbeit nicht einordnen und seine Arbeitsmotivation sinkt. Wichtig dabei ist, daß sowohl Anerkennung als auch Kritik offen verbalisiert werden, wobei diese Bewertung innerhalb eines persönlichen Gesprächs stattzufinden hat.

Das Anerkennungsgespräch

Den meisten Führungskräften fällt es nicht leicht, ihre Mitarbeiter zu loben, noch dazu in einem eigens dazu angesetzten Gespräch. Dabei gibt ein solches dem Mitarbeiter die nötige Bestätigung und spornt ihn zu weiteren guten Leistungen an.

Ziel eines Anerkennungsgesprächs ist es, den Mitarbeiter zu loben und so zu weiteren herausragenden Aktivitäten anzuspornen. Anerkennung ist eine Form der immateriellen

Belohnung für erbrachte überdurchschnittliche Leistungen. Lob steigert das *Selbstwertgefühl* des Mitarbeiters und gibt ihm die notwendige Sicherheit bei zukünftigen Handlungen und Entscheidungen, selbst wenn ihm diese anfangs riskant erscheinen mögen.

Planung und Organisation des Anerkennungsgesprächs

Damit ein Anerkennungsgespräch die gewünschte Wirkung beim betroffenen Mitarbeiter erzielt, muß sich die Führungskraft vorher auf das Gespräch vorbereiten. Die folgenden Stichpunkte und Erläuterungen geben dabei Hilfestellung (nach Ruhleder 1995).

❑ Mit dem Lob nicht warten:

Der Mitarbeiter erwartet das Feedback über erbrachte Leistungen sofort. Kurz nach dem erbrachten Arbeitsergebnis haben er und seine Führungskraft noch die wichtigsten Fakten im Gedächtnis. Verstreicht zwischen der besonderen Leistung und dem Anerkennungsgespräch zu viel Zeit, so fühlt sich der Mitarbeiter eventuell vergessen und resigniert bereits in einer ersten Phase. Die motivierende Wirkung des Anerkennungsgespräches läßt durch den Verlust des unmittelbaren Bezugs mit der Zeit nach.

❑ Gespräch unter vier Augen führen:

Wird Anerkennung in Gegenwart Dritter ausgesprochen, so könnten sich diese indirekt kritisiert fühlen, was das Verhältnis der Kollegen untereinander beeinträchtigen würde. Betrifft das Lob mehrere Mitarbeiter, so ist es selbstverständlich auch vor der betreffenden Gruppe auszusprechen. Es muß aber darauf geachtet werden, daß keine unbeteiligten Mitarbeiter anwesend sind, die möglicherweise neidisch auf ihre Kollegen werden könnten.

❑ Sich Zeit nehmen:

Die Führungskraft muß sich für das anstehende Gespräch genügend Zeit einräumen, um dessen Bedeutung zu signalisieren. Sonst hat der Mitarbeiter den Eindruck, daß das Gespräch lediglich einen Formalismus darstellt und somit seine Leistung nicht richtig anerkannt wird oder sogar, daß er als Person nicht ausreichend respektiert wird.

❑ Störungen während des Gespräches vermeiden:

Hier bestehen die gleichen Gefahren wie bei einer zu knapp bemessenen Zeit. Deshalb sollten Telefonanrufe oder gar Besuche auf einen späteren Zeitpunkt verschoben werden.

❑ Reaktion des Mitarbeiters einschätzen:

Die Führungskraft muß vor dem Gespräch abschätzen, wie das Lob auf den Mitarbeiter wirkt, damit sie die Stärke des Lobes auf ein angebrachtes Maß dosieren kann. Bei Mitarbeitern mit einem stark ausgeprägten Selbstbewußtsein sollte die Anerkennung etwas knapper ausfallen, sonst könnten bei dem Betroffenen zu hohe Zukunftserwartungen geweckt werden. Dagegen darf bei sehr introvertierten Persönlichkeiten ruhig großzügiger gelobt werden.

❏ Privatsphäre des Mitarbeiters respektieren:
Es gilt die fachliche Leistung auf der Sachebene zu bewerten. Die Führungskraft soll dabei zwar die persönlichen Umstände des Mitarbeiters berücksichtigen, darf aber keinesfalls zu stark in dessen Privatsphäre eindringen.

❏ Alle wichtigen Informationen bereithalten:
Zur Gesprächsvorbereitung gehört das Sammeln aller Informationen, die für das Gespräch von Bedeutung sein könnten. Der Sachverhalt muß genau bekannt sein und es muß eindeutig sein, daß der Gelobte die Leistung wirklich selbständig erbracht hat.

Durchführung des Anerkennungsgespräches

Manche Mitarbeiter haben Hemmungen oder Ängste, wenn sie mit ihrem Vorgesetzten reden. Diese Hemmungen kann die gute Führungskraft abbauen oder zumindest verringern, wenn sie beim Anerkennungsgespräch für eine entspannte und damit angenehme Atmosphäre sorgt. Die Phasen des Anerkennungsgesprächs sind in Bild 5.26 dargestellt.

1. Phase	Begrüßung und einleitende Worte; (positive Ansprache)
2. Phase	Darstellung des vorherigen Problemzustandes und des aktuellen Sachverhaltes durch die Führungskraft
3. Phase	Stellungnahme des Mitarbeiters Verständnisfragen der Führungskraft
4. Phase	Aussprechen der Anerkennung durch die Führungskraft (klar und deutlich)
5. Phase	Ermutigung zur Fortsetzung der positiven Arbeit Aufzeigen möglicher positiver Perspektiven
6. Phase	Verabschiedung

Bild 5.26: Die sechs Phasen des Anerkennungsgesprächs

Hier einige Tips, die z. T. trivial erscheinen mögen, jedoch für den Erfolg des Gesprächs von Bedeutung sind:

❏ Die *Begrüßung per Handschlag* wirkt freundlich und signalisiert dem Mitarbeiter, daß er respektiert wird. Diese erste Geste erleichtert die Kontaktaufnahme.

❏ Der Schreibtisch stellt für einige Mitarbeiter ein Statussymbol dar, und kann somit eine Barriere sein. Bittet eine Führungskraft ihren Gesprächspartner dagegen an den *Besuchertisch*, so ist eine lockerere Atmosphäre hergestellt.

❑ Durch die *Stellung von offenen Fragen* wird der Mitarbeiter ermutigt von sich zu erzählen. Hört man ihm zu und läßt ihn ausreden, so wird ihm das Gefühl vermittelt, daß er ein geschätztes Mitglied der Belegschaft ist.

Merkmale offen ausgesprochener Anerkennung sind:

❑ Zeitlicher Zusammenhang mit der betreffenden Arbeitsleistung: die Anerkennung muß direkt auf die Leistung folgen, nicht ›irgendwann später‹.

❑ Eindeutigkeit: Dem Mitarbeiter muß bewußt werden, warum das Arbeitsergebnis positiv gesehen wird.

❑ Begeisterung: Zeigen, daß man sich über den Einsatz des Mitarbeiters freut.

Das Kritikgespräch

Wenn ein Mitarbeiter schlechte Leistungen erbringt oder Fehler macht, kann ihm ein konstruktives Kritikgespräch zu einer *Verhaltensänderung* helfen. Häufig denken Führungskräfte, daß sie den betreffenden Mitarbeiter allein mit einer umfangreichen sachlichen Argumentation zur Einsicht bewegen können. Diese Einsicht ist aber selten von langer Dauer, denn die Menge der Informationen prägt sich beim Mitarbeiter nicht richtig ein, und er vergißt sie relativ schnell. Ein Kritikgespräch verläuft dagegen wesentlich erfolgreicher, wenn seine Führungskraft die notwendigen rhetorischen Kenntnisse für ein solches Gespräch und Einfühlungsvermögen in die Lage des Mitarbeiter besitzt.

Die Psychologie liefert eine Beschreibung der Vorgänge im Menschen während eines Kritikgesprächs. Kritik wird nicht allein auf geistiger Ebene behandelt, sondern ist immer mit negativen Emotionen verbunden. Auf der Gefühlsebene wird sie als Angriff empfunden. Während eines Kritikgesprächs befindet sich der Mitarbeiter in einem Zustand erhöhter Aufregung. Diese Stressituation verstärkt die Empfindung des Angiffs auf die eigene Person zusätzlich. Dabei wird im Körper des Kritisierten das Stresshormon Adrenalin freigesetzt. Dieses Hormon hemmt die Funktion des Großhirns, so daß die Reaktionen des Mitarbeiters überwiegend von seinen Instinkten bestimmt wird. Für ihn stehen bei einem Angriff nur zwei *Reaktionsmuster* bereit: Gegenangriff oder Flucht. Bei einem Gegenangriff wird er versuchen sein Fehlverhalten zu rechtfertigen oder die Schuld von sich zu weisen. Bei sehr aggressiven Personen können solche Situationen leicht außer Kontrolle geraten. Beleidigungen sind Folgen davon. Weniger aggressive Mitarbeiter versuchen der unangenehmen Lage in einem Streitgespräch durch Entschuldigungen zu entkommen. Da keine der beschriebenen Reaktionen zu einer positiven Verhaltensänderung in der Zukunft führt, muß eine Führungskraft einen anderen Zugang zu ihrem Mitarbeiter finden.

Die Lösung findet sie im *Stellen von offenen Fragen* (vgl. Zittlau 1994). Ein aggressiver Gesprächspartner erwartet keine an ihn gerichtete Frage. Er geht davon aus, daß man ihn mit der Kritik angreifen will. Stattdessen wird er durch Fragen aufgefordert, sich abzuregen, nachzudenken und den Dialog mit seinem Vorgesetzten zu suchen. Seine ablehnende Haltung gegenüber der Kritik und seiner Führungskraft wird dadurch abgebaut. Eine offene Frage fordert den Kritisierten auf, eine Begründung oder Erklärung für sein Verhalten zu geben. Er hat die Möglichkeit den Sachverhalt aus seiner Sicht darzustellen. Da jeder Mensch nur nach der eigenen Überzeugung handelt, wäre es optimal, wenn es der Führungskraft gelänge, ihren Mitarbeiter zur Diagnostizierung der Ursachen und Konsequenzen seines Fehlverhaltens zu bringen.

Aufbau eines konstruktiven Kritikgespräches

Das Ziel eines Kritikgespräches ist eine Verhaltensänderung des Mitarbeiters. Dessen muß sich eine gute Führungskraft immer bewußt sein. Persönliche Interessen, wie z. B. die Befreiung von ihrem Ärger über den Mitarbeiter, sollten von ihr unterdrückt werden, da sie bei dem Betroffenen die Aggression steigern. Sie sollte nicht darauf abzielen, ihrem Mitarbeiter lediglich ein Versprechen oder ein Zugeständnis abzunehmen. Dies würde nicht weit genug führen. Wenn möglich sollte die Führungskraft das Gespräch an derartigen Zugeständnissen vorbeisteuern. Diese wecken im Mitarbeiter ein Gefühl der Unterwerfung und wirken damit einem offenen Dialog entgegen. Der Mitarbeiter muß seinen Fehler einsehen, damit er sich in langfristiger Zukunft zum Besseren ändert. Bei einem erfolgreichen Kritikgespräch schildert die Führungskraft zuerst das unkorrekte Verhalten aus ihrer Sicht. Dies darf ausschließlich auf der Sachebene geschehen. Noch bevor ihr Gegenüber aggressiv wird, fordert sie ihn mit einer offenen Frage zur Stellungnahme auf. Eine sozialkompetente Führungskraft unterstützt ihren Mitarbeiter auch bei der Findung einer Lösung für die Zukunft und zwar durch wiederholtes Fragen. Eine Zusammenfassung der Phasen eines Kritikgespräches zeigt Bild 5.27. Wie in vielen Gesprächssituationen gilt auch hier die Regel: *›Wer fragt, der führt‹*.

Das Kennzeichen von offenen Fragen ist, daß sie nur eine Stellungnahme zu einem bestimmten Sachverhalt fordern. Sie haben keinen Mitteilungscharakter, d. h. sie enthalten keinerlei Informationen über die Einstellung des Fragenden. Damit bleibt dem Befragten die Möglichkeit, sich frei und unabhängig von der Meinung des Fragenden zum Sachverhalt zu äußern.

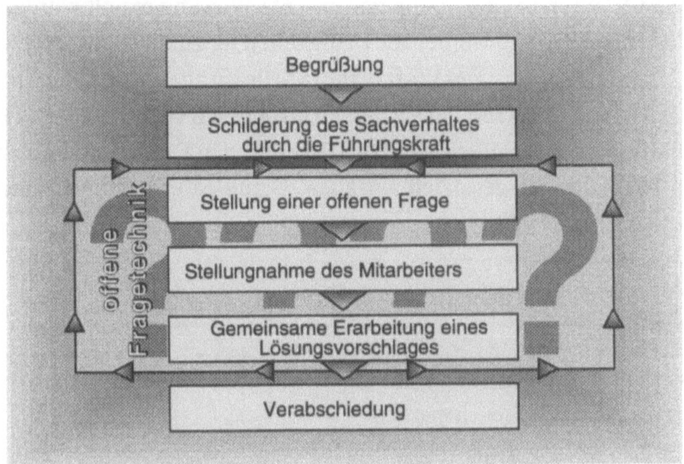

Bild 5.27: Die Phasen des Kritikgespräches

Beispiele für offene Fragen:

- ❏ Was ist vorgefallen?
- ❏ Wo waren sie zu dem Zeitpunkt?
- ❏ Was haben sie dort gemacht?
- ❏ Warum haben sie sich so verhalten?
- ❏ Hätte es noch eine andere Handlungsmöglichkeit gegeben?

Merkmale offen ausgesprochener, konstruktiver Kritik:

- ❏ Eindeutigkeit: Klarmachen, warum etwas falsch gemacht wurde.
- ❏ Verbesserungsvorschläge machen.
- ❏ Kritik darf nicht entmutigen: Zeigen, daß das Verhalten, nicht aber die Person als solche kritisiert wird, die weiterhin als kompetenter Mitarbeiter zum Unternehmen gehört. Auch muß deutlich werden, daß bei dem kritisierten Verhalten nicht von sog. Regelverhalten ausgegangen wird, sondern es sich um eine einmalige Verfehlung handelt.
- ❏ Niemand darf durch Kritik vor anderen diskreditiert werden.

Überprüfung des Gesprächsergebnisses

Überprüft eine Führungskraft nach einem bereits durchgeführten Anerkennungsgespräch das Gesprächsergebnis - z. B. anhand einer *Checkliste* (Bild 5.28), so kann sie ihre Stärken und Schwächen bei solchen Gesprächen selbst erkennen. Sie kontrolliert, ob das Gespräch in ihrem Sinne verlaufen ist und ob die gewünschte Wirkung erzielt wurde. Durch den damit ausgelösten *Lernprozeß* werden die Fähigkeiten für zukünftige Gespräche laufend verbessert. Kann eine Führungskraft nahezu alle Fragen der Checkliste positiv beantworten, so ist das Gespräch mit Sicherheit erfolgreich verlaufen. Dann konnte dem betreffenden Mitarbeiter vermittelt werden, daß er für den Betrieb wichtig ist und seine Bemühungen bei seinen Vorgesetzten auffallen. Damit ist er hochmotiviert, weiterhin sein Bestes zu geben.

Checkliste	👎	👍
1. War dieses Gespräch angebracht?	❑	❑
2. Habe ich mir genug Zeit genommen?	❑	❑
3. Habe ich motivierende Fragen gestellt?	❑	❑
4. Habe ich den Dialog gesucht?	❑	❑
5. Habe ich besonders positiv begonnen und positiv geendet?	❑	❑
6. War das Gespräch sachlich und doch persönlich?	❑	❑
7. Habe ich mich auch in die Lage des Mitarbeiters versetzt?	❑	❑
8. Habe ich nur die wichtigen Punkte behandelt (d. h. Nebensächlichkeiten unterdrückt)?	❑	❑
9. Hatte ich eine positive innere Einstellung?	❑	❑
10. Habe ich mir Gedanken über die Konsequenzen des Gesprächs für den Mitarbeiter gemacht?	❑	❑
11. Konnte ich aktiv zuhören?	❑	❑
12. Habe ich die Stärke meiner Position in den Hintergrund gestellt?	❑	❑
13. Habe ich in erster Linie den Mitarbeiter gelobt (und nicht einen Kollegen in den Vordergrund geschoben)?	❑	❑
14. Wurde mein Gesprächspartner aktiviert?	❑	❑
15. Hat der Mitarbeiter verstanden, was ich ihm mitteilen wollte?	❑	❑
16. Habe ich verstanden, was der Mitarbeiter mir mitteilen wollte?	❑	❑
17. Wurde die Sachlage richtig erkannt?	❑	❑
18. Sind wir dem Ziel gemeinsam ein Stück näher gekommen?	❑	❑
19. Haben beide Gesprächspartner das Gespräch zufrieden und mit einem positiven Ziel für die Zukunft verlassen?	❑	❑

Bild 5.28: Checkliste zum Anerkennungs- und Kritikgespräch

Führungskräfte, die diese Regeln beim Umgang mit ihren Mitarbeitern berücksichtigen, werden in der Lage sein, ein vertrauensvolles Verhältnis zu ihren Mitarbeitern aufzubauen, in dem sich in kooperativem Zusammenarbeiten unausgesprochene Konfliktsituationen vermeiden lassen.

... Unterschiede in der Führung verschiedener Altersgruppen

Die Mitarbeiterorientierung des jeweils praktizierten Führungsstils soll nicht nur motivationssteigernde Auswirkungen auf die Mitarbeiter haben, er soll auch auf jeden Menschen unter Berücksichtigung seiner individuellen Lebensumstände eingehen, soweit dies im Rahmen der einem Unternehmen zur Verfügung stehenden Möglichkeiten liegt. Dies erfordert bei Mitarbeitern verschiedener Altersgruppen Verständnis, Toleranz und Einfühlungsvermögen seitens der Führungskräfte.

In jeder Generation bestehen eigene Wertvorstellungen und Normen, die sie von den vorhergehenden und nachfolgenden Altersgruppen unterscheidet. Verschiedene Generationen können auf ihre unterschiedlich ausgeprägten Erfahrungsschätze zurückgreifen, auf welchen ihre Vorstellungen und Auffassungen beruhen. Diese differierenden Erfahrungswerte ergeben sich aus den unterschiedlichen Lebensumständen der jeweiligen Generation.

Führung junger Mitarbeiter

Jüngere Arbeitskräfte orientieren sich vorwiegend an der Zukunft. Sie koppeln ihre Beweggründe für Leistungen an die Erwartungshaltung bezüglich ihrer Perspektiven. Daher ist auch ihre Bereitschaft höher, vorübergehend einen anspruchsloseren Arbeitsplatz zu akzeptieren, wenn die Aussicht auf einen in absehbarer Zeit erreichbaren Aufstieg besteht. Sie können eher vorübergehend auf einen höheren Lebensstandard und ein ausgeprägtes Statusdenken verzichten als ältere Mitarbeiter, wenn sie von berechtigtem Optimismus bezüglich ihrer beruflichen Zukunft geleitet werden (d. h. es besteht Hoffnung auf eine persönliche Besserstellung in naher Zukunft). Allerdings ist es zu vermeiden, solcherart motivierte junge Mitarbeiter unnötig lange mit anspruchslosen Tätigkeiten zu beschäftigen, die ihnen keine Möglichkeiten bieten, sich selbst zu verwirklichen und in denen sie keine Gelegenheit haben, die erforderlichen Erfahrungen für ihren beruflichen Aufstieg zu sammeln. In monotonen Aufgabenbereichen werden sie sich früher oder später langweilen, da sie ihre zahlreichen Fähigkeiten in ihrer Arbeitstätigkeit umsetzten wollen. Als Folge aus solchen Zuständen (keine Zukunftsaussichten) können sie sich umorientieren. Betrieben kommt ein solches Verhalten teuer zu stehen, denn entweder werden sie das Unternehmen verlassen oder ihre Selbstverwirklichung in verstärkten Freizeitaktivitäten suchen, was ein Nachlassen der Arbeitsleistung zur Folge hat.

Ohne eine positive Zukunftseinstellung fühlen sich jüngere Mitarbeiter oft demoralisiert und finden sich im beruflichen Alltag nicht zurecht. Unzufriedenheit prägt ihr Dasein und sie haben das Gefühl, von einem für sie ungerechten System benachteiligt zu werden.

Da es ihrer Meinung nach darin keine Zukunft für sie gibt, wollen sie wenigstens in der Gegenwart die ihnen erreichbaren Vorteile soweit wie möglich genießen und nicht unnötig zusätzliche Energien in einen Arbeitsplatz investieren, der ihnen aussichtslos erscheint.

Für Führungskräfte ist es schwierig, in dieser Gruppe von Mitarbeitern Motivation oder Leistungswillen zu wecken. Zur Verbesserung ihrer Zukunftsaussichten als Hauptquelle ihrer Motivation ist es wichtig, ihnen Optimismus zu vermitteln und Ratschläge zu geben, wie sie ihre berufliche Zukunft aussichtsreicher gestalten können. Auch hier können Maßnahmen wie Förderprogramme oder Weiterbildungskurse greifen, um eine verstärkte Identifikation mit dem Unternehmen zu erreichen. Es ist hier besonders wichtig durch regelmäßige Maßnahmen das Gefühl zu vermitteln, daß man sich um diese Mitarbeitergruppe wirklich kümmert. In Zusammenkünften müssen Daten der Rückkoppelung bezüglich ihrer Leistung und genügend Aspekte für eine lohnenswerte berufliche Laufbahn vermittelt werden, um ihre Arbeitsmoral zu fördern. Dazu ist ein hohes Maß an Einfühlungsvermögen in die Denk- und Handlungsweisen jüngerer Menschen und vor allem das Ablegen von Vorurteilen unabdingbar.

Da aber nicht alle Menschen (bzw. Arbeitskräfte) einheitliche *Bedürfnisse* aufweisen, es demzufolge keine allgemeingültigen Bedürfnisstrukturen gibt, kann es auch keinen speziellen Führungsstil geben, der alleine alle Voraussetzungen für optimale Menschenführung und eine damit verbundene Produktivitätssteigerung erfüllt. Ein Führungskonzept, so genial es auch erscheinen mag, kann einfach nicht unterschiedslos auf alle Arbeitnehmer und alle Entscheidungssituationen generell angewandt werden. Das effizienteste Mitarbeiterverhalten ist mitarbeiterorientiert. Aber aufgrund der Verschiedenheit der individuellen Bedürfnisse kann es nur Führungskräften mit einem hohen Ausprägungsgrad an Menschenkenntnis und Einfühlungsvermögen gelingen, durch ihr Einwirken eine maximale Arbeitszufriedenheit bei möglichst vielen Arbeitskräften zu bewirken.

Führung älterer Mitarbeiter

Aufgrund dieser verschiedenen Erfahrungswerte tendieren ältere Mitarbeiter dazu, alte Verhaltensweisen beizubehalten und nicht auf Methoden überzugehen, die jüngere als effizienter ansehen. Viele Arbeitnehmer haben aufgrund dieser althergebrachten Wertvorstellungen große Schwierigkeiten, sich im beruflichen Alltag anzupassen, für andere eröffnen sich neue Chancen, wenn sie dazu bereit sind, sich weiterzuentwickeln und an ›moderne‹ Denk- und Verhaltensweisen zu adaptieren. Mit einem mitarbeiterorientierten Führungsstil müssen diese unterschiedlichen Einstellungen und Verhaltensweisen berücksichtigt werden, um deren Auswirkungen in für das Unternehmen nutzbare Vorteile umzumünzen.

Die im folgenden aufgeführten Vorstellungen bezüglich älterer Mitarbeiter müssen von den Führungskräften umgesetzt werden, um eine mitarbeiterorientierte, kooperative Führung sicherzustellen:

❑ Es darf nicht allgemein von verminderter Leistungsfähigkeit ausgegangen werden, die in der modernen Wirtschaft nicht mehr ausreicht. Kalendarisches Alter allein ist nicht aussagekräftig genug, um die körperliche und geistige Leistungsfähigkeit zu klassifizieren. Das menschliche Alter kann erst in Verbindung mit anderen Merkmalen (gesundheitliche, tätigkeitsbezogene oder qualitätsorientierte Probleme) problemverursachend wirken.

❑ Das höhere Krankheitsrisiko ist eine oft unbegründete Annahme, die aber von Unternehmen oft nicht zur Kenntnis genommen wird. Vielfach werden Krankmeldungen lange hinausgeschoben, um gefürchteten Konsequenzen wie z. B. Rückstufung im Tätigkeitsbereich oder gar Entlassung aus dem Weg zu gehen. Diese Angst muß den älteren Mitarbeitern genommen werden, um sie nicht gegenüber jüngeren Arbeitskräften zu benachteiligen.

❑ Besonders Ältere können ihr großes *Erfahrungswissen* zur Bewältigung aktuell anstehender Probleme nutzen. Sie haben die Möglichkeit, Schlüsse und Verbindungen zu vergleichbaren Situationen oder zu Erfolgen aus der Unternehmensvergangenheit zu ziehen und daraus zu lernen.

Ältere Mitarbeiter werden häufig aufgrund ungerechtfertigter Vorurteile unterfordert. Dies kann sich schädigend auswirken, da das oft noch reichlich vorhandene physische und psychische Leistungspotential nicht mehr voll ausgeschöpft wird. Erfolgreiche Leistungserbringung hängt nicht vom Lebensalter ab, sondern von einer guten Ausbildung, von Herausforderungen im beruflichen Alltag, von konstantem Training während des ganzen Berufslebens und von der physischen und mentalen Stärke und Widerstandsfähigkeit.

Vor allem die Fähigkeit, mentale Leistungen zu erbringen, ist wesentlich mehr vom Grad der Qualifikation, von Trainingsfaktoren und von der persönlichen Veränderungsbereitschaft abhängig als vom kalendarischen Lebensalter. Neue wissenschaftliche Erkenntnisse besagen, daß ältere Menschen durchaus noch lern- und umstellungsfähig sind. Ein niedrigerer Grad der *Leistungserwartung* seitens der Umwelt führt aber oft zu mangelnder Motivation und dadurch zu einer Rückbildung der Leistungsfähigkeit, da vorhandene Fähigkeiten nicht mehr benötigt werden. Empirische Untersuchungen haben gezeigt, daß gerade die älteren Mitarbeiter im Bereich kleiner und mittelständischer Betriebe zu den wichtigen und vor allem verlässlichen Leistungsträgern gehören.

Die Motivation von älteren Mitarbeiter sieht anders aus als die von Jüngeren, da es für sie von größerer Bedeutung ist, einen sicheren Arbeitsplatz zu haben, als die Aussicht auf Aufstieg innerhalb der beruflichen Tätigkeit. Unzufriedenheit bei älteren Mitarbeitern resultiert u. a. aus

❑ Zweifeln an der eigenen Leistungsfähigkeit,
❑ sozialen Zwängen und Druck,
❑ der Vorstellung, von Jüngeren am Arbeitsplatz verdrängt zu werden,
❑ Minderwertigkeitskomplexen gegenüber neuen Technologien (EDV) oder
❑ mangelnder Integration in Arbeitsgruppen mit vorwiegend jüngeren Menschen.

Auswege aus diesem Problemkreis können durch Schulungen oder Weiterbildungsmaßnahmen gefunden werden, denn Berufszufriedenheit ist gleichzusetzen mit theoretischer und praktischer Einsatzfähigkeit, dem Willen, Herausforderungen anzunehmen und Verantwortung zu übernehmen. Betriebliche Maßnahmen zur Erhaltung der Leistungsfähigkeit älterer Mitarbeiter können neben o. g. Maßnahmen auch außerberufliche Förderprogramme oder Erholungsaufenthalte, Vermeidung von Über- bzw. Unterforderung am Arbeitsplatz aber auch speziell auf ihre Bedürfnisse zugeschnittene flexible Arbeitszeitregelungen sein. Auch können die Arbeitsbedingungen angepasst oder erleichtert werden (z. B. durch technisch-ergonomische Umgestaltung) und die Arbeitskräfte durch Umschulung in anderen Bereichen eingesetzt werden, wobei gerade bei Versetzungen drauf zu achten ist, daß sie keinen herabstufenden Charakter haben.

Unternehmen mit großem sozialem Engagement, deren Unternehmensphilosophie auf ethischen Grundsätzen basiert, versuchen ihren älteren Mitarbeitern die Möglichkeit offenzuhalten, ohne Einkommensverlust und Herabstufung bezüglich Qualifikation und Status, solange ihren Arbeitplatz zu behalten, wie sie es selbst wünschen. Durch empirische Untersuchungen weiß man, daß ältere Mitarbeiter zwar auf manchen Gebieten etwas langsamer sind, dies aber durch höhere Qualität und eine geringere Fehlerrate leicht wieder wettmachen. Dadurch ist die Effizienz ihrer Tätigkeit, ausgenommen vielleicht bei extremer Akkordarbeit, ebenso hoch wie die jüngerer Mitarbeiter. Bild 5.29 zeigt eine Übersicht über Vor- und Nachteile älterer Mitarbeiter.

 Vorteile 

 Nachteile 

Vorteile	Nachteile
Allgemeines Erfahrungswissen	Die Eigenschaft, jüngeren Kollegen ihre Ansichten aufdrängen zu wollen und diese nach ihren Vorstellungen zu prägen.
Berufskenntnisse und Berufserfahrung	
Konkretisierungsfähigkeit	
Kenntnisse der betrieblichen Zusammenhänge	Psychische Veränderungen in der Persönlichkeitsstruktur lassen ausgeprägte Introvertiertheit und mangelnde Anpassungsfähigkeit aufkommen, die sich bis zum sogenannten Altersstarrsinn verstärken kann.
Verantwortungsbewußtsein und Zuverlässigkeit	
Gewissenhaftigkeit und Genauigkeit	
Ordnungsbewußtsein und Disziplin	Zweifel an der eigenen Leistungsfähigkeit
Einsatzbereitschaft und Loyalität	Unzufriedenheit durch soziale Zwänge und Druck
Erfahrung im Umgang mit Menschen	Angst, den Arbeitsplatz an jüngere zu verlieren
Lebenserfahrung und menschliche Reife	Unsicherheit und Gefühl der Minderwertigkeit gegenüber neuen Technologien
Abstraktionsfähigkeit und damit Fähigkeit zur Kreativität	

Bild 5.29: Vor- und Nachteile, die ältere Mitarbeiter für ein Unternehmen mit sich bringen

Zusammenfassung und Ausblick

Nachdem in diesem fünften Kapitel die Rolle der Führungskräfte, ihre Eigenschaften, Kompetenzen und Aufgaben im Prozeß der Vertrauensbildung oder Zielvereinbarung behandelt wurden, gehen wir nun auf die Rolle und die Bedeutung der Mitarbeiter in Kapitel sechs ein.

6

Anforderungen an die Mitarbeiter

Auf der einen Seite haben Mitarbeiter Anforderungen an das Unternehmen, in dem sie tätig sind, sei es Sicherheit des Arbeitsplatzes, leistungsbezogenes Entgelt, Möglichkeiten, persönliche Wertvorstellungen umsetzen zu können oder weitgehende soziale Absicherung (wie z. B. Altersversorgung etc.). Auf der anderen Seite werden von einer innovativen Unternehmensorganisation Anforderungen an die Mitarbeiter gestellt. Dies fordert nicht nur das analytische und rein funktionalistische Denken, sondern die ganzheitliche Denkweise zur Gesamtbetrachtung der Ziele und Aktionen des Unternehmens, die direkt zur Zielerreichung beitragen und komplexen, dynamischen Erfordernissen genügen Bullinger 1995).

Um eine optimale Motivations- und Kreativitätssteigerung der Mitarbeiter zu erreichen sind die in diesem Kapitel aufgeführten Punkte zu berücksichtigen. Formen und Inhalte der Mitarbeiterbefragung zur Führungskräftebeurteilung werden dargestellt. Ziel ist die Umsetzung der gewonnenen Ergebnisse in konkrete Verbesserungsmaßnahmen. Damit wird eine stärkere Identifikation und ein größeres Engagement zur Einbringung kreativer Ideen erreicht.

...Einstellung zur Arbeit - Positive Grundhaltung

Die besten Voraussetzungen, um hohe Arbeitsleistungen und sehr gute Ergebnisse im betrieblichen Tätigkeitsbereich zu erbringen und gleichzeitig ein erfülltes Leben zu führen, lassen sich mit einer positiven Einstellung gegenüber dem eigenen Dasein und dem

Umfeld, also den Mitmenschen, dem Unternehmen und der eigenen Arbeit schaffen. Besonders letztere ist von besonderer Bedeutung.

Es ist nicht unbedingt notwendig, daß mit Arbeit etwas Negatives assoziiert wird, daß Arbeit als Gegensatz zur Freizeit empfunden wird. In Zukunft werden wir mehr denn je über *Formen* der Arbeit nachdenken müssen, die sich nicht mehr an einem starren sieben Stunden-Tag orientieren, sondern die flexibel und bedarfsorientiert sind. Es wird zu einer immer stärkeren Vermischung von unselbständiger Arbeit, selbständiger Arbeit und Freizeitarbeit kommen. Weiterhin wird nicht mehr so klar zu unterscheiden sein, ob man nur für die eigene Zielsetzung oder direkt bzw. indirekt für die Zielsetzung Dritter arbeitet. Für jeden arbeitenden Menschen, sei es nun der Geschäftsführer, der Mechaniker oder der Verwaltungsangestellte, macht es Sinn und bedeutet es einen Vorteil, eine positive Einstellung zur Arbeit zu haben.

Wenn bei den Mitarbeitern eine eher *negative Einstellung* zur Arbeit vorhanden ist, dann ist es die wichtigste Aufgabe eines Managers, diesen Sachverhalt zu erkennen und zu versuchen, die Mitarbeiter zu überzeugen, daß

- ❏ eine positive Einstellung zur Arbeit nur Vorteile bringt,
- ❏ konstruktive Arbeit tatsächlich eine positive Sache ist,
- ❏ jede Arbeit wichtig für das gesamte Unternehmen ist,
- ❏ jede Arbeit geschätzt wird,
- ❏ gute Leistungen honoriert und gelobt werden und
- ❏ Arbeit verantwortungsvolles Handeln ist.

Die *positive Einstellung* zur Arbeit kommt durch die Erstellung einer individuellen Strategie zum Ausdruck, indem man

- ❏ sich selbst anzustrebende Ziele setzt,
- ❏ dahinführende Entscheidungen bewußt trifft,
- ❏ seine Zeit bewußt einteilt (›Zeitmanagement‹),
- ❏ die erzielten Ergebnisse an den eigenen Vorgaben mißt und
- ❏ sich ständig seine individuellen Leitbilder bewußt macht.

Empirische Untersuchungen haben gezeigt, daß Menschen mit persönlichen und beruflichen Zielen und Strategien schlichtweg erfolgreicher sind. Eine persönliche Strategie beginnt meist mit einer Ist-Analyse der persönlichen Situation, wobei Vorstellungen, Wünsche, Neigungen und Begabungen analysiert und klar definiert werden, denn nur so werden hohe Leistungen möglich. Es hat sich gezeigt, daß Zielvorgaben oder Aufgabenstellungen, die möglichst eng an den persönlichen Neigungen ausgerichtet sind, sich auch am schnellsten und am erfolgreichsten ausführen oder bewältigen lassen. Spitzenleistungen werden erst durch die bewußte Freude an der Aufgabe ermöglicht. Wenn dagegen erst Abneigung überwunden werden muß, um eine Aufgabe anzugehen oder ein Ziel zu erreichen, wird unnötig viel Energie verbraucht, die dann zum erfolgreichen Bewältigen der eigentlichen Aufgabe nicht mehr aufgebracht werden kann.

Um die persönliche Situation richtig beurteilen zu können und um zu einer optimalen Zielfindung zu gelangen, muß jeder die eigenen Fähigkeiten und den Vorteil erkennen, den er seiner Umwelt angedeihen lassen kann. Ein Mensch wird nur dort mit höchstem Einsatz zu Werke gehen, wo er Nutzen bringen kann und wo er als Gegenleistung Nutzen erhält, d. h. je höher der Nutzen ist, den man ›freisetzt‹, desto höher wird der Wert, den man in der Gesellschaft repräsentiert und nach dem man auch beurteilt wird.

Ein wichtiger Gesichtspunkt bei der persönlichen Zielsetzung ist die *Selbstbestimmung*. Nur wer die eigenen Ziele selbst festsetzt und verfolgt, ohne dabei fremdbestimmt zu sein, d. h. wegen fehlender eigener Zielvorstellungen für die Ziele anderer mißbraucht zu werden, kann seine persönlichen Motive umsetzen und dabei seine Energien optimal entfalten.

Wer durch eigene Erfolge bestätigt wird und aus individueller *Zielsetzung* gelernt hat, positiv und optimistisch eingestellt zu sein, hat die nötige Stärke und Ausgeglichenheit, in seinem Dasein Hindernisse wie Leistungsdruck, Vorurteile, berufliche und zwischenmenschliche Probleme erfolgreich zu bewältigen. Mit einer positiven Grundeinstellung findet man auch in schwierigen Situationen Möglichkeiten, diese Hindernisse zu überwinden.

Da man sich meist so entwickelt, wie man sich selbst einschätzt, ist es wichtig, daß die eigenen Gedanken und Taten Optimismus und Erfolg ausdrücken, anstatt Niedergeschlagenheit und Mißerfolg, wodurch eine negative Lebenseinstellung ausgelöst oder intensiviert werden kann. Mit der Akquisition einer positiven Einstellung lassen sich auch zunächst unlösbar erscheinende Herausforderungen angehen und lösen.

...Engagement für das Unternehmen - Selbstmanagement

Arbeitskräfte, die von ihren Führungskräften Respekt bezüglich ihrer Wertvorstellungen und ihrer Bedürfnisse erwarten dürfen, werden von sich aus für ihren Betrieb Einsatz zeigen. Mitarbeiter, die nur zu regelmäßigen Gehaltsempfängern geworden sind, ohne ihrerseits Einsatz für den Betrieb zu leisten und die Arbeit nur als unangenehme Notwendigkeit betrachten, wirken auf ein zukunftsorientiertes Unternehmen nicht mehr nur bremsend, sie sind mittelfristig ein großer Unsicherheitsfaktor für eine hohe Produktivität. Jede nicht erbrachte Leistung ist verschenkte Leistung und fehlt dem Unternehmen in seiner Weiterentwicklung, die notwendig ist, um am Markt bestehen zu können. Aber auch Mitarbeiter, die bereit sind, aktiv zum Wohlergehen ›ihres‹ Unternehmens beizutragen, scheitern oft an wenig effektivem Zeitmanagement. Viele Menschen neigen dazu, sich kurzfristig durch unvorhergesehene Ereignisse oder spontane Einfälle von der ursprünglichen Reihenfolge ihrer Handlungen abbringen zu lassen. In der Folge davon verlieren sie den Überblick, errreichen sich selbst gestellte Aufgaben nur zum Teil und verlieren so infolge von ausbleibenden Erfolgserlebnissen die Motivation. Untersuchungen haben gezeigt, daß für jene Tätigkeiten, die greifbare Ergebnisse und damit Erfolg bringen, nur ein geringer Zeitaufwand eingesetzt wird, ein Großteil der zur Verfügung stehenden Zeit wir dagegen mit unstrukturiertem Handeln verbracht.

Die Zeit allerdings ist eine begrenzte Ressource, mit der sehr bewußt umgegangen werden muß, um nichts davon unnütz zu vergeuden. Trotzdem schaffen es nur wenige Menschen, ihre Zeit zugleich effektiv und effizient zu nützen. Beeinträchtigt wird dieses Ziel durch allgegenwärtige wirtschaftliche und soziale Zwänge. Nicht zu unterschätzen ist auch der Anteil der zur Verfügung stehenden Zeit, der durch Fremdbestimmung nicht aktiv selbst gestaltet werden kann (Zeitvorgaben durch Vorgesetzte, Liefertermine von Kunden oder Lieferanten, Zeitaufwand für die Belange von Mitarbeitern oder Familie). Die Ausprägung dieser äußeren Zwänge ist jedoch individuell verschieden. Dennoch birgt jeder Mensch ein Verbesserungspotential der persönlichen Zeitgestaltung in sich, wenn er seine individuellen Schwachstellen erkannt hat. Als Hilfsmittel zur erfolgreichen *Selbstorganisation* gibt es Methoden und Techniken, deren Anwendung aber stark von den eigenen Einstellungen und dem Willen zur Verbesserung abhängt.

Volle innere Einsatzbereitschaft und Tatkraft kann ein Mensch nur dann aufbringen, wenn er

- ❑ eindeutige persönliche und berufliche Zielvorstellungen hat,
- ❑ mit seiner Zeit richtig umzugehen weiß,
- ❑ zielorientiert an seine Aufgaben herangeht,
- ❑ seine Aktivitäten plant und Selbstkontrolle betreibt,
- ❑ konsequent auf Ziele hinarbeitet, sich nicht von unwichtigen äußeren Einflüssen beeinträchtigen läßt (Prioritäten setzen),
- ❑ eine sinnvolle Zeiteinteilung anstrebt, die auch Erholungszeit berücksichtigt sowie
- ❑ auch die körperlichen Belange zur Erhaltung der Gesundheit bei der Gestaltung des Daseins berücksichtigt.

Solche Konzepte allein sind aber noch kein Garant für ein erfolgreiches Selbstmanagement, wichtig ist die Fähigkeit zur *Selbstkritik*. Jahrelange Gewohnheiten und Verhaltensmuster müssen daraufhin überprüft werden, ob sie mit der neuen Selbstorganisation verträglich sind. Eine elementare Voraussetzung ist die Offenheit und Bereitschaft für Veränderungen an sich selbst: Nur wer bereit ist, eigene *Verhaltensmuster* zu überdenken und neu zu definieren, kann mit Hilfe von Arbeitstechniken und Zeitplanungsmethoden eine effiziente Selbstorganisation erreichen, die ein Charakteristikum sogenannter Erfolgsmenschen ist. Unabhängig von Position und Funktion ist es wichtig, mit eigenem Beispiel voranzugehen. Das Zitat von John F. Kennedy: ›Frage Dich nicht, was Amerika für Dich tun kann. Frage Dich, was Du für Amerika tun kannst.‹ ist durchaus auf unsere Unternehmen übertragbar.

Firmenangehörige, die sich für ihren Betrieb einsetzen, tun dies mit einer sozialen Komponente, mit ethischem Sinn und nicht zuletzt mit dem Bedürfnis, selbst etwas erreichen zu wollen, auf das sie stolz sein können und aus dem sie Kraft, Zufriedenheit und Stolz für sich und andere schöpfen. Dieses Verhalten des Einzelnen in einer Gruppe bzw. im Unternehmen sucht eine Orientierung.

Leitbilder als Orientierung

Einstellung und Verhalten wird bestimmt durch Unternehmensleitbilder, die bereits (☞ Kapitel 4) definiert wurden. Die operative Ausarbeitung von Leitbildern, als Orientierung und Handlungsanleitungen für alle Mitarbeiter, ist anhand von mehreren unterschiedlichen Praxisbeispielen stichwortartig dargestellt.

Praxisbeispiel 1: Mercedes-Benz, Werk Rastatt (1995)
Nachfolgende Leitbildelemente wurden in bereichsübergreifender Zusammenarbeit von ca. 200 Mitarbeitern aus verschiedenen Hierarchiestufen erstellt.

❑ Zukunftssicherung, durch:
  - Zielorientierung;
  - Änderungsbereitschaft.
❑ Kundenorientierung:
  - interne Kunden;
  - externe Kunden.
❑ Umweltbewußtsein:
  - Reduktion der Belastungen;
  - Recycling.
❑ Eigenverantwortung:
  - Verantwortung und Entscheidung vor Ort;
  - Zielvereinbarung.

❑ Partnerschaftliche Zusammenarbeit als Team:
  • Handeln im Interesse der gesamten Projektgruppe, des gesamten Unternehmens;
  • Verzicht auf persönliche Eitelkeiten und Gruppenegoismen;
  • Gegenseitige Unterstützung und Hilfe;
  • Weitergabe von Erfahrungen und Wissen;
  • Toleranz und Verständnis, Achtung des anderen;
  • Offenheit und Ehrlichkeit.

Neben diesen Leitbildern wurden von den Führungskräften für den Umgang untereinander
Spielregeln definiert (Bild 6.1).

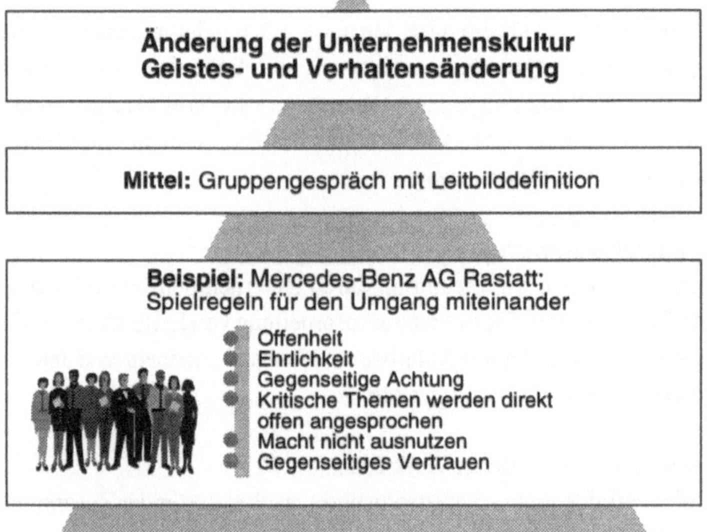

Bild 6.1:   Spielregeln für den Umgang miteinander (vgl. Mercedes-Benz AG Rastatt
             1995)

Praxisbeispiel 2: Mann & Hummel, Ludwigsburg (1994)
  ❑ Leistungsorientierung;
  ❑ Eigenverantwortliches Handeln;
  ❑ Vertrauensvolle Zusammenarbeit;
  ❑ Gegenseitige Unterstützung;
  ❑ Wirtschaftlicher Erfolg;
  ❑ Kundenorientierung;
  ❑ Partnerschaftliche Zusammenarbeit mit Lieferanten;
  ❑ Verantwortungsvoller Umgang mit Umwelt und Gesellschaft;
  ❑ Bedeutung des einzelnen Mitarbeiters.

Praxisbeispiel 3: Carl Schenk AG, Darmstadt (Geiger 1995b)
- ❏ Beteiligung aller betroffenen Mitarbeiter an Problemlösungen;
- ❏ Abbau des Hierarchiedenkens;
- ❏ Abbau des Abteilungsdenkens;
- ❏ Vorurteilsfreier Umgang miteinander;
- ❏ Vertrauensvolle Zusammenarbeit;
- ❏ Fehler machen dürfen und daraus lernen;
- ❏ Planung und Ausführung in einer Hand;
- ❏ Toleranz gegenüber unterschiedlichen Denkweisen und Charakteren.

Praxisbeispiel 4: Hewlett-Packard (Fischer 1995)
- ❏ Führung durch Zielvereinbarung;
- ❏ Vertrauen;
- ❏ Achtung aller Mitarbeiter;
- ❏ Anerkennung;
- ❏ Offene Information und Kommunikation.

Praxisbeispiel 5: Schott Gruppe (1995)
- ❏ Kunde:
  - • An den Kundenbedürfnissen orientieren.
- ❏ Mitarbeiter:
  - • Alle Kollegen miteinbeziehen.
- ❏ Führung:
  - • Als Vorbild wirken;
  - • Offen miteinander reden.
- ❏ Fakten:
  - • Messen und sich messen.
- ❏ Abläufe:
  - • Verfahren optimieren;
  - • Hemmnisse beseitigen.
- ❏ Vorsprung:
  - • Ständig Verbesserungen verwirklichen.

Praxisbeispiel 6: Die Nissan-Regeln als ein Weg zur Selbsterneuerung (Lukas 1995)
- ❏ Ich bin offen und ehrlich;
- ❏ Ich achte den anderen und begegne ihm mit Freundlichkeit;
- ❏ Ich begegne dem anderen mit Toleranz und Verständnis;
- ❏ Ich vertrete meine Meinung und ich bin offen für Kritik;
- ❏ Ich bin eigeninitiativ und verantwortungsbewußt;
- ❏ Ich sorge für eine vertrauensvolle Atmosphäre;

❑ Ich motiviere und erkenne Leistung an;
❑ Ich arbeite teamorientiert und bringe meine Ideen ein;
❑ Ich informiere gezielt und rechtzeitig;
❑ Ich setze Zeichen durch mein eigenes Vorbild.

Aus diesen Leitbildern lassen sich die folgenden acht Themenbereiche differenzieren:

❑ Kunden und Lieferanten:
  • Kundenorientierung;
  • Lieferantenintegration;
  • partnerschaftliche Zusammenarbeit.

❑ Wirtschaftlicher Erfolg:
  • Gewinnoptimierung;
  • Wachstum.

❑ Betätigungsgebiet:
  • Internationalität;
  • Anpassungsfähigkeit an Marktentwicklung/Flexibilität;
  • Vielfalt von Produkten, Verfahren und Dienstleistungen.

❑ Arbeit und Tätigkeit:
  • ganzheitliche Tätigkeit;
  • Selbstentfaltungsmöglichkeit, Vereinbarung mit persönlichen Interessen;
  • Eigenverantwortung;
  • Handlungs- und Entscheidungsspielraum.

❑ Gesellschaftliche Verantwortung:
  • Zukunftssicherung, Arbeitsplatzsicherung;
  • Umweltschutz.

❑ Bild vom Mitarbeiter:
  • Kreatives Potential der Mitarbeiter;
  • Gleichwertigkeit aller Mitarbeiter;
  • Gleichberechtigung (vor allem der Frauen; finanziell und tätigkeitsbezogen);
  • Leistungs- und Weiterentwicklungswille.

❑ Führungsstil und Zusammenarbeit mit Kollegen:
  • Partnerschaft;
  • Vertrauen;

- Abbau des Hierarchie- und Abteilungsdenkens;
- Toleranz gegenüber unterschiedlichen Denkweisen, Charakteren, Kulturen, Rassen, Nationalitäten und Glaubensrichtungen;
- Fehlerverständnis;
- Zielvereinbarung bzw. -absprache.

❑ Information und Kommunikation:
- Transparenz, Verständlichkeit, Sinnvermittlung;
- Durchgängigkeit;
- Nutzung moderner Medien.

Diese Beispiele stellen jedoch nur mögliche Inhalte und Formulierungen dar, die nicht alleine über Erfolg oder Mißerfolg bei der Einführung eines Unternehmensleitbildes entscheiden. Wichtiger ist die Art und Weise, in der es erstellt wird, nämlich durch Mitwirkung aller Mitarbeiter. Es darf nicht durch eine Art ›Überstülpung von oben‹ aufgezwungen werden, sondern kommt nur durch aktive Beteiligung zustande; Leitbilder müssen gelebt werden.

... Die Gruppe als Sozialgefüge im Unternehmen

Die motivierte Beteiligung und die Einbringung von Kreativität in unternehmerische Prozesse kann sowohl durch isoliert wirkende Einzelpersonen erfolgen als auch im Rahmen einer *Gruppenorganisation*. Die Gruppenorganisation stellt die Erweiterung des *job enlargement*- und des *job enrichment*-Konzepts dar. Sie erlangt mehr und mehr an Bedeutung, sei es in Form nur wenig selbständiger Einheiten, oder in Form teilautonomer oder hochautonomer Gruppen. Somit besteht an die Mitarbeiter die Anforderung, ein richtiges Verständnis über die Funktion und den Aufbau einer Gruppe zu erlangen und sich aktiv in einer Gruppenstruktur zu integrieren.

Erfolg versprechen diese Formen der Gruppenarbeit wegen der in den Gruppen ablaufenden Prozesse, der *Gruppendynamik*. Inwieweit diese Prozesse die Kreativität und *Motivation* der einzelnen Mitarbeiter erhöhen und damit eine Leistungssteigerung bewirken, soll das folgende Kapitel klären.

Der Mensch existiert nicht für sich allein, sondern lebt als soziales Wesen in Gemeinschaft mit anderen. Dies dokumentierte bereits Aristoteles mit seinem Ausspruch ›zoon politikon‹ (›Der Mensch ist ein geselliges Wesen‹). Gleichzeitig stellt der Mensch aber ein Individuum dar, so daß bei der Betrachtung des menschlichen Verhaltens zwei polare Eigenschaften des Mitarbeiters berücksichtigt werden müssen.

Hauptmerkmal einer Gruppe ist ein gemeinsames Ziel, das zum Wir-Gefühl, dem sogenannten *Gruppenbewußtsein* führt. Daraus ergibt sich ein System gemeinsamer Normen, die als soziale Kontrolle dienen. Dem Differenzierungsbedürfnis des Menschen wird mit der Ausgestaltung einer Hierarchie Rechnung getragen. Für das Individuum bedeutet die Zugehörigkeit zu einer Gruppe eine Sicherheit, eine Geborgenheit und Schutzgewährung. Eine Gruppe nimmt dem Einzelnen das Gefühl der Isolation, indem sie ihn ein Stück weit von Lasten befreit, ihm Anerkennung gewährt, ihn informiert und dadurch signalisiert: ›Du wirst gebraucht‹.

Organisationsstrukturen von Gruppen

In einem Unternehmen, in dem zwangsläufig die unterschiedlichsten Menschen zusammenarbeiten, bilden sich immer verschiedene *Organisationsstrukturen* heraus. Dabei unterscheidet man die formelle von der informellen Organisationsstruktur.

Die formell organisierte Gruppe wird dabei offiziell von der Unternehmensleitung geplant und zusammengesetzt. Sie agiert nach von der Unternehmensleitung erlassenen Verhaltensregeln oder Normen, z. B. in Form von Arbeitsanweisungen. Innerhalb dieser Struktur herrscht ein formelles Kommunikationssystem über Dienstwege, Beschwerdewege etc.. In einer solchen Gruppe ist Macht auf Kompetenzen und Befugnisse zurückzuführen. Fragen in diesem Zusammenhang können sein:

- ❏ Sind Stellenbeschreibungen so gestaltet, daß sie die Arbeitsabläufe, Autoritätsbeziehungen und Informationskanäle widerspruchsfrei regeln oder wird durch unklare Kompetenzabgrenzungen ein Konflikt innerhalb eines bestimmten Systems provoziert?
- ❏ Sind die formellen Anordnungen und Regeln im Betrieb so gestaltet, daß sie den Vorstellungen, Erwartungen und Bedürfnissen der Mitarbeiter entsprechen?

Eine informell organisierte Gruppe bildet sich im Gegensatz zu der formellen spontan und freiwillig aufgrund eines gemeinsamen Merkmals, z. B. gleichen Alters, gleichen Geschlechts oder gleicher Interessen. Auch innerhalb dieser Gruppe herrschen Verhaltensregeln, die allerdings von der Gruppe selbst gebildet und befolgt werden. Diese Regeln werden immer dann zu Problemen, wenn sie den offiziellen Regeln zuwiderlaufen. Eine inoffizielle Struktur ist als ›Komplex von sozialen Abläufen und Beziehungen zu betrachten, die ihre Quelle in der Natur des Menschen als soziales Wesen, ausgerichtet auf Zugehörigkeit, Anerkennung, Freundschaft und Kontakt finden oder auch auf Versäumnissen der formellen betrieblichen Organisationsstruktur beruhen.‹ (Stopp 1992)

Innerhalb einer informellen Gruppe existiert ein informelles Kommunikationssystem, das meist nach einer schnellen Informationsweitergabe unabhängig von den offiziellen

Wegen strebt. Die Macht in einer inoffiziellen Struktur gründet sich auf Verbindungen, Beziehungen und Schlüsselstellungen im Betrieb.

Für die Unternehmensleitung und jede Führungskraft ist es unverzichtbar, die informellen Strukturen in ihrem Unternehmen zu beobachten, da die informelle Struktur als ›Stimmungsbarometer‹ und Beurteilungsgrundlage für die mentale Einstellung und den Leistungswillen der Organisation dienen kann. Anzustreben ist eine Angleichung der beiden Strukturen im Sinne einer Übereinstimmung der Ziele der formellen und der informellen Organisationsstrukturen. Andernfalls bildet sich das informelle Beziehungsmuster als Gegenstruktur heraus, die sich um so stärker entfalten wird, je weniger sich die Mitarbeiter mit den Planstrukturen identifizieren können. Rückzug, Fehlzeiten, Rebellion oder Intrigen können Konsequenzen aus einer solchen Situation sein und jeden Ansatz von Motivation und Kreativität verhindern.

Gruppenprozesse

Unabhängig davon, ob sich eine formelle oder informelle Organisationsstruktur ausbildet, laufen in jeder Gruppe bestimmte Prozesse gruppendynamischer Art ab. Der Prozeß der Gruppenbildung läuft dabei stets nach einem ähnlichen Schema ab. Allgemein lassen sich vier Phasen definieren, die durch Aufgaben und Beziehungen charakterisiert werden können:

Phase 1: Formierungsphase (Orientierung)

Aufgabenebene:

- ❑ Fragen, Informationen sammeln;
- ❑ Ziele klären, verstehen, definieren;
- ❑ Methoden entwickeln;
- ❑ Mitglieder erkennen Aufgaben, Regeln und Methoden.

Beziehungsebene:

- ❑ Höflich, neugierig, unpersönlich, vorsichtig, gespannt;
- ❑ Prüfung der Situation;
- ❑ Suche nach Akzeptanz, Suche nach der eigenen Rolle;
- ❑ Abhängigkeit von der Gruppenführung, Normen, Standards.

Phase 2: Konfliktphase (Kampf)

Aufgabenebene:

- ❑ Zähes Vorankommen;
- ❑ Entweder/Oder-Muster;
- ❑ Definieren von Aufgabenrollen;
- ❑ Widerstand gegen Aufgabe und Methoden.

Beziehungsebene:

- ❑ Aufbau von Beziehungen, Cliquenbildung;
- ❑ Kampf um Status und Territorien, Verteilung von Einfluß;
- ❑ Unterschwellige Konflikte zwischen Untergruppen;
- ❑ Konfrontation und Rebellion gegen Führung;
- ❑ Emotionaler Widerstand gegen Gruppenzwang;
- ❑ Gefühl der Ausweglosigkeit.

Phase 3: Normierungsphase (Organisation)

Aufgabenebene:

- ❑ Feedback;
- ❑ Offener Austausch von Standpunkten, Ansichten, Gefühlen;
- ❑ Kooperative Suche nach Alternativen;
- ❑ Sterilität, mühsames Vorwärtskommen.

Beziehungsebene:

- ❑ Neue Regeln, Umgangsformen, Verhaltensweisen;
- ❑ Beilegung von Konflikten, Harmonisierung;
- ❑ Gruppenkohäsion, Entwicklung von einem Gruppengefühl, Kooperation;
- ❑ Entspannung, Wohlfühlen;
- ❑ Idealisierung, Elitedarstellung nach außen.

Phase 4: Arbeitsphase (Integration)

Aufgabenebene:

- ❑ Leistungsfähige Aufgabenaktivität, effektive Arbeit;
- ❑ Konstruktive Anstrengungen, ›workculture‹ (im Dienste des Teams);
- ❑ Problemlösung;
- ❑ Flexible Arbeitsweise, Selbstorganisation;
- ❑ Ideenreichtum, Effizienz, Kreativität;
- ❑ Ganzheitliche, rollierende Planung.

Beziehungsebene:

- ❑ Offenheit zueinander;
- ❑ Verantwortungsübernahme füreinander (Wir-Gefühl), Solidarität;
- ❑ Selbstverständliche Reflexion über Zusammenarbeit, Feedback;
- ❑ Geklärte Verhaltensstandards.

Für die Mitarbeiter bilden sich dabei verschiedene Positionen heraus. Jede Position in einem Unternehmen unterliegt einer bestimmten Verhaltenserwartung der Umwelt, einer sogenannten *Rollenerwartung*. Nach der Definition von Stopp (1992) ist eine soziale

Rolle dabei die Summe der von einem Individuum von der Umwelt erwarteten Verhaltensweisen in einer bestimmten Position. Sie legt die Aufgaben und Pflichten, die Verbote und Tabus sowie die Rechte und Privilegien innerhalb der Position fest, die ein Mitarbeiter innehat. Zu einem *Rollenkonflikt* kommt es immer dann, wenn ein Mitarbeiter mehreren Rollenerwartungen nicht gleichzeitig entsprechen kann.

Soziale Normen sind bestimmend für das Verhalten der Gruppenmitglieder. Sie sind die notwendige Basis für das Existieren und Überleben einer betrieblichen Gruppierung, da sie die Beziehungen innerhalb der Gruppe und deren Beziehungen zur Umwelt regeln. Auch hier findet eine Aufteilung in formelle und informelle Normen statt. Bereits Elton Mayo entwickelte einen Katalog mit Musterbeispielen für informelle Gruppennormen, die eine Gruppe gegen Druck von Außen schützen sollen. Beispiele für Gruppennormen nach Mayo (vgl. Stopp 1992) sind:

❑ Ein Gruppenmitglied (GM) soll das Leistungsmaß der anderen GM weder übertreffen noch unter dem Leistungsstandard der anderen GM bleiben.
❑ Ein GM soll keine internen Absprachen, deren Verrat der Gruppe schaden könnte, nach außen tragen.
❑ Ein GM soll sich nicht bei der Gruppenleitung beliebt machen.
❑ Ein GM soll sich gegenüber anderen GM nicht für besser halten.

Sehr oft tritt innerhalb einer Gruppe die Erscheinung auf, daß alle Gruppenmitglieder einer Meinung sind. Diese Tendenz der gegenseitigen Annäherung nennt man *Konvergenzphänomen.*

Ebenso wie die Gruppen- oder Grüppchenbildung ist der Gruppenzerfall ein immer wiederkehrender Aspekt der Gruppendynamik. Die Anlässe für einen solchen Zerfall können vielseitig sein, wie z. B.

❑ gruppeninterne Konflikte,
❑ veränderte Gruppenwerte oder -normen,
❑ unzulängliche Bewertung tragender Rollen,
❑ sinkende Gruppenmoral,
❑ mangelnde Identifikation der Gruppenmitglieder mit den Gruppenzielen oder
❑ die Bildung von informellen Untergruppen mit voneinander abweichenden Bedürfnissen, Interessen oder Meinungen.

Der Leistungsvorteil der Gruppe

Basierend auf den im vorigen Abschnitt genannten Effekten der Gruppenbildung haben viele Versuche gezeigt, daß sich das Individuum anders verhält, wenn es sich in Gegenwart anderer Personen weiß, und daß dieses Phänomen eine gesteigerte Aktivität und Produktivität dieser Einzelperson bewirken kann. Aus diesen Versuchsergebnissen schloß man unmittelbar auf eine Leistungssteigerung auch bei Gruppenarbeit in einer Unternehmung mit gegenseitiger Kommunikation, gemeinsamer Zielbildung, leistungsfördernden Normen, Gruppenbewußtsein und einem eventuellen Wettbewerbsgefühl gegenüber Konkurrenzgruppen. Allerdings müssen bei der Nutzbarmachung dieses sozialen Effekts im Rahmen eines Unternehmens bestimmte Voraussetzungen erfüllt sein. Dies zeigt Bild 6.2.

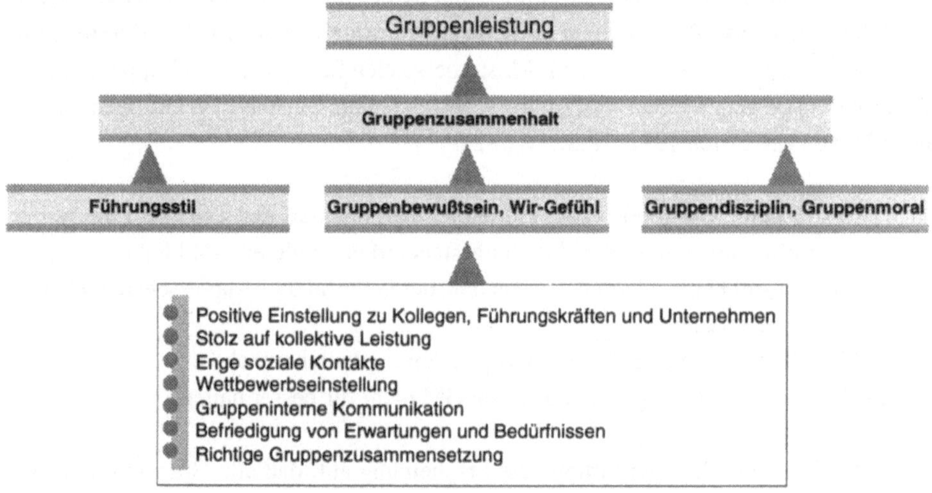

Bild 6.2:   Bedingungen der Gruppenleistung (Stopp 1992)

Die Gruppenleistung ist in erster Linie abhängig vom Gruppenzusammenhalt, der sich wiederum v. a. auf das *Gruppenbewußtsein* gründet. Je stärker das ›Wir-Gefühl‹ in einer Gruppe ausgebildet ist, desto stärker ist der Gruppenzusammenhalt. Die Gruppenmitglieder wissen um den Wert ihrer Gruppe.

Das *Führungsverhalten* ist ein entscheidender Parameter für das Leistungsverhalten einer Gruppe. Einsatz und Förderung der Mitarbeiter setzen die Meinungsbildung über Leistung und Verhalten der Mitarbeiter voraus. Ein Führungsstil, der motivierte, kreative Mitarbeiter hervorbringen soll, muß deshalb die permanente Kommunikation und Information vorantreiben. Mitarbeiter werden nur dann bereit sein, sich für ihre Firma voll einzusetzen, wenn sie wissen, warum und wozu etwas geschieht und wenn sie die Möglichkeit haben, angehört zu werden.

Deshalb wird eine autoritäre Führung v. a. gegenüber qualifizierten Gruppenmitgliedern erfahrungsgemäß zu einer geheimen Opposition gegen die Führungskraft führen, aber auch zu gruppeninternem Aggressionsabbau auf unterrangige Gruppenmitglieder, wodurch der Gruppenzusammenhalt unterminiert und die Gruppenleistung durch eine Leistungsdemotivation negativ beeinflußt wird.

Wenn die genannten Voraussetzungen erfüllt sind, ist ein Leistungsvorteil der Gruppe gegenüber Einzelnen möglich. Dabei resultiert die Leistungserhöhung aus zwei unterschiedlichen Bereichen:

1) Betriebsorganisation:
   - Verbesserte Möglichkeiten der Informationsübermittlung durch die Führungskraft an die Mitarbeiter in der Mitarbeiterbesprechung;
   - Verbesserte und umfassende Zielerläuterung und Zieleinhaltungskontrolle durch kollektives Mitarbeitergespräch (Soll-Ist-Vergleich, Brainstorming);
   - Kostengünstigere und das Sozialverhalten verbessernde Gruppenausbildung oder Gruppenfortbildung statt Einzelaus- und -fortbildung.

2) Gruppendynamik:
   - Addition der physischen Kräfte;
   - Addition der geistigen Kräfte;
   - Abwägenderes und vorsichtigeres Herbeiführen einer Entscheidung, da sich Einzelpersonen häufig durch Emotionen und Vorurteile bestimmen lassen;
   - Positiver Ausgleich individueller Unterschiede durch gegenseitige Hilfestellung, Beratung und Unterweisung;
   - Ausgleich leistungshemmender Informationslücken einzelner Gruppenmitglieder im Wege gruppeninterner Kommunikation;
   - Ausbildung eines Konkurrenzmotivs gegenüber anderen Gruppen in Form eines ›Die-Gefühls‹.

Gruppengestaltung am Beispiel der Kommunikationsstruktur

›Die Frage der Gestaltung der Arbeitsgruppe durch organisatorische Maßnahmen ist deshalb bedeutsam, weil von der organisatorischen Struktur bestimmte Gruppenprozesse wie Beiträge zu Problemlösungen, Unterwerfung unter den Konformitätsdruck, Aufspaltung in informelle Teilgruppen oder Cliquen bzw. Selbstisolation von Gruppenmitgliedern beeinflußt werden.‹ (Stopp 1992)

Dabei wird dem Zusammenhang zwischen *Gruppeneffizienz* und der Kommunikationsstruktur innerhalb einer Gruppe besondere Bedeutung zugesprochen. Wichtige Aspekte für das Finden einer Problemlösung, die Verteilung von Informationen und die Entwicklung organisierter Arbeitsmethoden sind dabei die Anzahl, Aufnahmefähigkeit und

Verteilung der Kommunikationswege innerhalb der Gruppe. Bezüglich dieser Punkte wurden nach Stopp (1992) mit fünf *Kommunikationsstrukturen* Untersuchungen zur Leistungs- und Verhaltenseffizienz durchgeführt (vgl. Bild 6.3).

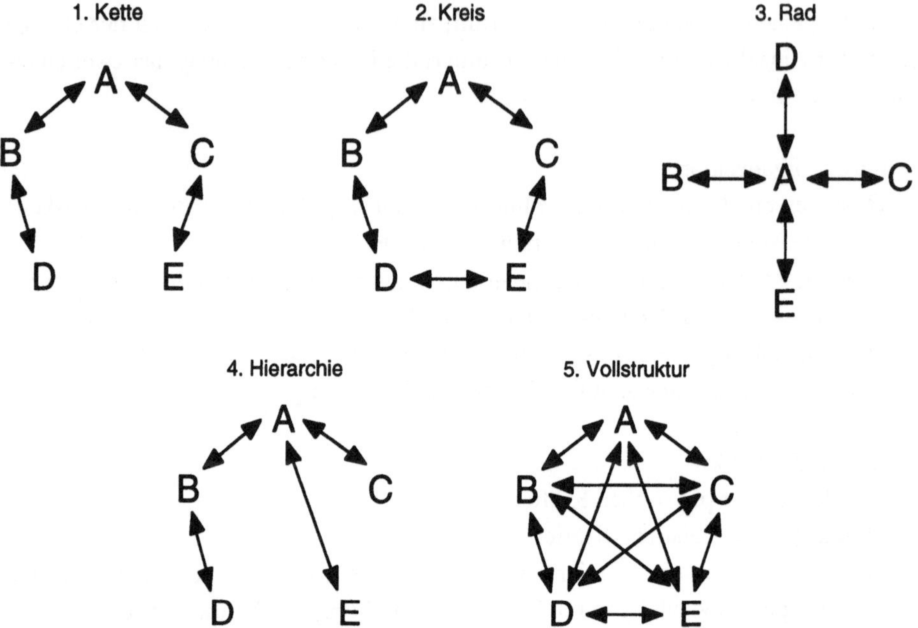

Bild 6.3:   Kommunikationsstrukturen

Die Ergebnisse sind eindeutig. Bezüglich der Gruppenleistung, die sowohl nach Geschwindigkeit als auch nach Genauigkeit beurteilt wurde, zeigte das ›Rad‹ die besten Ergebnisse, im Vergleich zu der ›Hierarchie‹, der ›Kette‹, dem ›Kreis‹ und der ›Vollstruktur‹. Die flexibelste Kommunikationsstruktur ist die ›Vollstruktur‹, im Vergleich zu dem ›Kreis‹, der ›Kette‹, der ›Hierarchie‹ und dem ›Rad‹. Hierbei gibt es aber die Ausnahme, daß sich bei oft wiederholenden, schematischen Aufgaben das ›Rad‹ am besten abschneidet.

Für die Praxis sind folgende Erkenntnisse relevant:

❑ Starr einzuhaltende Dienstwege können zu einer beträchtlichen Verzögerung der Informationsübermittlung, wegen der mehrfach einzuschaltenden Medien zu einer unbewußten oder bewußten Verfälschung der Informationen und zur Überlastung von Zwischeninstanzen führen.

❑ Anspruchsvolle Projekte sollten wegen der Schwierigkeit und Komplexität von Projektteams aus gleichberechtigten Mitgliedern bearbeitet werden.

❑ Vor allem qualifizierte Mitarbeiter, deren immaterielle Motivationsstruktur in Form von Kontakt-, Status, Kompetenz- und Leistungsbedürfnissen stark ausgeprägt ist, sollten nicht in einer zentralistischen Kommunikationsstruktur, sondern im Interesse der Arbeitszufriedenheit, der Kreativität und der Leistungsmotivation in eine dezentralisierte Kommunikationsstruktur wie der ›Vollstruktur‹ eingeordnet werden.

❑ Einfachere Projekte, deren Bearbeitung den Vollzug schematischer, sich wiederholender Funktionen durch geringer qualifizierte Mitarbeiter erfordert, bedürfen zu ihrer Lösung keiner intensiven Kommunikation, d. h. hier erfüllt ein zentrales Kommunikationsnetz alle Anforderungen.

Insgesamt muß aber gesagt werden, daß weder ein vollständig zentralisiertes noch ein völlig dezentralisiertes Kommunikationssystem allen Situationen gerecht werden kann. Die ideale Lösung sind teilweise vorgeschriebene Kommunikationswege in Verbindung mit solchen, die von der Gruppe selbst bestimmbar sind.

Die Thematik der Kommunikation wird in Kapitel ›Motivation- und Kreativitätsfaktoren aus der Arbeitsgestaltung und Arbeitsorganisation‹ (☞ Kapitel 7) weiter vertieft.

... Die Mitarbeiterbefragung zur Führungskräfte-beurteilung - Beteiligung und Feedback

Eine vollständige *Identifikation* der Mitarbeiter mit dem Unternehmen und seinen Aufgaben ist bislang noch überwiegend selten. Daraus resultiert das niedrige *Engagement* der Mitarbeiter für den Arbeitsprozeß und die ihnen zugewiesenen Arbeitsaufgaben sowie die schlechte Wettbewerbssituation der Unternehmen. Bei der Verbesserung der Identifikation und der Beteiligung kommt dem Instrument der Mitarbeiterbefragung eine wesentliche Bedeutung zu.

Bisher wird unter ›Mitarbeiterbefragung‹ meist ein Mitarbeitergespräch zur Abklärung von Zielen, der vom Mitarbeiter zu erreichenden Ertragslage, Qualitätsstandards, Produktivitätszeiten, etc. oder der Überprüfung von Ergebnissen verstanden.

Ziel der hier dargestellten Mitarbeiterbefragung soll hingegen die *Führungskräftebeurteilung* sein, um auf der einen Seite der Führungskraft ein Feedbackinstrument in die Hand zu geben, um *Rückmeldungen* über Stärken und Schwächen in ihrem Führungsverhalten und im unternehmerischen Wertschöpfungsprozeß zu erhalten, als auch auf der anderen Seite die Wertschätzung der Mitarbeiter zu erhöhen und somit ihre Identifikation und ihre *Beteiligung* an Unternehmensprozessen.

Ziel ist es, die gefundenen Schwächen durch die Einleitung von Verbesserungsprozessen zu neutralisieren oder sogar in Stärken umzuwandeln. Durch eine Mitarbeiterbefragung erhalten Führungskräfte einen Zustandsbericht des Unternehmens aus Sicht der Mitarbeiter. Führungskräfte erhalten einen Überblick über die Vorstellungen, Wahrnehmungen und Meinungen ihrer Mitarbeiter. Die eigene Sichtweise kann durch das gewonnene Fremdbild ergänzt und gegebenenfalls korrigiert werden. Führungskräfte erhalten ein Feedback über ihr Wirken auf Mitarbeiter und damit eine Hilfestellung, um ihr Führungsverhalten zu verbessern.

... Anforderungen an eine Mitarbeiterbefragung zur Führungskräftebeurteilung

❑ Anonymität:
Die Befragten müssen sichergehen, daß ihre ehrlichen Antworten keine negativen Rückwirkungen auf sie haben. Deshalb sollte die Befragung anonym durchgeführt werden. Aus Gründen einer detaillierten Datenerhebung und einer auf Zielgruppen ausgerichteten Maßnahmenplanung, kann es erforderlich sein, statistische Daten zu erheben (z. B. Geschlecht, Altersgruppe, Dauer der Betriebszugehörigkeit). Die Angabe dieser Daten darf aber keine Identifikation der Person zulassen, da sonst die Fragen eventuell nicht ehrlich beantwortet werden. Die Forderung nach Anonymität entfällt, wenn im gesamten Unternehmen vertrauensvoll zusammengearbeitet wird. Hier muß keiner nach seiner offenen Meinungsäußerung Sanktionen befürchten.

❑ Freiwillige Teilnahme:
Keiner der Mitarbeiter darf zu einer Teilnahme an der Befragung gezwungen werden. Er würde die Fragen nicht ehrlich beantworten. Die Ausübung von Druck wirkt der Forderung nach einer offenen und von Vertrauen geprägten Kommunikation entgegen. Damit jeder Mitarbeiter einen Fragebogen erhält und trotzdem eine freiwillige Teilnahme gewährleistet ist, kann man die Fragebögen separat oder z. B. mit der Lohnabrechnung ausgeben und sie in einem zentral aufgestellten Kasten einsammeln. Wichtig ist, daß sich die Mitarbeiter dabei unkontrolliert fühlen. Aus der Beteiligungsquote lassen sich Rückschlüsse auf das aktuell herrschende Betriebsklima und das Interesse der Belegschaft an Verbesserungsprozessen ziehen.

❑ Ankündigung:
Die Mitarbeiter sollen sich auf die bevorstehende Befragung mental vorbereiten können. Deshalb muß sie angekündigt werden. Durch die Aufklärung über Ziel und Sinn der Befragung können Zurückhaltung und Ängste abgebaut werden. Durch die folglich gesteigerte Beteiligung wird die Effizienz der Befragungsaktion erhöht.

❑ Direkte Befragung:
Die Befragung muß von einer unabhängigen Stelle aus erfolgen (externe Stelle, Stabstelle, Betriebsrat). Würde der direkte Vorgesetzte den Fragebogen ausgeben, so hätte er die Möglichkeit, bei einer Führungskräftebeurteilung das Befragungsergebnis durch entsprechende Äußerungen gegenüber seinem Mitarbeiter zu manipulieren.

❑ Anpassung auf den jeweiligen Betrieb:
Die Auswahl der Fragen muß auf die Gegebenheiten des Betriebes, die Zielgruppe und die gesteckten Ziele angepaßt werden.

❑ Verständliche Formulierung:
Damit die Fragen von den Mitarbeitern verstanden werden, müssen sie mit deren Wortschatz formuliert werden. Dadurch fühlt sich der Befragte direkter angesprochen und aufgefordert, eine ehrliche Antwort zu geben, die er bei nichtskalierten Fragen dann auch gerne mit seinen eigenen Worten formuliert.

❑ Beachtung des gesetzlichen Rahmens:
Die Unternehmensleitung gibt eine Mitarbeiterbefragung in Auftrag. Die Fragen müssen sich auf das betriebliche Geschehen beschränken. Der Datenschutz muß gesichert sein. Das Vertrauen der Mitarbeiter in die positiven Absichten der Befragung kann gesteigert werden, wenn der Fragebogen durch den Betriebsrat freigegeben wird.

❑ Auswertung gruppen-, abteilungs- und bereichsweit:
Werden die Ergebnisse stufenweise von unten nach oben über verschiedene organisatorische Ebenen ausgewertet, so kann eine optimale Rückmeldung an die Befragten gegeben werden und für jede organisatorische Ebene ein separater Maßnahmenplan aufgestellt werden. So wird der Bildung von pauschalen Durchschnittswerten entgegengewirkt.

❑ Veröffentlichung der Ergebnisse:
Die Befragten interessieren sich für das Befragungsergebnis. Sie möchten wissen, ob sie die gleiche Meinung haben wie ihre Kollegen. Die Verständlichkeit der Ergebnisse läßt sich durch das Zitieren von Tendenzen und häufig gegebenen Antworten erhöhen. Letztendlich können die Mitarbeiter aus den Befragungsergebnissen ableiten, ob sie eine Veränderung der bestehenden Situation erwarten können.

❑ Schutz der Führungskraft:
Bei einer Führungskräftebeurteilung erhält jede Führungskraft direkt von der unabhängigen Auswertungsstelle eine Zusammenstellung der Befragungsergebnisse aus ihrem Verantwortungsbereich. Diese Einzelergebnisse dürfen dem übergeordneten Management

nicht zugänglich sein, sonst müßte die Führungskraft - im Falle von starker Kritik ihres Führungsverhaltens durch ihre Mitarbeiter - eventuell mit Sanktionen rechnen. Ziel einer Mitarbeiterbefragung ist eine konstruktive Verbesserung und keine Verschlech-terung des Betriebsklimas infolge von Angstzuständen der Führungskräfte. Man geht davon aus, daß eine Führungskraft die notwendigen Maßnahmen für sich und ihren Verant-wortungsbereich erkennt und letztendlich auch selbst einleitet.

❑ Konsequenz der Maßnahmeneinleitung:
Ziel der Mitarbeiterbefragung ist die Einleitung von Verbesserungsmaßnahmen. Den in der Auswertung festgestellten Mängeln und Defiziten muß durch die Einleitung verbessernder Maßnahmen Rechnung getragen werden. Durch Mitarbeiterbefragungen und die Umsetzung der Vorschläge werden alle Beschäftigten aktiv an der Unterneh-mensentwicklung beteiligt. Eine verringerte Distanz bzw. Hemmschwelle zwischen Ge-schäftsleitung und Mitarbeitern und eine offenere Kommunikation zwischen allen Beteiligten ergeben sich als positive Auswirkungen der Mitarbeiterbefragung. Die Moti-vation der Beschäftigten wird gesteigert und das Betriebsklima verbessert. Kommt es nach einer Mitarbeiterbefragung allerdings nicht zu den notwendigen Veränderungen, dann werden sich die Befragten getäuscht fühlen und in einen Zustand der Gleichgültigkeit verfallen, wodurch sich das Betriebsklima verschlechtert.

❑ Möglichkeit des wiederholten Einsatzes:
Möchte die Geschäftsleitung den Erfolg der getroffenen Maßnahmen kontrollieren, so besteht die Möglichkeit, mittels einer erneuten Befragung mit den gleichen Fragen die aktuelle Situation mit einer vorhergehenden Situation zum Zeitpunkt der ersten Befragung zu vergleichen.

Methode	Einzelinterview	Workshop	Schriftliche Befragung
Charakteristika	• Halbstrukturiert (Verwendung eines Interview-Leitfadens)	• Gruppe von ca. 10 Personen • Moderierte Veranstaltung	• Standardisierte Fragebogen • Skalierte und offene Fragen möglich
Zeitbedarf	• ca. 1 Stunde	• ca. 1 Tag	• ca. 1 Stunde pro Mitarbeiter inklusive Auswertung
Vorteile	• Persönliche individuelle Aussprache • Tiefgang der Analyse	• Hohe Vielfalt der Ergebnisse • Flexibles Vertiefen der Analyse möglich	• Problemlose Bewältigung großer Zielgruppen • Höhere Akzeptanz der Ergebnisse
Nachteile	• Hoher Zeitaufwand	• Verhältnismäßig hoher organisatorischer Zeitaufwand • Verlangt neutralen objektiven Moderator	• Ergebnisse liefern keine Hintergründe für Zusammen-hänge • Anonyme Form der Mitarbeiter-ansprache

Bild 6.4:   Formen der Mitarbeiterbefragung (Stadlbauer und Richter 1995)

Verschiedene Formen der Mitarbeiterbefragung, die grundsätzlich schriftlich oder mündlich durchgeführt werden kann, wurden in Bild 6.4 zusammengestellt.

... Die schriftliche Mitarbeiterbefragung zur Führungskräftebeurteilung

Für die Durchführung schriftlicher Befragungen sind bereits Standardfragebögen erhältlich. Ebenfalls existiert eine umfangreiche Literatur über die prinzipielle Art und Gestaltung von Fragestellungen und Fragebögen, die allerdings von jedem Unternehmen auf dessen spezielle Gegebenheiten, Bedürfnisse und Intentionen abzustimmen sind. Dabei bestehen grundlegende Auswahlmöglichkeiten, wie z. B.:

❑ Verwendung von ›*geschlossenen*‹ oder ›*offenen*‹ Fragestellungen. Bei geschlossenen Fragen ist eine begrenzte Anzahl von Antworten zur Auswahl vorgegeben. Dadurch ergibt sich eine kostengünstige und schnelle Auswertung. Bei offenen Fragen können die Antworten von den Mitarbeitern selbst formuliert werden, wobei nicht der Zwang zur Auswahl einer vorgegebenen Antwort besteht.

❑ Verwendung von ›*ungeraden*‹ oder ›*geraden*‹ Bewertungsskalen. Bei ungeraden Skalen besteht die Möglichkeit, durch die Wahl der Skalenmitte keine Aussage zu der abgefragten Beurteilung zu machen. Bei geraden Skalen besteht der Zwang, Position zu beziehen und sich entweder für eine positive oder für eine negative Beantwortung zu entscheiden.

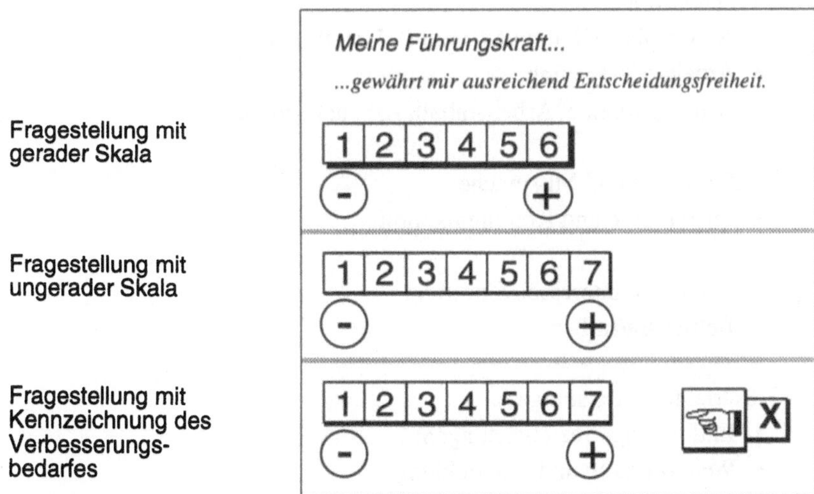

Bild 6.5:   Gestaltungsbeispiele für eine Fragestellung

❑ Darüber hinaus besteht die Möglichkeit, die Fragen zu ›markieren‹, bei denen eine deutliche Verbesserungen gewünscht wird. Die Kennzeichnung empfiehlt sich in einem separaten Feld hinter der Bewertungsskala. Diese Option ist sehr zweckmäßig, denn es kann vorkommen, daß besonders negativ bewertete Fragen dem Mitarbeiter unwichtig sind und er nicht auf Abhilfe dringt. Umgekehrt können recht positiv bewertete Fragen sehr wichtig sein und eine weitere Verbesserung gewünscht werden (Bild 6.5.)

Inhalt eines Standardfragebogens

Der Inhalt eines Fragebogens läßt sich in folgende Themenbereiche untergliedern (vgl. von Rosenstiel 1992):

❑ Allgemeine Fragen:
  • Unternehmens- und Produktimage;
  • Kundenorientierung;
  • Zukunftsaussichten des Unternehmens.

❑ Kollegen:
  • Kooperation und Koordination;
  • Arbeitszufriedenheit, Betriebsklima, Unternehmenskultur.

❑ Vorgesetzte:
  • Führungskompetenz.

❑ Organisation:
  • Arbeitsplatz (Raum und Mittel), Unfallschutz;
  • Arbeitszeitregelung;
  • Arbeitssituation, Arbeitsinhalt, Arbeitsbedingungen.

❑ Information und Mitsprache:
  • Information und Kommunikation.

❑ Betriebliche Interessenvertretung:
  • Betriebsratsarbeit;

❑ Betriebliche Leistungen:
  • Entlohnung, Sozialleistungen;
  • Weiterbildung und Entwicklung;
  • Soziale Einrichtungen im Unternehmen (Kantine, Toiletten, Pausenräume);

- Außerbetriebliches Engagement des Unternehmens (Freizeitaktivitäten, gesellschaftlicher Bereich);
- Bindung an das Unternehmen, Sicherheit des Arbeitsplatzes;
- Umweltschutz.

❏ Statistik:
- Angaben zur Person des Befragten (Stellung, Altersgruppe, Geschlecht etc.).

Beispiel für einen Mitarbeiterfragebogen zur Führungsbeurteilung
Nachfolgend ist ein Beispiel zur Führungskräftebeurteilung zusammengestellt. Die Fragen beschäftigen sich nur mit dem Führungsverhalten und dem Umgang mit der Arbeit. Der Fragenkatalog beinhaltet gleichzeitig eine Einteilung der Fragen in verschiedene Bereiche.

Meine Führungskraft...

❏ Planung und Organisation:
... formuliert klare Ziele und Aufgaben.
... formuliert realistische Ziele.
... plant umsichtig und vorausschauend.
... setzt klare Termine.
... bezieht mich in die Arbeitsplanung ein.
... analysiert und plant sorgfältig.
... setzt Mittel und Mitarbeiter sach- und termingerecht ein.
... verwendet seine Zeit hauptsächlich für wichtige Dinge.

❏ Entscheidung, Problemlösung:
... gibt mir genügend Entscheidungsspielraum.
... bezieht mich bei wichtigen Entscheidungen, die meine Arbeit betreffen, ein.
... begründet ihre Entscheidungen mir gegenüber.
... berücksichtigt bei Entscheidungen auch meine Vorschläge.
... zeigt Verständnis für auftretende Probleme.
... ist offen für kreative Vorschläge.
... stellt eigene Entscheidungen zurück, wenn ich einen besseren Vorschlag habe.

❏ Delegation:
... achtet auf eine klare und sinnvolle Aufgabenverteilung.
... legt klare Verantwortungsbereiche und Entscheidungskompetenzen fest.
... gewährt mir ausreichend Handlungsspielraum.
... läßt mich selbständig arbeiten.
... mischt sich nicht in meinen Kompetenzbereich ein.

... gibt mir Verantwortung und traut mir etwas zu.

... verläßt sich auf mich.

... gibt mir den Freiraum, mein Arbeitsfeld selbständig zu verbessern.

... ermutigt mich, größere Aufgaben zu übernehmen, wenn sich die Gelegenheit ergibt.

❑ Kontrolle:

... kontrolliert Ergebnisse, nicht Verfahren/Prozesse.

... erkundigt sich regelmäßig über den Stand/den Fortschritt meiner Arbeit.

... kontrolliert angemessen.

... kontrolliert nicht jedes Detail.

❑ Mitarbeiterförderung:

... ist an meiner Meinung interessiert.

... freut sich über meine Erfolge.

... ist daran interessiert, daß mir die Arbeit Spaß macht.

... fördert mich.

... kann für neue Ideen begeistern.

... motiviert mich zu Leistungssteigerungen.

... schickt Mitarbeiter regelmäßig zu Weiterbildungen.

❑ Zeitmanagement:

... trifft Entscheidungen zügig.

... überträgt termingebundene Arbeiten so früh wie möglich.

... erzeugt keinen unnötigen Termindruck.

... setzt mich nicht unnötig unter Druck.

❑ Verhalten unter starker Belastung:

... handelt auch unter höheren Beanspruchungen sicher und überlegt.

... behält auch in kritischen Situationen den Überblick.

... verhält sich auch unter Streß angemessen fair.

... übt auch dann keinen Druck auf mich aus, wenn sie selber unter Druck steht.

❑ Zusammenarbeit:

... gibt mir das Gefühl, wichtig zu sein.

... verhält sich mir gegenüber partnerschaftlich.

... behandelt mich als Gleichberechtigten, ohne sich dabei anzubiedern.

... fördert die Teamarbeit.

... setzt sich voll für den Teamerfolg ein.

... respektiert mich als Mensch.

... zeigt sich freundlich und hilfsbereit.

... wirkt nie überheblich, auch nicht gegenüber Hilfspersonal, wie z. B. Reinigungspersonal oder Fahrer.

... bemüht sich alle Mitarbeiter gleich zu behandeln.

... ist gerecht und fair.

... gibt mir das Gefühl, daß meine Arbeit wichtig ist.

... kennt die Anforderungen, die meine Arbeit an mich stellt.

... ist auch in schwierigen Situationen für mich ein kompetenter Ansprechpartner.

... redet offen über ihre persönliche Interessenlage.

... ›versteckt‹ sich nicht hinter formalen Vorschriften.

... versucht Konflikte aktiv zu lösen.

... nimmt sich ausreichend Zeit für mich.

... übernimmt nach außen und nach oben die volle Verantwortung für das gesamte Team.

... trennt berufliche und private Dinge.

... schreibt Erfolge eher dem Team als sich selbst zu.

... nutzt nur in Ausnahmefällen ihre Amtsautorität.

... sorgt in Krisensituationen für den Zusammenhalt der Gruppe.

❑ Persönlichkeit:

... nimmt auch Kritik von mir offen an.

... steht zu ihrem Wort.

... muß nicht zeigen, daß sie alles besser und schneller kann als andere.

... kann auch eigene Fehler eingestehen.

... ist meistens entspannt.

... ist überwiegend gut gelaunt.

... erscheint sicher.

... verhält sich gegenüber Mitarbeitern gleich wie gegenüber Vorgesetzten.

... ist eine starke Führungspersönlichkeit.

... wird von mir respektiert.

... genießt das Vertrauen des Teams.

... trägt die Visionen und Ziele des Unternehmens.

❑ Anerkennung, Kritik:

... lobt mich bei überdurchschnittlichen Leistungen.

... kritisiert mich nur ›unter vier Augen‹.

... verbindet Kritik mit Verbesserungsvorschlägen.

... kritisiert fair und sachlich (durch Soll-Ist-Vergleich).

... läßt mich gute Arbeitsergebnisse auch Dritten gegenüber selbst präsentieren.

... ›verkauft‹ meine Arbeitsergebnisse nicht als ihre eigene Leistung.

... ist nicht nachtragend.

... stellt meine Leistungen auch Dritten gegenüber deutlich heraus.

❑ Information, Kommunikation:

... hat ein offenes Ohr.

... spricht auch unangenehme Punkte offen an.

... informiert mich rechtzeitig und umfassend.

... kann zuhören.

... sorgt dafür, daß wir untereinander wissen, woran wir arbeiten.

... informiert mich auch über übergreifende Zusammenhänge.

... gibt mir Rückmeldung über meine Stärken und Schwächen.

... beschreibt das, was sie von mir erwartet, ausreichend genau.

... informiert mich auch, wenn ich nicht nachfrage.

... verzichtet, soweit möglich, auf unnötigen bürokratischen Aufwand.

... unterstützt mich - falls erforderlich - dabei, meine Wissenslücken zu schließen.

... gibt mir alle für meine Arbeit wichtigen Informationen.

... ermöglicht mir die selbständige Beschaffung von Informationen, die für die Erledigung meiner Aufgabe wichtig sind.

... sorgt für eine entspannte Gesprächsatmosphäre.

❑ Fachkompetenz:

... kennt sich in ihrem Gebiet gut aus.

❑ Verhalten gegenüber Neuem/Risiko:

... geht Risiken ein, wenn sie erfolgversprechend scheinen.

... Die mündliche Mitarbeiterbefragung zur Führungskräftebeurteilung

Anstatt einer schriftlichen Mitarbeiterbefragung oder in deren Anschluß kann eine *mündliche* Mitarbeiterbefragung durchgeführt werden. In Gesprächen können durch Nachfragen detaillierte Informationen gewonnen werden. Hinterfragt man oberflächlich erscheinende Antworten, so kann man die wahren Einstellungen und Meinungen der Mitarbeiter erfahren. Viele Mitarbeiter haben aber Ängste vor einer freien Meinungsäußerung, weil häufig kein vertrauensvolles Betriebsklima herrscht. In großen Unternehmen sind solche Befragungsaktionen ohnehin nur schwer durchführbar, weil sie sehr aufwendig und damit auch teuer sind. Mündliche Mitarbeiterbefragungen können von externen Dienstleistern oder von Mitarbeitern aus dem eigenen Unternehmen durchgeführt werden. Interviewer aus den eigenen Reihen kennen bereits die Eigenarten des Betriebes. Es fehlt ihnen jedoch an methodischen Kenntnissen (Gesprächsführung, Protokollierung, Auswertung etc.). Diese können ihnen in sogenannten Interviewertrainings, die nur wenige Tage dauern, vermittelt werden. Darüber hinaus helfen solche Trainingsveranstaltungen Voreingenommenheiten gegenüber den Interviewpartnern abzubauen.

In den Bereich der mündlichen Befragung lassen sich auch Management Audits einordnen. Als Führungsinstrument der Geschäftsführung dienen sie dazu, Verhaltensweisen zu erkennen, Strategien und Ergebnisse zu analysieren sowie die Zusammenarbeit von Gruppen und Bereichen zu evaluieren. Durch Anhörung aller Beteiligten, auch der Führungskräfte wird der aktuelle Stand sowie die Realisierbarkeit der Zielerreichung und der Umsetzung der Unternehmensstrategien ermittelt.

Zusammenfassung und Ausblick

Nachdem in diesem und dem vorhergehenden Kapitel die Rollen von Individuen und Gruppen zur Ideenerzeugung und Ideeneinbringung, d. h. zur Kreativität und Motivation, geschildert wurden, werden nun im siebten Kapitel organisatorische Einflußfaktoren aus der Arbeitsgestaltung behandelt.

7

Motivations- und Kreativitäts- faktoren aus Arbeitsgestal- tung und Arbeitsorganisation

... Arbeitsplatzgestaltung

Die Ressourcen von Mitarbeitern werden dann optimal genutzt, wenn sie soweit wie möglich gemäß ihren Bedürfnissen und Interessen arbeiten und lernen (Coulson-Thomas 1996). Auch ein in jeder Hinsicht angepaßter Arbeitsplatz mit einem optimalen Umfeld ist eine Voraussetzung für ein effizientes Arbeiten und steigert Motivation und Kreativität.

Dieser Arbeitsplatz muß umfassend den Fähigkeiten, Eigenschaften und Kenntnissen des Individuums entsprechen und mit seinen Wertvorstellungen übereinstimmen. Das siebte Kapitel gibt Antworten zu Fragen der ergonomischen Gestaltung, Aspekten der Arbeitszeit, dem Bereich der Information und Kommunikation, der Arbeitsatmosphäre, dem Betriebsklima bis hin zu zwischenmenschlichen Beziehungen.

Ergonomische Gestaltung

Um Produktivitätskontinuität zu ermöglichen und vorzeitiger Ermüdung vorzubeugen, muß ein Arbeitsplatz nach ergonomischen Gesichtspunkten gestaltet sein. Dies gilt genauso für die Arbeitsumgebung, da man sich in einer harmonisch aufeinander abgestimmten Umgebung wohler fühlt und daher auch leistungsfähiger ist, als in einem zwar zweckmäßig, aber ›ungemütlich‹ gestalteten Umfeld.

Um einen Arbeitsplatz optimal zu gestalten, müssen Arbeitsablaufanalysen durchgeführt und die durchgeführten Umgestaltungsmaßnahmen dem sich ständig erweiternden Wissensstand angepaßt werden.

Technologische Arbeitsplatzgestaltung

Neue Technologien können zu erheblichen Problemen führen, da durch fehlende Rückkopplung mit den Betroffenen, durch Fehler in der Planungsphase oder durch mangelhafte Erprobung negative Reaktionen seitens der Arbeitskräfte ausgelöst werden können. Mögliche Ursachen hierfür sind zum Beispiel:

❑ Scheinbare Gefährdung des Arbeitsplatzes durch Rationalisierungsmaßnahmen;

❑ Unsicherheit oder Angstgefühle durch mangelhafte Aufklärung über die anstehenden Veränderungen;

❑ Eventuell Veränderungen des eigenen Status durch neuen Arbeitsablauf;

❑ Mangelnde Transparenz eines neuen Mensch-Maschine-Verhältnisses für den Betroffenen, verbunden mit dem Gefühl, der Technik hilflos ausgeliefert zu sein.

Aus der vermeintlichen Konkurrenzsituation zwischen Mensch und Maschine muß ein partnerschaftliches Verhältnis werden: die Maschine nimmt dem Menschen diejenigen Aufgaben ab, die sie schneller und besser erledigen kann (beispielsweise Routineaufgaben mit hohem Kraft- oder Zeitaufwand, wenn sehr hohe Präzision gefragt ist), die Aufgabenbereiche des Menschen hingegen erfordern typisch menschliche Eigenschaften: Lernbereitschaft, Innovationsfähigkeit, Kreativität, Intuition oder kognitive Fähigkeiten.

Bereicherung des Arbeitsplatzes

Da die Fach- und Entscheidungskompetenz der Mitarbeiter nicht immer effizient eingesetzt wird, die Arbeitskräfte aber gleichzeitig durch monotone Tätigkeiten stark beansprucht werden, hat man Konzepte entwickelt, um die Gesamteinstellung zur Arbeitstätigkeit zu verbessern. Unter Arbeitsplatzbereicherung versteht man also die Einbeziehung verschiedener, geistig anregender Tätigkeiten in den Arbeitsprozeß. Dies wird beispielsweise durch eine Abkehr vom tayloristischen Prinzip der strengen Arbeitsteilung erreicht. Stichworte wie ›erweiterter Handlungs- bzw. Entscheidungsspielraum‹ werden in Konzepten wie *job enlargement, job enrichment* oder *job rotation* in die Praxis umgesetzt. Zusammenfassend läßt sich sagen, daß bei der Einrichtung von Arbeitsplätzen die im folgenden aufgeführten Punkte zu berücksichtigen sind:

❑ Der Wunsch nach verschiedenartigen Arbeitsinhalten;

❑ Die Bereitschaft, mehr Verantwortung zu übernehmen;

❑ Die Möglichkeit zur Partizipation bei der Gestaltung von Tätigkeitsbereich und Arbeitsaufgabe;

❑ Die individuellen Fähigkeiten und Neigungen.

...Arbeitszeitgestaltung

Hierfür stehen den Unternehmen vielfältige technologische Hilfsmittel als unterstützende Werkzeuge zur Verfügung. Leistungsfähige Informationssysteme unterstützen ein Unternehmen, monotone Routinearbeiten durch Maschinen ausführen zu lassen; so werden Freiräume für fachlich kreative und menschlich kommunikative Aufgaben geschaffen bzw. erhalten. So wird die Kompetenz, die Leistungsbereitschaft und -fähigkeit und sowohl die Entscheidungsfreudigkeit als auch die Entscheidungskompetenz einer Arbeitskraft entscheidend gefördert.

Die arbeitenden Menschen werden es immer weniger akzeptieren, untergeordnet zu werden und eine Arbeitstätigkeit nur nach Anweisung ohne Sinnerfüllung auszuführen. Der Grund dafür ist der ständige Wertewandel in der Gesellschaft. Dieser muß bei der Um- bzw. Neugestaltung von Arbeitsplätzen durch die Unternehmen berücksichtigt werden.

Auch die Gestaltung der *Arbeitszeit* ist eine Möglichkeit, persönliche Interessen der Mitarbeiter zu befriedigen. Die Einflußfaktoren, die die Arbeitszeitgestaltung betreffen, müssen im allgemeinen genau untersucht und auf den speziellen Fall abgestimmt werden. Es gibt bereits zahlreiche Arbeitszeitmodelle, die sich in großen und mittelständischen Betrieben bestens bewährt haben:

❑ Flexible Lage der Arbeitszeit:
  • Schichtsysteme, rollierende Ein-, Zwei-Schichtsysteme;
  • Mehrfachbesetzungssysteme;
  • Versetzte Arbeitszeit, gestaffelte Arbeitszeit;
  • Arbeitszeitdifferenzierung;
  • Gestaffelte Pausenregelung;
  • Ungleichmäßige Verteilung der Arbeitszeit;
  • Arbeitsanfallorientierte ›Freie Tage Regelung‹.

❑ Flexible Dauer und Lage der Arbeitszeit:
  • Gleitzeit;
  • Jahresarbeitszeitvertrag;
  • Kapazitätsorientierte variable Arbeitszeit (KAPOVAZ);

- Baukastenmodelle;
- Zeitautonome Arbeitsgruppen;
- Job-Sharing.

❑ Flexible Dauer der Arbeitszeit:
- Teilzeit;
- Teilzeit-Schichten;
- Rollierende Teilzeit;
- Vorruhestand;
- Gleitender Übergang in den Ruhestand.

Aktuelle Beispiele für derartige Modelle sind beispielsweise das sogenannte ›Cafeteria‹-Modell oder die 4-Tage-Woche, wie sie z. B. schon in den Volkswagen-Werken oder bei BMW erfolgreich eingesetzt werden. Eine Zusammenstellung der Möglichkeiten zur Arbeitszeitflexibilisierung zeigt Bild 7.1. Zur Vertiefung der Thematik sei auf Bullinger 1995c verwiesen.

Änderungen	Stunde	Tag	Woche	Monat	Jahr	Leben
Verkürzen	Belastungs-pausen		35-Stunden-Woche Compression of workweek/month (9 for 10) Teilzeitarbeitsplätze		Urlaubsver-längerung 1/2 Dezember	Verkürzung der Lebensarbeits-zeit
Gleiten	Gleiten der Mittagspause	Gleiten	Swingtime	KAPOVAZ		Gleitender Übergang in den Ruhestand
Sharen			Job Sharing ›Teilarbeitsplatz‹ zu Hause			
Aussetzen	Belastungs-pausen (andere Arbeit)	Bonus Brückentage	Swingtime		Urlaubsüber-tragung	Neuorientie-rung in der Mitte des Lebens (40), Urlaubs-übertragung
Ansparen		Bonus Brückentage	Swingtime		Urlaubsüber-tragung	Ansparen von Urlaub zur Verkürzung der Lebensarbeits-zeit

Bild 7.1:　Möglichkeiten zur Arbeitszeitflexibilisierung (nach Fischer 1995)

Flexible Arbeitszeitmodelle sind das Abbild der Rahmenentwicklung unserer Gesellschaft und unserer Unternehmensstrukturen. Organisatorische Freiräume für den einzelnen und ihre Einbeziehung in den unternehmerischen Entscheidungsprozeß müssen mit der entsprechenden Arbeitszeitsouveränität gekoppelt werden. Dies bewirkt für den Mitarbeiter die Identifikation mit seiner Arbeitsplanung, seiner Tätigkeit und macht ihn zum flexiblen Kleinunternehmer. Offene Mitarbeiter benötigen flexible, partizipative Arbeitszeitmodelle. Dauer, Lage und Ort als Parameter der Arbeitszeit, betriebliche Erfordernisse und individuelle Bedürfnisse der Mitarbeiter stehen im Mittelpunkt eines *Subunternehmers* im Subunternehmen (Bild 7.2).

Bild 7.2:   Zum Subunternehmer durch flexible Arbeitszeit

Unternehmen, die die genannten Anforderungen nicht erfüllen, werden mit einer erhöhten Fluktuationsrate als Folge der vorherrschenden Unzufriedenheit zu rechnen haben, während sich Betriebe, die den neuen Anforderungen aufgeschlossen gegenüber stehen, mit einer stetigen Umorientierung ihrer Organisationsformen beschäftigen müssen. Beide Varianten werden hohe Kosten verursachen, aber nur die zweite Methode wird als positive Auswirkung eindeutig meßbare Produktivitäts- bzw. Effektivitätssteigerungen nach sich ziehen.

...Information und Kommunikation

Unter Kommunikation versteht man die Verständigung der Menschen untereinander, die Schaffung von Verbindungen und Zusammenhalt sowie den Weg der Informationsübermittlung. Teamorientierte Unternehmensstrukturen erfordern immer umfassendere und direktere Information und eine intensivere Kommunikation aufgrund der höheren Einbindung des einzelnen Mitarbeiters in den Entscheidungsprozeß.

Große Investitionen in Informations- und Kommunikationstechnologien sind an der Tagesordnung. Veränderungen im Bereich der direkten zwischenmenschlichen Kommunikation werden dagegen häufig vernachlässigt. Für eine effiziente Arbeitsleistung ist jedoch v. a. mündliche Kommunikation notwendig. Ständige Kommunikation schafft eine gemeinsame Unternehmenskultur. Dem Unternehmen fällt hier die Aufgabe zu, den organisatorischen Rahmen zu bilden, daß Mitarbeiter sich treffen können, um zu kommunizieren. Natürlich ist formale, zweckgerichtete Kommunikation wichtig. Aber erst durch das informelle Gespräch, das offen persönliche Gefühle zeigt und mit Emotionen verknüpft ist, werden Verhaltensmasken abgelegt und echtes Vertrauen geschaffen.

Ein Problem der Kommunikation ist es heutzutage, daß z. B. Diskussionen oftmals nicht konstruktiv stattfinden können, sondern in Machtkämpfe ausarten, wodurch Einschüchterungen oder Manipulationen entstehen. Broschüren über ›Corporate Identity‹ sind zwecklos, wenn sie über die bloße Beschreibung der Selbstidentifikation nicht hinauskommen.

Die effektivste Form der Kommunikation ist die direkte Kommunikation. Dabei wird gefordert, daß die gewünschten Verhaltensweisen sowie echte Kommunikation als gemeinsamer Informationsaustausch vorgelebt werden.

Bezüglich der Qualität der Kommunikation bestehen allerdings große Unterschiede. Eine Auswertung diverser Bereiche bestehend aus Anzeigen, Verkaufsgesprächen, Politikerreden, Werbespots, Corporate Identity Broschüren u. a. zeigt nach Prof. Berth große Qualitätsdefizite der Kommunikation (Bild 7.3). Demzufolge kann 4 % der Kommunikation als exzellent, bzw. 16 % als gut und 84 % als schwach bezeichnet werden. Dies zeigt den deutlichen Handlungsbedarf, der allein schon aus dieser Auswertung hervorgeht.

Formen	Häufigkeit		Qualität
Ekstase, Selbstaufgabe	1%	} 4%	} 16%
Begeisterung, Faszination	3%	} sehr	} gut
Vernünftig, Zustimmung	12%	gut	
Leichte Impulse, Sympathie	27%		
Neutrale Gleichgültigkeit	34%		} 84%
Ablehnung	23%		} schwach

Bild 7.3:   Formen, Häufigkeit und Qualität von Kommunikation (nach Berth)

Kommunikation in einem Unternehmen muß sowohl vertikal - zwischen Führungskraft und Mitarbeiter (bilateral) - als auch horizontal - von Mitarbeiter zu Mitarbeiter - erfolgen

(Bild 7.4). Eine Führungskraft darf nicht ausschließlich auf eine gute Verständigung mit ihren Mitarbeitern achten, sondern hat zusätzlich die Aufgabe, die Kommunikation ihrer Mitarbeiter untereinander bewußt zu fördern, um das Gruppen- bzw. Wir-Gefühl herzustellen und den Teamgeist zu fördern.

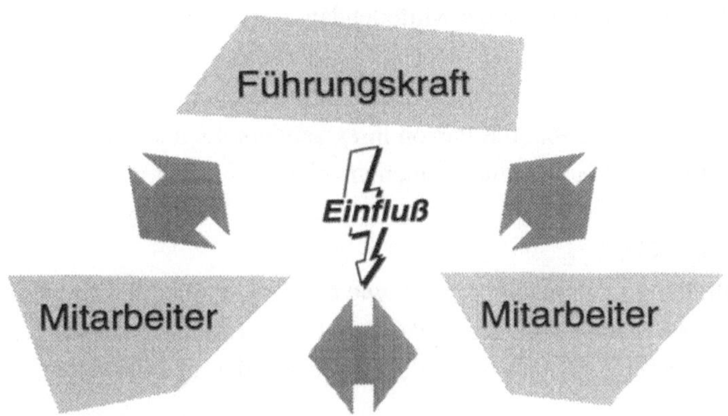

Bild 7.4:   Die Ebenen der Kommunikation

In einem Unternehmen gibt es drei Formen der Kommunikation:

❏ mündlich;
❏ schriftlich;
❏ visuell.

Die mündliche Verständigung kann im persönlichen Gespräch oder über das Telefon erfolgen. Bei der schriftlichen Form sind mehrere Kommunikationsmittel denkbar, wie z. B. Briefe, Berichte, Telefax oder die Versendung von Nachrichten über ein Netzwerk. In den Bereich der visuellen Kommunikation läßt sich die Körpersprache einordnen. So werden einem Gesprächspartner über Gesten eigene Gefühle mitgeteilt oder Forderungen übermittelt. Dies geschieht in den meisten Gesprächen unwissentlich, kann aber auch bewußt geschult werden.

... Inhalt einer Mitteilung

Kommunikation verläuft auf mehreren Ebenen. Offensichtlich und jedem bekannt ist die Sachebene. Für eine gelungene Verständigung mit seinen Mitmenschen ist es aber ebenso wichtig, daß man sich der Bedeutung der Mitteilungen auf der Gefühlsebene bewußt ist. Mißverständnisse können nur ausgeschlossen werden, wenn beide Ebenen miteinander harmonieren. Eine Mitteilung enthält vier für die Verständigung wichtige Botschaften (Bild 7.5):

1. Sachinhalt:
Jede Mitteilung enthält zunächst eine Sachinformation. Diese ist objektiv, d. h. unabhängig von der persönlichen Einstellung des Mitteilenden.

2. Selbstoffenbarung:
Jede Nachricht informiert über die Person ihres Senders. Es handelt sich dabei sowohl um eine gewollte Selbstdarstellung als auch um eine unfreiwillige Selbstenthüllung.

3. Beziehungshinweis:
Aus einer Mitteilung kann man erkennen, wie der Sender über den Empfänger denkt. Die Informationsvergabe kann verbal oder nonverbal erfolgen. Indikatoren dafür sind Formulierung, Tonfall, Lautstärke, Gestik, Mimik und der inhaltliche Zusammenhang.

4. Appell:
Ein Appell kann eine Aufforderung oder ein Verbot sein. Der Sender einer Nachricht möchte den Empfänger in dessen Einstellung oder Handeln beeinflussen. Dies kann vom Sender offen mitgeteilt werden, oder er versucht sein Gegenüber versteckt zu manipulieren.

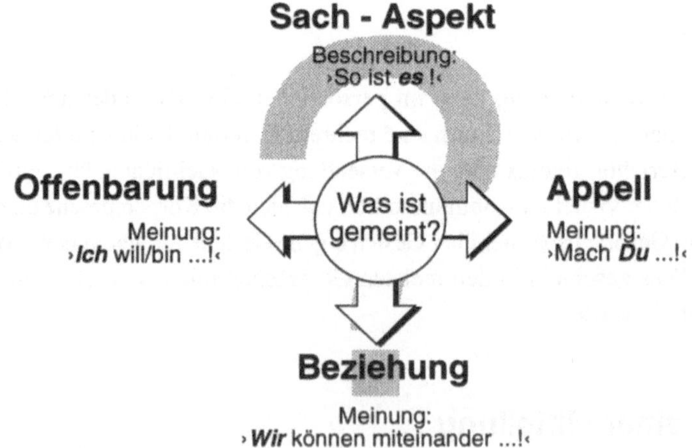

Bild 7.5:   Die vier Botschaften einer Mitteilung (nach Schultz von Thun 1981 in REFA 1995)

... Die Phasen des menschlichen Erfahrungsprozesses

Die Abläufe in einem Menschen während eines *Erfahrungsprozesses* lassen sich in drei Phasen unterteilen: Orientierungsphase, Aktionsphase und *Rückkopplungsphase.*

In der *Orientierungsphase* werden Informationen eingeholt. Die eigene Lage wird mit anderen Situationen verglichen. Die Orientierungsphase ist mit der Planungsphase im technischen Bereich vergleichbar. Bei komplizierten oder wichtigen Handlungen muß man sich während der Orientierung laufend zwischen mehreren möglichen Wegen entscheiden. Selbst bei einfachen Handlungen steht zumindest am Ende der Orientierung eine Entscheidung für eine bestimmte Aktionsmöglichkeit.

In der *Aktionsphase* wird das Vorhaben in die Tat umgesetzt. Jeder Mensch möchte nach der Ausführung wissen, wie seine Aktion auf das Umfeld wirkt. Um diesen Rückkoppelungsprozeß in Gang zu setzen, benötigt er Informationen. Diese müssen ihm zur Verfügung gestellt werden, wenn sie für ihn unzugänglich sind. Bei positiven Wirkungen erfährt der Betreffende ein Erfolgserlebnis, was ihn zu weiteren vergleichbaren Handlungen ermutigt. Stellt sich ein negatives Ergebnis ein, so sollte er die begangenen Fehler in Zukunft vermeiden. Ein positiv denkender Mensch wird in einer solchen Situation nicht resignieren, sondern die Fehler als Chance für künftige Verbesserungen ansehen. Bei konstruktiv denkenden Menschen halten Erfahrungen - gleich ob positiv oder negativer Art - einen Lernprozeß in Gang. Die in Bild 7.6 dargestellten drei Phasen eines Erfahrungszyklus bilden eine zusammengehörige Einheit und sind nicht trennbar, ohne einen Erfahrungsverlust zu bewirken. Vorhergehende Phasenzyklen bewirken durch den darin erfahrenen Lernprozess eine Anhebung des Ausgangsniveaus nachfolgender Phasenzyklen.

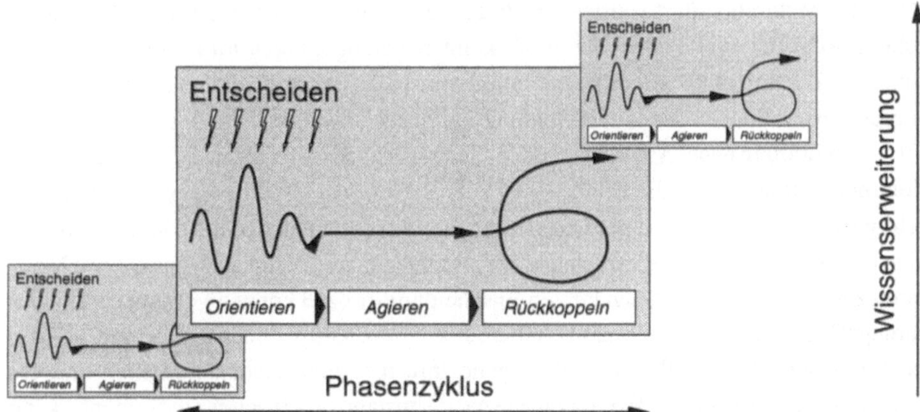

Bild 7.6:   Die Phasen des menschlichen Erfahrens (vgl. Suzaki 1994)

... Informations- und Kommunikationsmittel

Neben dem direkten Gespräch mit dem Mitarbeiter und dem traditionellen schriftlichen Bericht gibt es noch eine vielseitige Auswahl anderer Informations- bzw. *Kommunikationsmitteln*, die auch kombiniert eingesetzt werden können:

❑ Rundschreiben:
Rundschreiben eignen sich für die Verbreitung wichtiger Mitteilungen der Unternehmensleitung, die die gesamte Belegschaft betreffen. So kann beispielsweise das Fortbildungsprogramm für die bevorstehende Periode mit der Lohnabrechnung ausgegeben werden.

❑ Werkszeitschriften:
Sie erscheinen regelmäßig und enthalten Informationen über innovative Techniken und aktuelle Marktentwicklungen. Unternehmenserfolge, wie z. B. Jahresbilanzen, werden durch Darstellungen in Schaubildern besonders übersichtlich und eindrücklich vermittelt. Hat eine Abteilung besonders lobenswerte Ergebnisse erzielt, so können diese, zum Vorbild für andere Abteilungen, in einem eigenen Kapitel beschrieben werden. Eine Werkszeitschrift hat Platz für besondere Ereignisse, wie Betriebsfeste oder Jubiläen. Zur Auflockerung bieten sich eine Witz- und Rätselecke oder ein Preisausschreiben an. Nachteil einer Werkszeitschrift ist ihr hoher zeitlicher und damit auch finanzieller Aufwand, besonders wenn sie häufig erscheint. Zur einfachen Verteilung der Zeitschrift sollte sie an einem Ort ausgelegt werden, den alle Betriebsangehörigen täglich passieren (z. B. vor der Kantine).

❑ Versammlungen, Treffen, Sitzungen, Informationsveranstaltungen:
Versammlungen können betriebsweit oder im Rahmen einer kleineren Gruppe von Mitarbeitern durchgeführt werden. Da dafür die betroffene Personengruppe von der regulären Arbeit freigestellt werden muß, können Verzögerungen im Produktionsablauf eintreten. Zusammenkünfte sollten demnach nur veranstaltet werden, wenn ein direkter bidirektionaler Informations- und Meinungsaustausch erforderlich ist, wie beispielsweise bei der Einführung neuer Arbeitsmethoden (Teamwork) oder Projekten. Durch eine direkte Kommunikation werden die Erfahrungen aller Betroffener als Grundlage für zukünftige Erfolge nutzbar gemacht. Außerdem werden die Mitarbeiter am Ideenfindungs- und Entscheidungsprozeß beteiligt, was eine höhere Akzeptanz und damit auch gesteigerte Motivaton zur Folge hat. Durch den kurzen Enscheidungsprozeß können Vorhaben schneller durchgeführt werden. Regelmäßige Abteilungs- bzw. Gruppenbesprechungen können zudem sicherstellen, daß gruppenbezogene Informationen nicht untergehen und die Effektivität der Informationsweitergabe je nach Umstand durch deren Zusammenfassung gesteigert wird.

❑ Anschlagbrett, Schautafeln:
Jede Abteilung sollte ein eigenes Anschlagbrett besitzen. Es eignet sich für die Verbreitung von Informationen jeglicher Art, insbesonders jener, die ausschließlich von abteilungsspezifischem Belang sind. Wichtig bei der Darstellung zeitlich veränderlicher Daten ist die schnelle Rückmeldungen über Produktionsergebnisse, um das unternehmerische Verständnis zu fördern. Die Gestaltung von Visualisierungsmöglichkeiten soll allerdings an anderer Stelle vertiefend diskutiert werden.

❑ Schaukästen (Ausstellung von Gegenständen/Materialien):
Noch anschaulicher als Fotowände, wirken greifbare Objekte. So kann man z. B. Produkte, Baugruppen oder Einzelteile vor und nach erfolgter Verbesserung ausstellen.

❑ Austauschbesuche:
Austauschbesuche kann man entweder unternehmensintern oder -extern durchführen. Der unternehmensinterne Besuch oder das zeitlich begrenzte Arbeiten in einer anderen Abteilung verbessert das Verständnis für die Belange von Kollegen und trägt damit zu einer engeren Zusammenarbeit und einer schnelleren Auftragsbearbeitung bei (Stichwort ›systemisches Denken‹: Durch Mittel wie z. B. job rotation erhält der einzelne einen besseren Überblick über vor- und nachgelagerte Arbeitsabläufe und ein Verständnis für die Zusammenhänge im Unternehmen). Im unternehmensexternen Bereich lassen sich Austauschbesuche zwischen verschiedenen Werken ein und derselben Unternehmensgruppe nennen. Darüber sind Personalaustausche mit Kunden oder Lieferanten durchzuführen. Ziel eines solchen Austausches ist die Einbringung von fremdem Know-how in das eigene Unternehmen, um so die Konkurrenzfähigkeit auf dem Markt zu sichern.

❑ Infomappe:
Eine Infomappe soll einem neu eingestellten Mitarbeiter eine grobe Orientierung im Unternehmen ermöglichen. Der Zeitpunkt der Übergabe sollte möglichst früh gewählt werden.

Praxisbeispiel: Die WAREMA-GmbH, Marktheidenfeld, überreicht all ihren Mitarbeitern am ersten Arbeitstag eine Mappe mit Informationen zu folgenden Themen (nach Klein und Endres 1995):

   ❑ Struktur der Unternehmensgruppe;
   ❑ Produktübersicht;
   ❑ Werksverkauf;
   ❑ Arbeitssicherheit;
   ❑ Betriebskantine;
   ❑ Arbeitszeitregelung;

❑ Betriebliches Vorschlagswesen;
❑ Visionen des Unternehmens;
❑ Verhaltensregeln für Mitarbeiter (Leitbilder, Leitlinien).

❑ Betriebsbesichtigung:
Eine Betriebsbesichtigung soll beim Mitarbeiter ebenso wie eine Infomappe, den Sinn
für betriebliche Zusammenhänge schärfen und trägt somit zur seiner Identifikation mit
den Unternehmenszielen bei.

... Schriftliche Kommunikation

Unternehmensleitung, Führungskräfte und Mitarbeiter müssen zur optimalen Erfüllung
ihrer Aufgaben getreu dem Motto:

›Man kann nie ausreichend informiert sein.‹

stets auf einen optimalen Informationsaustausch achten.

Lange Berichtswege mit vielen Zwischenstationen genügen nicht mehr den modernen
Anforderungen an Unternehmen hinsichtlich Schnelligkeit und Flexibilität. Deshalb sucht
man heute im Gespräch den direkten Kontakt zu den Mitarbeitern. Damit einem Unternehmen ständig aktuelle Informationen personenunabhängig zur Verfügung stehen - z. B.
bei Krankheit eines wichtigen Entscheidungsträgers - verzichtet man auch heute nicht
auf Berichte. Der traditionellen Bürokratie war nur der Bericht von der unterstellten an
die vorgesetzte Stelle bekannt. Dagegen zeigen sich zeitgemäße Unternehmen zusätzlich um einen Top-down-Informationsfluß bemüht, im Wissen, daß eine rechtzeitige
und umfassende Berichterstattung an den Mitarbeiter dessen Identifikation mit den Unternehmenszielen steigert und ihn zum Engagement bei seiner Arbeit anregt. Die horizontale Berichterstattung zwischen Abteilungen kann gewährleistet werden, indem man
der Nachbarabteilung eine Kopie des eigenen Bottom-up-Berichts übergibt. Jedoch
werden informelle Möglichkeiten der Kommunikation dem formellen Berichtswesen
vorgezogen. Angestrebt wird der Abbau der trägen, unflexiblen Bürokratie.

Anforderungen an einen guten Bericht
Nachfolgend werden die wichtigsten Anforderungen an einen guten Bericht dargestellt
(nach Kuhn 1995).

❑ Regelmäßigkeit:
Damit sämtliche Stellen im Unternehmen jederzeit über aktuelle Informationen verfügen,
müssen Berichte in regelmäßigen Zeitabständen erfolgen.

❏ Gleichmäßigkeit in Inhalt und Struktur:
Ein Bericht wird schneller verständlich, wenn gleichartige Informationen in aufeinanderfolgenden Berichten an der selben Stelle erscheinen. Man sollte sich demnach auf eine bestimmte Themenreihenfolge im Inhalt einigen. Hat sich der Empfänger in die Struktur eines Berichtes eingearbeitet, so kann er eine kurzfristig benötigte Einzelinformation aus einem zurückliegenden Bericht schnell wiederfinden, ohne dabei den gesamten Bericht erneut durchlesen zu müssen. Wird eine Kennzahlenentwicklung einmal als Diagramm dargestellt, so sollte sie in künftigen Berichten ebenso im Diagrammstil dargestellt werden. Eine tabellarische Darstellung würde verwirrend wirken. Schriftart, Schriftgröße, Papierformat und -farbe bleiben immer gleich.

❏ Knappe Formulierung:
Die verbale Ausführung muß in kurzen und eindeutigen Sätzen geschehen.

❏ Zusammenfassung von Ergebnissen und Ereignissen; Weglassen von Unwichtigem:
Das übergeordnete Management interessiert sich nur für das Gesamtergebnis einer Abteilung bzw. eines Teams. Welcher Mitarbeiter welche Einzelleistung erbracht hat, ist Abteilungssache. Für den Empfänger Unwichtiges muß herausgefiltert werden.

❏ Ausreichender und umfassender Informationsgehalt:
Beim Zusammenfassen von Informationen darf die informative Wirkung eines Berichtes nicht verlorengehen. Der Berichterstatter muß genau über seine Aufgaben, die geforderten Ergebnisse und seinen Handlungsspielraum Bescheid wissen, damit er umfassend über die erreichten Ergebnisse berichten kann.

Der Bericht ›nach unten‹ - Ein Instrument zur Mitarbeiterinformation
Damit die gesamte Belegschaft über Ziele und Zusammenhänge im Unternehmen informiert ist, soll der regelmäßig an sie gerichtete Bericht Auskunft über folgende Themenbereiche beinhalten:

❏ Situation und Entwicklung des Unternehmens;
❏ Absatz, Aufträge und Investitionen des Unternehmens/Betriebes;
❏ Neue Märkte und Zusammenschlüsse mit anderen Unternehmen;
❏ Forschung und Entwicklung;
❏ Sicherheit der Arbeitsplätze, Rationalisierungsmaßnahmen;
❏ Situation und Entwicklung der Abteilung;
❏ Erfolgs- und Leistungskennzahlen der eigenen Abteilung bzw. des Teams (z. B. Stückzahlen, Ausschuß, Termintreue);
❏ Die Abteilung betreffenden Änderungen des Organigramms;
❏ Neue Mitarbeiter (Einstellungen und Entlassungen in der Abteilung);

❑ Neue Produkte und Verfahren;

❑ Kunden;

❑ Aus- und Weiterbildung;

❑ Gesundheits- und Altersversorgung, Sozialleistungen;

❑ Bezahlung (neue Entgeltsysteme);

❑ Betriebliches Vorschlagswesen;

❑ Betriebsratsarbeit;

❑ Unfallschutz, Arbeitsschutz und Sicherheit;

❑ Umweltschutz;

❑ Freizeitgruppen, Hobbies von Mitarbeitern;

❑ Messen, Ausstellungen, Veranstaltungen;

❑ Bevorstehende Gemeinsamkeiten (Feste, Jubiläen).

... Wie fördert man die mündliche Kommunikation zwischen den Mitarbeitern?

Zu einer innovationsfreundlichen Unternehmenskultur gehört eine offene Kommunikation zwischen allen Firmenmitgliedern. Grundlage für einen offenen Gedankenaustausch ist das Vorhandensein gegenseitigen Vertrauens. Jeder muß das Gefühl haben, seine Meinung und seine Ideen gegenüber Vorgesetzten und Kollegen äußern zu dürfen, ohne dabei Angst vor negativen Rückwirkungen auf seine eigene Person haben zu müssen. Wie eine Führungskraft für eine offene Beziehung zu ihren Mitarbeitern sorgen kann, wurde bereits dargestellt. Wie aber fördert man eine offene Verständigung unter seinen Mitarbeitern?

Mitarbeiter lassen sich in zwei Extrem-Typen klassifizieren:

❑ der kollegiale Mitarbeiter;

❑ der egoistische Mitarbeiter.

Der kollegiale Typ ist der ideale Mitarbeiter. Er hat Freude an der Zusammenarbeit mit seinen Kollegen, zeigt sich hilfsbereit und gibt seine Ideen ohne Gegenleistungen zu erwarten an andere weiter. Bei ihm sind die Voraussetzungen für eine offene Kommunikation schon vorhanden. Seine Führungskraft sollte ihn durch den Ausdruck von Anerkennung in seinem Verhalten bestätigen.

Der egoistische Mitarbeiter handelt nur zu seinem eigenen Vorteil. Er nutzt seine Ideen nur in seinem eigenen Aufgabenbereich. Er hilft seinen Kollegen nur ungern, weil er befürchtet, diese Leistung könne bei seinem Vorgesetzten unerkannt bleiben. Deshalb bewahrt er sich gerne einen Informationsvorsprung. Der egoistische Mitarbeiter befürchtet, durch seine Hilfestellung die Leistung anderer zu fördern, sodaß sie besser sind als er. Hier muß die Führungskraft eingreifen. Sie muß ihn davon überzeugen, daß seine Vorschläge für den Teamerfolg wichtig sind und daß ein Erfolg der Gruppe, für ihn als Mitglied, ebenso ein Erfolg ist. Darüber hinaus muß ihm verdeutlicht werden, daß die anderen Teammitglieder sich mit ihrer Hilfe genauso für ihn einsetzen. Nur wenn jeder seine Ideen miteinbringt, kann das gesteckte Ziel erreicht werden. Bleibt jeder ein Verhinderer, so entsteht keine Leistung. Diese Bereitschaft, im Sinne einer lernenden Organisation Wissen sowohl weiterzugeben als auch anzunehmen, soll durch eine entsprechende Gestaltung des Entgeltsystems unterstützt werden. Dazu gehören Erfolgsprämien für den Gruppen- und den Einzelerfolg, wobei eine Einzelprämie nur ausgezahlt wird, wenn gleichzeitig auch eine Teamprämie gewährt wurde. Die Vermittlung von Kreativitätstechniken, z. B. in Schulungen oder Seminaren, fördert die Offenheit gegenüber anderen Meinungen und Einstellungen.

... Merkmale persönlicher Kommunikation von Führungskräften

Führungskräfte zeichnen sich bezüglich ihrer *Kommunikationsfähigkeit* durch besondere Merkmale aus. Diese positiven Verhaltensmerkmale sowie Merkmale negativer Kommunikationsformen sind im folgenden aufgelistet. Weitere Hilfestellungen hierzu gibt die Fachliteratur zu den Themen Moderatorstellung und Moderation.

❑ Kompetentes Kommunikationsverhalten:
- zuhören können;
- Verständnis für Sachen und Personen (Einfühlungsvermögen);
- klare Sprache, Ausdrucksvermögen;
- Anpassungsfähigkeit (Stil, Sprache) gegenüber dem Gesprächspartner;
- überlegte, kontrollierte Informationsweitergabe;
- Erkennen von Problemen (sachliche, persönliche);
- Geduld;
- Freude an der Kommunikation mit anderen, am Gedankenaustausch, am Fortschritt in Problemlösungsprozessen;
- Menschenfreundlichkeit;
- konstruktives nonverbales Verhalten (Gestik);
- Aufmerksamkeit, Nachdenklichkeit;
- Vorbereitung von Gesprächen, adäquate Gestaltung der Unterlagen;
- Nachverfolgung von Gesprächsergebnissen und deren Wiederaufgreifen falls erforderlich;

- Kompromißfähigkeit;
- Vermeiden offener Konflikte und Bloßstellungen;
- Vermeiden voreiliger Schlußfolgerungen.

❑ Inkompetentes Kommunikationsverhalten:
  - Unaufmerksamkeit, schlechtes Zuhören;
  - Übermäßiges Beharren auf einem Thema;
  - Ausweichen (Gespräche, Verantwortung);
  - Personalisierung von Problemen;
  - zuviel reden;
  - Management ›by fear‹;
  - kalte Gesprächsatmosphäre;
  - zuviel Fachsprache, Jargon, Fremdworte;
  - negative Kritik;
  - Unbeweglichkeit im Kommunikationsprozeß;
  - Aggression, Unkontrolliertheit, Aufbrausen;
  - zu rasche voreilige Abgabe von Bewertungen;
  - Demonstration von Abscheu usw. durch nonverbales Verhalten oder Äußerungen;
  - Konfliktverstärkung in der Kommunikation;
  - ›für andere sprechen‹.

Killerphrasen

Killerphrasen sind Bestandteil inkompetenter persönlicher Kommunikation. Solche Aussprüche verhindern die Beteiligung anderer Mitarbeiter an betrieblichen Verbesserungsprozessen. Häufig ist dem Benützer die verletzende Wirkung von Kommentaren gegenüber den Mitarbeitern nicht bewußt. Trotzdem müssen solche Antworten auf Vorschläge unbedingt vermieden werden. Nachfolgend sind einige Beispiele für Killerphrasen aufgeführt.

❑ Das haben wir noch nie gemacht.
❑ Das funktioniert nie.
❑ Dafür ist es zu spät.
❑ Dafür ist die Zeit noch nicht reif.
❑ Für dieses Projekt haben wir keine Zeit (kein Geld, kein Personal etc.).
❑ Viel zu teuer!
❑ Wir haben da Vorschriften, gegen die nicht verstoßen werden darf.
❑ Wollen sie das verantworten?
❑ Ob wir dafür jemanden begeistern können?

❑ Wir wissen, was unsere Kunden wollen!

❑ So was kauft keiner.

❑ In unserer Firma funktioniert das nicht.

❑ Damit kommen wir hier nicht durch.

❑ Das mag wohl theoretisch richtig sein, aber...

❑ In der Realität funktioniert das nicht so einfach, wie Sie sich das vorstellen.

❑ Das ist doch Wunschdenken!

❑ Als Fachmann kann ich ihnen sagen...

❑ Seien Sie erstmal einige Jahre hier...

❑ Ja, wenn das so einfach wäre!

❑ Warum sollten wir das ändern? - Es funktioniert doch gut.

❑ Da könnte jeder kommen!

❑ Das ist nicht unser Bier.

❑ Ich denke nicht, daß Sie das verstehen würden.

❑ So viel sollte jeder begreifen.

❑ Stören Sie mich nicht. Ich habe Wichtigeres zu tun.

❑ Kommen Sie später wieder. Ich habe gerade keine Zeit.

❑ Wenn Sie das gut finden - warum hat es dann noch kein anderer gemacht?

❑ Natürlich - Sie wissen es besser!

... Zwischenmenschliche Beziehungen

Dieser Bereich hat oft den größten Einfluß auf die Kreativität im Unternehmen. Durch Konflikte zwischen fortschrittsorientierten Mitarbeitern und solchen, die an althergebrachten Denk- und Verfahrensweisen festhalten, wird die Entwicklung und Durchsetzung innovativer Ideen behindert. Für viele dieser ›Traditionalisten‹ sind Verbesserungsvorschläge gleichbedeutend mit Kritik am bislang funktionierenden System wie auch an der eigenen Person. Damit verbinden sie eine Gefährdung der eigenen Stellung innerhalb der Hierarchie des Unternehmens, weshalb sie versuchen, kreative Neuerungen möglichst zu behindern. Um aber die Kreativität, das Humanpotential der Mitarbeiter, zum Vorteil des Unternehmens einsetzen zu können, ist es notwendig, die dazu notwendigen Voraussetzungen zu schaffen. Also muß die ›kreative Unternehmenskultur‹ sich vor allem in den Köpfen der Führungskräfte aller Ebenen festsetzten, um die Eigendynamik kreativer Prozesse nicht durch eingefahrene Denkweisen zu behindern. Oft ist das geistige Potential vorhanden, eingefahrene Denkweisen zu verlassen, aber die Umsetzung in neue Handlungsweisen wird unterbunden. Daher sind die Charakteristika innovationsfreudiger Organisationen beispielsweise das Fehlen formaler Einschränkungen des Kreativitätspotentials, die Bereitschaft der Mitarbeiter aller Hierarchieebenen, sachlich berechtigte

Kritik zu akzeptieren und die Möglichkeit, bei etwaigen Fehlern nicht nur kritisiert zu werden, sondern die Gelegenheit zu bekommen, sie zu korrigieren.

Den Führungskräften muß bewußt sein, daß es ihre Aufgabe ist, nicht nur den Mitarbeitern zu vermitteln, ihre Kreativität und Innovationsfähigkeit in die Bewältigung der Arbeitsaufgabe mit einzubringen, sondern auch die entsprechenden Voraussetzungen im organisatorischen Ablauf zu schaffen.

... Arbeitsatmosphäre und Betriebsklima

Die *Atmosphäre* im Arbeitsumfeld ist, ebenso wie die zwischenmenschlichen Beziehungen, eine wesentliche Voraussetzung für innovatives und kreatives Verhalten. Entscheidende Merkmale eines förderlichen *Betriebsklimas* sind beispielsweise Toleranz, gegenseitiges Interesse, Aufgeschlossenheit und die Möglichkeit zu interdisziplinärer Kommunikation.

Führungskräfte müssen dazu bereit sein, Dritten (z. B. internen oder externen Kunden, Mitarbeitern) eigene Machtbereiche einzuräumen, um längerfristig selbst davon zu profitieren. Durch die Gewährung von Anerkennung und Belohnung für erfolgreiche Arbeit werden die Eigenschaften der Betroffenen, wie Leistungs- und Innovationsbereitschaft, weiter gefördert, was sich günstig auf deren Umfeld auswirkt, aber genauso auf die eigene Position zurückfällt.

Innovative Führungskräfte haben sich von der Vorstellung gelöst, Probleme allein lösen zu müssen; vielmehr werden andere in den Problemlösungsprozeß einbezogen. Aufgaben werden an Mitarbeiter weitergegeben, um die eigenen Stärken und die der Mitarbeiter zu kombinieren. Für bestimmte Aufgabenbereiche sind Spezialisten wesentlich besser geeignet, zumal dann der Führungskraft mehr Freiraum für ihre eigentliche Aufgabe, die Mitarbeiterführung, verbleibt. Die psychologischen Auswirkung der Delegation sind nicht zu unterschätzen, denn wenn Arbeitskräfte ihren durch die eigene Leistung erreichten Stellenwert innerhalb der Organisation erkennen, steigt ihr Selbstwertgefühl und ihr Selbstvertrauen. Sie werden zu mündigen - fachlich anerkannten - Mitarbeitern.

... Beziehungsstrukturen innerhalb eines Unternehmens

Hier soll ein Modell dargestellt werden, das die bisher gemachten Aussagen über bestehende und zukünftige Beziehungs- und Erwartungsgefüge innerhalb einer Organisation deutlich macht. Gleichzeitig soll verdeutlicht werden, daß nur bei optimaler Übereinstimmung von Unternehmens- und Mitarbeiterinteressen Vorteile für alle Beteiligten erzielt werden können.

Wenn die Wertvorstellungen der Arbeitskräfte, ihre Erwartungen an die Organisation, die Führungskräfte und an die Arbeitsaufgaben bzw. -inhalte bekannt sind, ist bereits eine wichtige Basis für die Mitarbeiterorientierung vorhanden. In der Praxis ist zu erkennen, daß in Groß-, besonders aber in mittelständischen Betrieben diese Einflußgrößen viel zu wenig berücksichtigt werden, sowohl bei der Einstellung neuer Mitarbeiter als auch in der Behandlung bereits vorhandener Arbeitskräfte. Beispielsweise werden in Zukunft die Inhalte der klassischen *Bewerbungsgespräche* nicht mehr ausreichen. Es wird vielmehr notwendig sein, sich bei der Einstellung (besonders bei Auszubildenden) zunächst Informationen über Wertvorstellungen und -maßstäbe zu beschaffen. Erfährt man so, daß es für die Bewerber entscheidend darauf ankommt, eine Herausforderung in den beruflichen Aufgaben zu sehen, beispielsweise Freiräume im Bereich der Aufgabenentwicklung zu bekommen, muß dies von den Entscheidungsträgern eines Unternehmens dementsprechend berücksichtigt werden.

So ist es für ein Unternehmen vorteilhaft, sich über einen längeren Zeitraum hinweg mit ›potentiellen Mitarbeitern‹ zu beschäftigen, also beispielsweise mit Abschlußklassen in Schulen (im Hinblick auf zukünftige Auszubildende) oder Studierende. Dies kann in turnusmäßigen Workshops realisiert werden, um so rechtzeitig das Profil zukünftiger gesellschaftlicher Veränderungen erkennen zu können. Andererseits setzt dieses System voraus, daß einzelne Elemente des Unternehmensmodells ebenfalls bekannt sind, da eine optimale Lösung des Mitarbeiter- und Führungssystems ohne

❑ präzise formulierte Geschäftsgrundsätze,
❑ konkrete Zielsetzungen,
❑ zukunftsbezogene Anforderungsprofile,
❑ zielgerichtetes Managementsystem und
❑ schlüssige Aufgabenprofile

nicht vorstellbar ist. Im folgenden werden verschiedene Ausprägungen eines mitarbeiterorientierten Führungsmodells dargestellt, dessen Zielsetzung es ist, sowohl mitarbeiter- als auch unternehmensseitig einen hohen Reifegrad von Wertvorstellungen über die gemeinsame Arbeit und hohe Deckungsgleichheit zu erzielen.

Anhand der folgenden Schlüsselgrößen soll ein übersichtliches Gesamtprofil der mitarbeiterorientierten *Unternehmenssituation* erstellt werden, um Bereiche zu ermitteln, in denen Handlungsbedarf besteht:

❑ Mitarbeiterseitige Ausprägung:
  • Wertvorstellungen des Individuums;
  • Anforderungen an die Unternehmenskultur;
  • Anforderungen an die Führungskräfte;
  • Anforderungen an die Arbeitsplätze;
  • Anforderungen an die Arbeitszeitregelungen;
  • Anforderungen an das Entgeltsystem.

❑ Unternehmensseitige Ausprägung:
  • Wertvorstellungen der Firma;
  • Anforderungen an die Einsatzbereitschaft der Mitarbeiter;
  • Anforderungen an das Führungssystem;
  • Anforderungen an das Aufgabensystem;
  • Anforderungen an die Flexibilität der Mitarbeiter.

Das Hauptproblem liegt darin, daß diese Kriterien zunächst nur rein qualitativ erfaßt werden können. Eine Quantifizierung wäre beispielsweise durch Analysewerkzeuge möglich, die Faktoren wie Arbeitszufriedenheit oder Motivation erfassen und an einem vorgegebenen Bewertungsschema messen. Hierbei bleibt allerdings die Frage nach den individuellen Bedürfnissen der Befragten offen. Weiterhin wäre zu hinterfragen, ob es überhaupt einer quantitativen Bewertung bedarf, da der eigentliche Zweck einer derartigen Visualisierung - die Aufdeckung von Bereichen, in denen Handlungsbedarf besteht - auch ohne eine absolute Bewertung erfüllt wird.

Sichtbar können die unterschiedlichen Grade der Anforderungen und Wertvorstellungen in Diagrammen gemacht werden. Im optimalen Fall bestehen keine Unterschiede zwischen Arbeitnehmer- und Unternehmensvorstellungen. Erfolgreiche Unternehmen streben nach dieser Form der Ausprägungen. Durch eine dynamische, kontinuierliche Anwendung dieser Kriterien können ständig die Erwartungshaltung der Mitarbeiter überprüft und Strukturen angepaßt werden.

In den Beispielen werden extreme Schemata dargestellt, bei denen einmal die Ansprüche von seiten der Mitarbeiter, ein andermal von seiten des Unternehmens höher liegen. Im ersten Fall besteht die Gefahr, daß die Mitarbeiter durch mangelnde Partizipationsmöglichkeiten eine solche Organisation nicht mehr in ihre Entscheidungsalternative einbeziehen. Somit herrscht ein großer Grad an Unzufriedenheit und in der Regel eine hohe *Fluktuationsrate*. In diesem Fall besteht Handlungsbedarf für die Unternehmensleitung in der Weise, daß sie stärker die Bedürfnisse der Mitarbeiter sondieren und aus Mitarbeitersicht die richtigen Voraussetzungen für eine Patizipation an der Unternehmensgestaltung schaffen muß. Unternehmen, die das in Bild 7.7 (Beispiel 1) beschriebene, verbesserungswürdige Profil aufweisen, werden in der Zukunft Probleme haben, gute, qualifizierte Mitarbeiter zu finden oder zu halten. Somit ist die Wettbewerbsfähigkeit langfristig in Frage gestellt.

Bezugsgrößen	Bezugsgruppe	Beispiel 1 Grad der Ausprägung	Beispiel 2 Grad der Ausprägung	Beispiel 3 Grad der Ausprägung
Wertvorstellungen	des Mitarbeiters der Firma			
Anforderungen	an die Unternehmenskultur an die Einsatzbereitschaft des Mitarbeiters			
	an die Führungskräfte an das Führungssystem			
	an die Arbeitsplätze an das Aufgabensystem			
	an die Arbeitszeitregelung an das Entgeltsystem an die Flexibilität			

Bild 7.7: Wertvorstellungen und Anforderungen von Unternehmen und Mitarbeitern.

Das zweite Beispiel zeigt den Handlungsbedarf auf der Mitarbeiterseite. Ihre Denk- und Verhaltensweise ist nicht zeitgemäß, sie sehen sich selbst vorrangig als ausführende Organe, als ›Handwerker‹, die ihre Tätigkeiten von übergeordneten ›Kopfwerkern‹ zugeteilt bekommen und widerspruchslos auszuführen haben. Hier kommt der Unternehmensleitung die Aufgabe zu, sich um motivierte, engagierte Mitarbeiter zu bemühen und diese zu fördern.

Das dritte Beispiel entspricht am ehesten der Realität: unterschiedliche Ausprägungen sowohl auf Mitarbeiter- als auch auf Unternehmensseite sind festzustellen. Vorhandene Stärken und Schwächen können identifiziert und eliminiert werden. Dies wird durch ein entsprechend offenes Verhältnis im Unternehmen gefördert. Denn durch das gemeinsame Vorgehen können Betroffene zu Beteiligten gemacht und auf diesem Weg Verbesserungen erreicht werden.

... Konfliktmanagement

Der Umgang mit Konflikten trägt entscheidend zur Motivation und zur Bereitschaft, unterschiedliche Sichtweisen und innovative Ideen zu diskutieren bei.

Konflikte sind Ausdruck von Gegensätzen und Widersprüchen in den Interessen, Zielen und Bedürfnissen verschiedener Personen. Überall dort, wo Menschen miteinander in Kontakt treten, können Konflikte auftreten. Konflikte können aber auch in Form von Gewissenskonflikten in nur einer einzelnen Person auftreten, so z. B., wenn unterschiedliche Wertvorstellungen aufeinandertreffen. Auseinandersetzungen und Interessenkonflikte nehmen viel Zeit und Energie in Anspruch und kosten die Unternehmen deshalb viel Geld. Konflikte müssen jedoch nicht nur aus wirtschaftlichen, sondern auch aus humanen Gründen gelöst werden.

Konfliktarten

Man unterscheidet insgesamt vier Konfliktarten, die sich häufig überschneiden (nach Toemmler-Stolze 1995):

- ❏ Bewertungskonflikt (Uneinigkeit über Bedeutung des Zustandes und über Ziele);
- ❏ Beurteilungskonflikt (Uneinigkeit über Wege, Prozesse, Organisation);
- ❏ Verteilungskonflikt (Uneinigkeit über die Verteilung von Ressourcen);
- ❏ Beziehungskonflikt (Uneinigkeit über die sozialen Beziehungen).

Konfliktentstehung

Konflikte ergeben sich dadurch, daß verschiedene Personen eine sich objektiv darstellende Situation (-> Ergebnis/Sachverhalt) subjektiv wahrnehmen. Aufgrund ihrer unterschiedlichen Interessen, Ziele, Erwartungen, Bedürfnisse und Wertvorstellungen beurteilen sie die Situation unterschiedlich. Daraus entsteht ein individuell verschiedener Handlungsbedarf, der zu einer Konfliktsituation führt. Anschließend entscheidet jeder für sich sich selbst, wie er sich verhalten will. Aus den unterschiedlichen Handlungen der Beteiligten entsteht ein Gesamtergebnis, das von den Betroffenen wiederum unterschiedlich wahrgenommen wird. Damit ist der Kreislauf geschlossen. Eine Führungskraft kann an den folgenden drei Stellen Einfluß ausüben:

❏ Wahrnehmung:
Die Wahrnehmung eines Sachverhalts durch den Mitarbeiter hängt von seinem diesbezüglichen Informationsstand ab. Wichtig ist die umfassende und sachliche Situationsdarstellung. Hat die Führungskraft einen Teil dieser Informationen bewußt zurückgehalten

oder manipuliert, und bemerkt der Mitarbeiter diese Manipulationen, so wird dadurch das Vertrauensverhältnis zwischen Vorgesetztem und Mitarbeiter gefährdet.

❏ Bewertung des Zustandes:
Mitarbeiter haben unterschiedliche Wertvorstellungen, Interessen, Ziele, Erwartungen und Bedürfnisse. Eine Führungskraft kann hierauf gezielt Einfluß nehmen.
Die entsprechenden Methoden werden an andere Stelle ausführlich beschrieben (Bewertungsgespräche, Zielvereinbarung, Leitbilder, etc.).

❏ Konfliktkreislauf:
Konflikte laufen meist entsprechend dem in Bild 7.8 dargestellten Konfliktkreislauf ab. Daraus ergeben sich Ansatzpunkte zur Konfliktvermeidung bzw. Konfliktlösung.

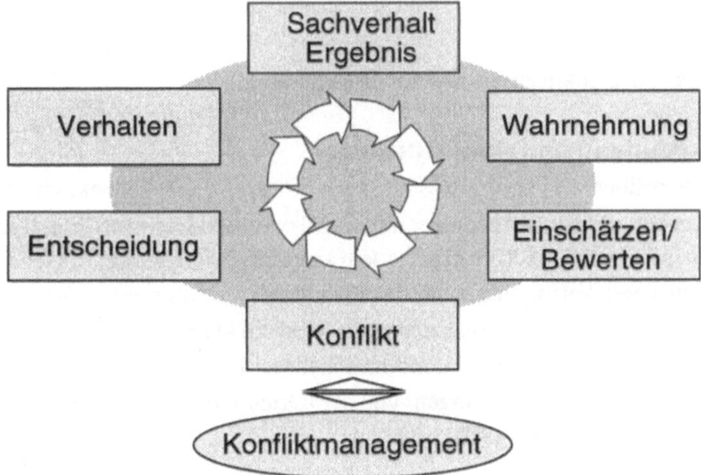

Bild 7.8:   Der Konfliktkreislauf

Dimensionen der Konfliktaustragung

Konflikte werden meistens in drei *Dimensionen* ausgetragen (Bild 7.9). Bezieht man sachliche Differenzen zu stark auf die Person, so fühlt sich der andere angegriffen und in seiner Persönlichkeit verletzt, was zu einer unnötigen Verschärfung der Konfliktsituation beiträgt. Wichtig ist auch, daß man seine Kritik am gegnerischen Standpunkt offen äußert; nur so kann bei berechtigten Einwänden für Abhilfe gesorgt werden. Versteckte Kritik führt zu Mißverständnissen und sozialen Spannungen. Um zu einem konstruktivem Ergebnis zu kommen sollte ein Konflikt immer auf der sachlich-argumentativen Ebene ausgetragen werden.

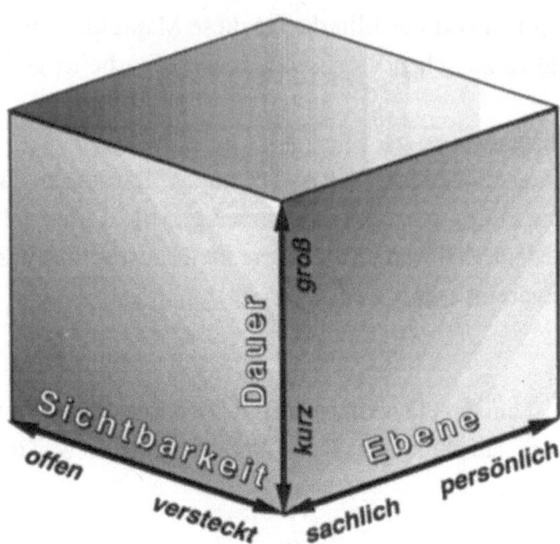

Bild 7.9:   Die drei Dimensionen der Konfliktaustragung

Konfliktvermeidung und Konfliktlösung

Untersuchungen über die Konfliktlösungspraxis lassen diese bedenklich erscheinen. Umfragen ergeben, daß zwar theoretisch meist Gewinner-Gewinner-Situationen angestrebt werden, praktisch jedoch von fast jedem zweiten eine Tendenz zur Gewinner-Verlierer-Situation unter Verfolgung einer Machtstrategie verfolgt wird. Die Vielzahl der Strategien zur Konfliktlösung lassen sich unterschiedlich klassifizieren. Eine Möglichkeit unter Anlehnung an Blake, Shepard und Mouton klassifiziert Konflikte nach der ›Orientierung an eigenen Zielen und Belangen‹ und der ›Orientierung an den Zielen und Belangen der Gegenpartei‹ (Regnet 1996).

Im Prinzip werden damit fünf verschiedene Strategien unterschieden, die bei der Austragung von Konflikten verfolgt werden können (Bild 7.10). Vor allem der Führungskraft in der Rolle des sogenannten Coaches fällt die Aufgabe der Konfliktlösung zu. Zieht sich eine Führungskraft während der Konfliktaustragung zurück und verzichtet auf die Durchsetzung ihrer Interessen (-> Flucht), so hinterläßt sie bei ihren Mitarbeitern einen Eindruck der Schwäche, was die Durchsetzung künftiger Vorhaben erschwert. Einen offensiven Kampf wird sie aufgrund ihrer Amtsautorität gewinnen. Häufiges Ausnutzen der Machtposition bewirkt bei den Mitarbeitern ein Gefühl der Ohnmacht und des bedingungslosen Ausgeliefertseins. Bei der Konfliktdelegation überträgt die Führungskraft die Verantwortung für den Konflikt einem Mitarbeiter oder einer dritten Person. Dieses Verhalten ist am ungünstigsten, denn durch Schuldzuweisungen bleibt der Konflikt ungelöst. Bei einer Kompromißlösung machen beide Parteien Zugeständnisse. Die Lösung beinhaltet Vorschläge und Ideen von beiden Konfliktparteien und muß demnach auch beiderseitig akzeptiert werden. Am erfolgreichsten ist die Konsensbildung. Bei dieser Strategie wird nach gemeinsamen Problemen und Gründen für den Konflikt gesucht. Ähnlich wie bei der Zielvereinbarung entwickeln Führungskraft und Mitarbeiter gemeinsam einen Lösungsweg. Da dieser die Interessen beider Parteien voll berücksichtigt, besteht hier die größte Motivation und Erfolgsaussicht.

Konfliktstrategien	Soziale Konsequenzen
Flucht	Verlierer - Gewinner - Situation
Kampf	Gewinner - Verlierer - Situation
Delegation	Meist Verlierer - Verlierer - Situation
Kompromiß	Jeder gewinnt mehr als er verliert
Konsens	Gewinner - Gewinner - Situation

Bild 7.10: Konfliktstrategien (REFA 1995)

Manche Konflikte lassen sich von vornherein vermeiden, wenn alle Beschäftigten - Führungskräfte und Mitarbeiter - im wesentlichen die folgenden Charaktermerkmale anstreben:

❏ positive Grundeinstellung;
❏ Einfühlungsvermögen;
❏ Toleranz;
❏ Aufgeschlossenheit;
❏ Problemsensibilität;
❏ Kontaktfreudigkeit;
❏ Kommunikationsfähigkeit;
❏ Interesse für Zusammenhänge;
❏ Freude an der Zusammenarbeit mit anderen;
❏ Bereitschaft zur uneingeschränkten Informationsweitergabe;
❏ Fantasie;
❏ Bereitschaft zu kalkulierbarem Risiko;
❏ Humor.

Als vorbeugende Maßnahmen gegen zwischenmenschliche Konflikte kann man klare Regeln für die Zusammenarbeit aufstellen, die zwar Konflikte verhindern, den Handlungs- und Entscheidungsspielraum der Beschäftigten aber stark einschränken und demnach die Gefahr bergen, kreativitätshemmend zu wirken (vgl. Toemmler-Stolze 1994). Zu bemerken ist allerdings, daß es nicht nur darum geht, Konflikte zu vermeiden, sondern sie aktiv anzugehen und Chancen zu Verbesserungen daraus zu ergreifen.

Einige Maßnahmen zur Vermeidung und zum bewußten Umgang mit Konflikten sind nachfolgend aufgeführt :

❑ Definition von Spielregeln für den Umgang miteinander (diese müssen allen Betroffenen bekannt sein und dürfen sich nicht widersprechen):
  • Erarbeitung eines Maßnahmenkataloges für Beachtung oder Übertretung dieser Regeln.
  • Maßnahmen sollen die Interessen aller Parteien möglichst gleichmäßig berücksichtigen (keine Bevorzugungen oder Benachteiligungen).
❑ Klare Kompetenzverteilung:
  • Entscheidungsbefugnisse;
  • Verantwortungsübernahme;
  • Tätigkeitsbefugnisse.
❑ Karrieremodelle, die:
  • Entwicklungsmöglichkeiten bieten (Perspektive und Anreiz);
  • Konkurrenz zwischen Kollegen verhindern.
❑ Belohnungssystem:
  • Förderung der partnerschaftlichen Zusammenarbeit (Gruppenprämien);
  • Förderung des Engagements für das Unternehmen.
❑ Wertneutralität:
  Konflikte sind stets wertneutral und sachlich anzugehen.
❑ offene Konflikt- und Problemlösekultur:
  Widersprüchliche Standpunkte und Sichtweisen sind stets Gegenstand eines offenen Meinungsaustausches und Ansatzpunkt zur Lösung von Problemen mit dem Ziel der Verbesserung von Geschäftsprozessen. Unterschiedliche Sichtweisen sind erwünscht, wenn sie sich bei der Lösung von Problemstellungen gegenseitig ergänzen.

Planspiele - eine Trainingsmethode zur Konfliktbewältigung

Viele Konfliktsituationen treten bei der Entscheidungsfindung und -durchsetzung auf. Eine Trainingsmethode, die speziell die Konsensfindung in diesen Phasen fördert, sind Planspiele. Sie funktionieren nach dem ›*Learning by doing*‹-Prinzip. Das schrittweise Vorgehen anhand überschaubarer Modelle stellt eine systematische Übung beim Festlegen von Zielen und Maßnahmen zur Zielerreichung dar. Planspiele beinhalten gegenüber konservativen Lehrmethoden - wie Vorlesung, Vortrag und Unterricht - die Berücksichtigung und aktive Einbeziehung von sozial interaktiven Prozessen. Während des Planspiels können sich Ideen, die der Mehrheit der Spieler anfänglich wenig erfolgversprechend erschienen, als effizient erweisen. So werden Eigenschaften wie Toleranz, Aufgeschlossenheit, Risikobereitschaft und Teamfähigkeit trainiert. Planspiele sind nicht nur Instrumente zur Persönlichkeitsentwicklung, sondern durch die Förderung von konfliktverhindernden Charaktereigenschaften auch Instrumente zur Konfliktvermeidung. Die Teilnehmer erlernen in einem Unternehmensplanspiel folgende Vorgehenssystematik bei der Entscheidungsfindung und Maßnahmenplanung (nach Frech 1995):

- ❑ Bewertung der Informationen;
- ❑ Klärung von Zusammenhängen;
- ❑ Auswahl der optimalen Lösung;
- ❑ Messung der Maßnahmenauswirkungen auf das Gesamtergebnis;
- ❑ Einleitung von eventuell notwendigen Korrekturmaßnahmen.

Neben der Gewinnung sozialwissenschaftlicher Erkenntnisse werden die Mitarbeiter für betriebswirtschaftliche und verfahrenstechnische Erfordernisse sensibilisiert, was sie dazu bewegen soll, ihre egoistischen Ziele zugunsten von Gruppenzielen zurückzustellen. Damit können Konflikte vermieden werden. Zusätzlich werden für die betriebliche Zusammenarbeit wichtige Werte und Verhaltensweisen gefördert und entwickelt:

- ❑ Optimismus;
- ❑ Ideenreichtum;
- ❑ Teamfähigkeit;
  - • Hilfsbereitschaft;
  - • komplexes/vernetztes Denkvermögen;
  - • Offenheit für andere Ideen;
  - • Risikobereitschaft;
  - • Kooperationsbereitschaft/-fähigkeit;
  - • Kommunikationsbereitschaft/-fähigkeit;
- ❑ Toleranz gegenüber anderen Meinungen.

Zusammenfassung und Ausblick

In diesem siebten Kapitel wurden Aspekte der Arbeitsplatzgestaltung, der Information und Kommunikation sowohl in formaler und schriftlicher als auch mündlicher Hinsicht, sowie Beziehungsstrukturen und daraus entstehende Konflike behandelt. Neben immateriellen Motivationsfaktoren tragen jedoch auch materielle Faktoren zur Kreativitätssteigerung bei. Dies soll Thema des achten Kapitels sein.

8

Motivationsfaktor Arbeitsentgelt

Obwohl die monetäre Entlohnung nicht mehr als alleiniger Motivationsfaktor ausreicht, besitzt sie doch eine entscheidende Bedeutung. Die unterschiedlichen Formen der zielgerichteten Entgeltgestaltung werden in diesem achten Kapitel dargestellt.

Das Menschenbild des ›*Homo oeconomicus*‹ basiert auf der Annahme, daß der Mensch ausschließlich nach größtmöglichem Gewinn strebe. Der Faktor ›Arbeitsentgelt‹ galt jahrzehntelang als ausschließlicher Antrieb für Leistung, Produktivität und Zufriedenheit.

Dabei wird die Problemstruktur jedoch sehr einseitig angegangen, da sie nur bestimmte Interessen, nicht aber die Komplexität menschlicher Wertvorstellungen widerspiegelt. Die Erkenntnis, daß sich Motivation nicht vorrangig durch Geld kaufen läßt, hat sich durch den stetigen Wertewandel im Lauf der letzten Jahre immer weiter durchgesetzt und wird durch empirische Untersuchungen belegt. Dies bestätigt somit auch die Herzbergsche Theorie, nach der Geld eher zu den nicht motivierenden *Hygienefaktoren* als zu den leitungssteigernden *Motivatoren* zu rechnen ist. Obwohl das Geld nach wie vor einen nicht zu unterschätzenden Einfluß auf das Verhalten der Menschen ausübt, ist es nur einer von mehreren Faktoren, die als Leistungsanreize gelten können. Die rein monetären Motivationstheorien haben schon deshalb an Glaubwürdigkeit eingebüßt, weil hier die oft ausschließlich gewinnorientierten Vorstellungen der Unternehmensleitungen auf die Arbeitnehmer projiziert wurden, ohne dabei deren Wertvorstellungen zu berücksichtigen. So können die Führungskräfte nicht einfach ihr Verständnis von Geschäftsleben und Umwelt auf die Mitarbeiter übertragen. Daher erfordert die Schaffung eines mitarbeiterorientierten *Anreizsystems* im Unternehmen gute Kenntnisse über den Menschen bezüglich seiner Einstellung zur Arbeit und zum Unternehmen.

Der Stellenwert des Geldes kann beim Menschen allein symbolischer Natur sein, er kann aber auch durch reine Notwendigkeit bedingt sein. Dennoch darf das Geld allein keinesfalls als alleiniger Grund für optimale Leistungserbringung angesehen werden - unabhängig davon, ob der Mitarbeiter das Geld als Mittel zum Zweck (Notwendigkeit zur Daseinsbewältigung), als Erfolgsmaßstab oder als Statussymbol ansieht.

Der wohl deutlichste Vorteil des Geldes ist die exakte Meßbarkeit der *Entlohnung* für erbrachte Arbeitsleistung. Dieser genaue Wert läßt keine Zweifel daran bestehen, welche Wertigkeit die eigene Leistung und damit auch die eigene Persönlichkeit für das Unternehmen darstellt. Diese präzise Meßmethode kann wie kein anderes Instrument den Status einer Arbeitskraft innerhalb des Unternehmens deutlich machen, vor allem unter den Mitarbeitern. Dieser nicht zu unterschätzende Nebeneffekt auf die Psyche des Menschen muß unbedingt bei der Gestaltung von Entgeltsystemen berücksichtigt werden.

Dem arbeitenden Menschen dienen Einkommenswerte anderer in ähnlichen Positionen als Vergleichsmaßstab. Bei diesen ›gedachten Gehaltsvorstellungen‹ anderer handelt es sich allerdings oft um auf ungenauen Daten beruhende Annahmen. Dies kann zu Unzufriedenheit der Arbeitskräfte mit ihrem Einkommen führen, da ihnen entweder eine reale Vergleichsbasis fehlt oder sie ihre Fähigkeiten schlichtweg falsch einschätzen. So kann bei einem Mitarbeiter ein Gefühl der Ungerechtigkeit entstehen, obwohl er, neutral betrachtet, gerecht entlohnt wird. Daraus läßt sich erkennen, daß der absolute Preis für Arbeitsleistung nicht immer mit den individuellen subjektiven Entgeltvorstellungen übereinstimmt.

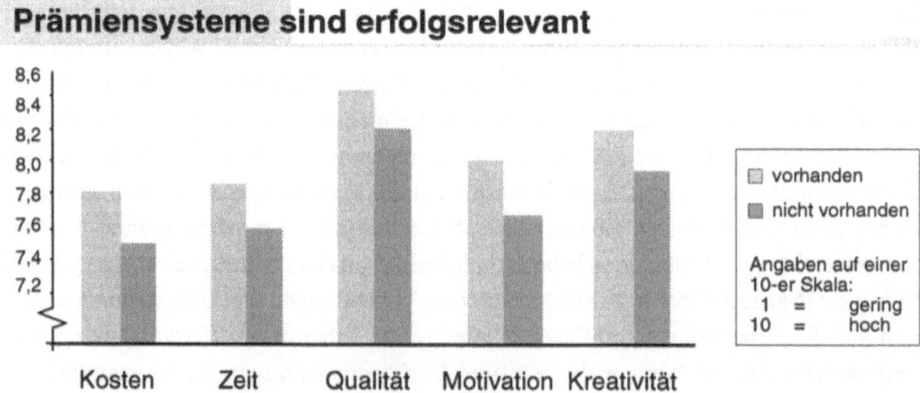

Bild 8.1:   Auswirkungen der Prämiensysteme

Wie bereits angesprochen wurde, ist eine Möglichkeit der Motivationsförderung die Anreizbildung durch neue, flexible Entgeltsysteme. Den Einfluß von Prämiensystemen auf die Motivation und die Kreativität zeigt Bild 8.1.

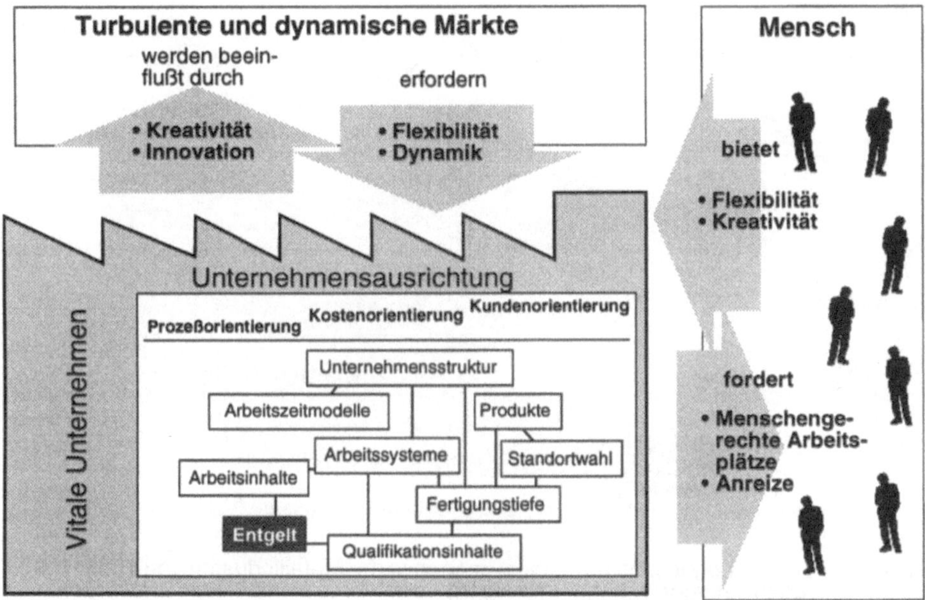

Bild 8.2:   Beziehung zwischen Mensch, Unternehmen und Markt

Die zunehmend turbulenter werdende Marktsituation, die ein Maximum an Flexibilität und dynamischer Entwicklungsfähigkeit von den Unternehmen fordert, ist der Ausgangspunkt vieler Konzepte. Andererseits wird jeder Markt von der Kreativität und Innovationskraft, die sich in Neuerungen aller Art manifestieren, immens beeinflußt. Der Mensch als Hauptträger dieser Eigenschaften stellt deshalb den zentralen Punkt der Managementstrategien dar. Um sich auf solche Gegebenheiten einstellen zu können, brauchen Unternehmen vitale, kooperative und aufeinander abgestimmte Strukturen mit entsprechenden Entgeltsystemen (Bild 8.2). Die Veränderungen, die die Entgeltgestaltung der bundesdeutschen Unternehmen von 1985 bis 1995 erfahren hat sowie eine Prognose für die voraussichtliche Verteilung der Lohnformarten im Jahr 2005 zeigt Bild 8.3. Ein deutlicher Rückgang vom reinen *Akkordlohn* zugunsten von Prämienregelungen und leistungsorientierten *Zeitlohnsystemen* zeigt, daß in der Zukunft nicht mehr von einer eindimensional und monokausal angelegten Beziehung von Arbeit und Lohn ausgegangen werden kann, sondern daß mit immer komplexer werdenden Strukturen gerechnet werden muß.

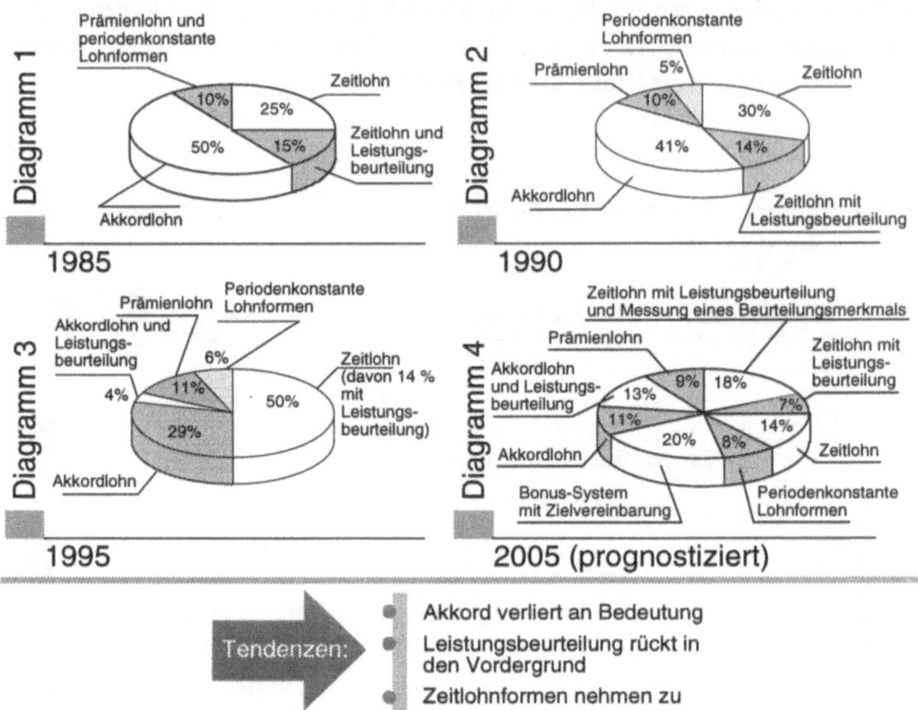

Bild 8.3: Gegenüberstellung der Lohnformarten in der Metallindustrie von 1985, 1990, 1995 und 2005 (nach REFA 1995)

Auch anhand der veränderten Schwerpunktsetzung in der Tarifpolitik der Gewerkschaften läßt sich dieser Wandel aufzeigen: In den 70er und 80er Jahren konzentrierten sich die Bemühungen auf Belastungsabbau, Rationalisierungsschutzabkommen und Arbeitszeitverkürzung. In den 90er Jahren dagegen stehen neben Maßnahmen zur Beschäftigungssicherung u. a. die Bezahlung nach Qualifikation und die Zusammenführung von Lohn und Gehalt im Vordergrund. Die Tarifvertragsparteien in der Metall- und Elektro-Industrie sind sich dahingehend einig, daß die Lohn- und Gehaltssysteme für Arbeiter und Angestellte zu einheitlichen Entgeltsystemen zusammengeführt werden solle. Daraus folgt, daß auch die Merkmale zu überprüfen sind, mit denen die Grundanforderungen der Arbeit bewertet und die Einzel- und Kollektivleistung beurteilt werden.

Auch eine vergleichende Umfrage des BAT-Freizeitforschungsinstituts aus den Jahren 1988 und 1992 ergab, daß die Arbeitsmotivation der Beschäftigten ihren Beitrag zum Wandel in der Entgeltgestaltung leistet: Freizeit und Urlaub tragen immer weniger zur Arbeitsmotivation bei, dagegen wuchs der Stellenwert der Faktoren ›Karrierechancen‹, ›Spaß an der Arbeit‹ und ›sinnvolle Arbeitsinhalte‹. Das Einkommen war für knapp

60 % der Befragten nach wie vor der größte Anreiz zur Verbesserung der Arbeitszufriedenheit und zur Erhöhung der Leistungsbereitschaft im Beruf. Durch die in den letzten Jahren anhaltende Konjunkturschwäche darf angenommen werden, daß heute dem Faktor Geld in Verbindung mit Beschäftigungssicherheit ein noch höherer Stellenwert zukommt.

Davon ausgehend kann die Frage gestellt werden, wie moderne Entgeltsysteme im Kontext der vielfältigen Gestaltungsmaßnahmen von Arbeit unterstützend zur Motivationssteigerung der Beschäftigten beitragen können, mit dem Ziel einer Steigerung der Wettbewerbsfähigkeit des Unternehmens durch produktivere Leistungserbringung (Bild 8.4).

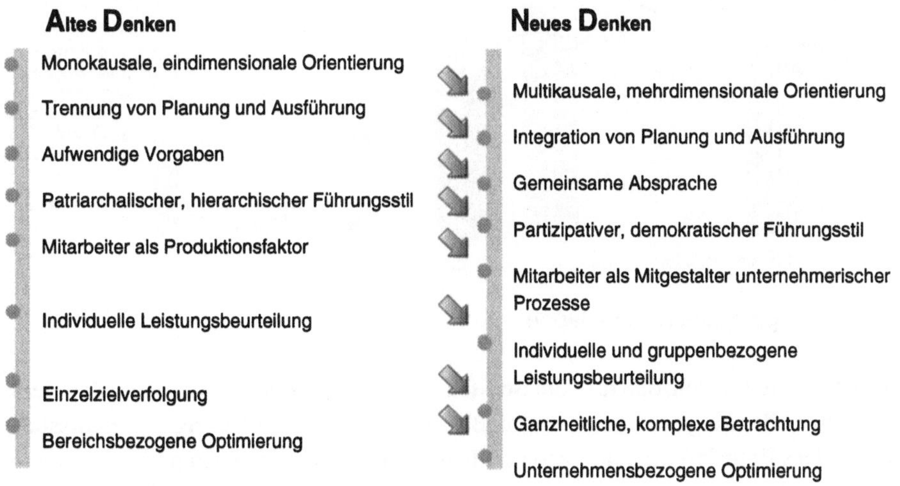

Bild 8.4: Ansätze zur Entgeltfindung

Allerdings steht den Unternehmen kein unbegrenzter Gestaltungsspielraum zur Verfügung, denn die Gesetzgebung räumt gerade in Fragen der Entgeltgestaltung den Betriebsräten über das *Betriebsverfassungsgesetz* die weitestgehenden Mitbestimmungsrechte ein. Eine einseitige Ausgestaltung ist nicht möglich. Außerdem bestehen auch tarifliche Regelungen, welche die Vereinbarungen nach dem Entlohnungsgrundsatz, den Eingruppierungsmerkmalen, den Mindestlöhnen u.v.m. beinhalten. Dies bedeutet auch, daß betriebsindividuelle Regelungen und Vereinbarungen außerhalb dieses Rahmens immer der Zustimmung der Tarifvertragsparteien bedürfen.

Ein Vergleich mit aktuellen fernöstlichen Strukturen zeigt, daß japanische Wettbewerber auf dem Weltmarkt in vielerlei Hinsicht zum Leit- oder Schreckensbild für die deutschen Unternehmen geworden sind. Auch ihr Entgeltsystem unterscheidet sich in vielen Punkten von europäischen oder amerikanischen Systemen. Im aufgeführten Beispiel handelt es sich um einen Automobilhersteller. Die Aussagen begrenzen sich auf das

Produktionspersonal bis zu einer Qualifikationsstufe, die in Deutschland etwa einem Gruppenleiter entsprechen würde (Bild 8.5).

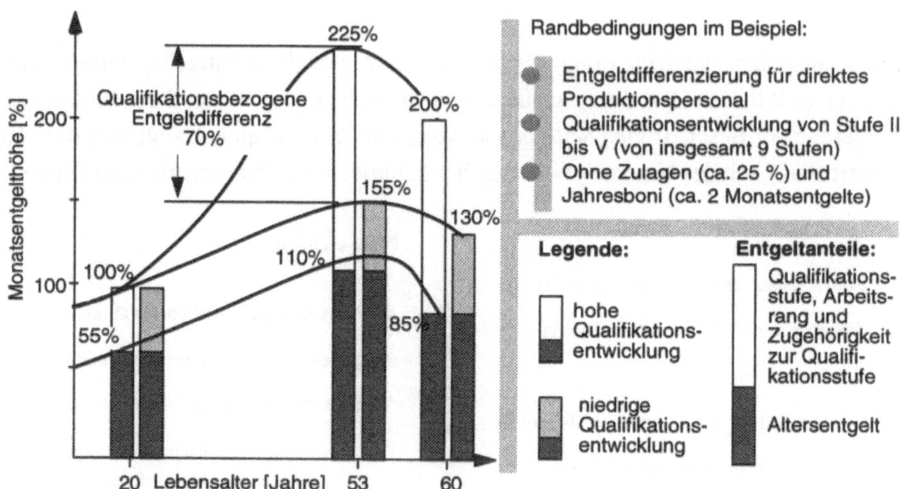

Bild 8.5:   Entgeltgestaltung in Japan

Zunächst ist festzuhalten, daß fast alle Berufsanfänger trotz hohem Qualifikationsniveau (z. B. Abitur oder vergleichbarer Abschluß) oft in der gleichen niedrigen Gehaltsstufe beginnen. Das Entgelt umfaßt im wesentlichen die beiden Komponenten ›Altersentgelt‹ und ›Fähigkeitsentgelt‹, wobei die zweite Komponente in ›Qualifikationsstufe und Arbeitsrang‹ und ›Beschäftigungszeit in einer Qualifikationsstufe‹ unterteilt wird. Das Altersentgelt wird in absoluter Höhe im Laufe des Arbeitslebens, völlig unabhängig von anderen Einflußfaktoren, verdoppelt, wobei es allerdings in den letzten fünf Jahren dann wieder um 25 % fällt.

Die Fähigkeitskomponente ist stark abhängig von der Entwicklungsbereitschaft der Mitarbeiter. Im folgenden Beispiel werden ein Mitarbeiter mit geringem und ein Mitarbeiter mit großem Engagement hinsichtlich ihrer Einkommensentwicklung einander gegenübergestellt: Es zeigt sich, daß selbst auf der Ebene ›Direkter Produktionsbereich‹ eine große Lücke zwischen diesen beiden Mitarbeitern klafft. Auf das gleiche Eingangsniveau bezogen ergeben sich 70 % Entgeltdifferenz. Einer im Lauf der Zeit erworbenen Qualifikationsstufe wird also eine beträchtliche Bedeutung zugemessen. Die Beurteilung und Einstufung wird dabei immer durch die Vorgesetzten und durch eine Selbsteinschätzung vorgenommen, wobei die Beurteilungen mehrmals im Jahr stattfinden.

Ebenfalls zu beachten ist die Tatsache, daß das monatliche Einkommen während eines Jahres unverändert bleibt und daß Leistungsschwankungen nur in Größenordnungen von +/- 1 % einfließen. Nicht im Schaubild aufgeführt sind Zulagen für Schicht-, Nachtarbeiten und Arbeitserschwernisse sowie sogenannte Jahresboni, die bis zu 2 Monatsgehälter ausmachen können.

Im folgenden sind noch einige Eigenarten der japanischen Entgeltgestaltung stichpunktartig aufgelistet:

- ❑ Die Eingangsqualifikation ist in der Regel ein Oberschulabschluß; die Einstufung erfolgt in einer niedrigen Gehaltsstufe.
- ❑ Es wird nicht zwischen Lohn und Gehalt unterschieden.
- ❑ Das Monatsentgelt hängt nicht von der aktuellen Arbeitsleistung ab.
- ❑ Das Monatsgehalt ist insgesamt über ein Jahr konstant, kann aber im Lauf des Arbeitslebens stark gesteigert werden.
- ❑ Die Einkünfte steigen in Abhängigkeit von der Qualifikationsentwicklung und dem Senioritätsprinzip an.
- ❑ Das Grundentgelt besteht aus drei Komponenten, dem Altersentgelt und zwei qualifikationsabhängigen Anteilen (Qualifikation und Arbeitsrang bzw. Qualifikation und Zugehörigkeitsdauer in der jeweiligen Qualifikationsstufe).
- ❑ Das Altersentgelt ist unabhängig von der Qualifikation, es wird vom Berufseintritt bis zum Alter von 53 Jahren verdoppelt, danach sinkt es um ca. 25 %, was bedeutet, daß im Alter das Gesamtentgelt abnimmt, jenseits einer Altersgrenze von 55 Jahren finden keine Beförderungen mehr statt.
- ❑ Einstufungen bezüglich Qualifikations- bzw. Arbeitsrang basieren auf einer Mitarbeiterbewertung aus drei Komponenten. Halbjährlich werden Arbeitsleistung und Arbeitseinstellung, jährlich die Arbeitsfähigkeit nach jeweils einer Selbsteinschätzung und einer Vorgesetztenbeurteilung bewertet.

Zusammenfassend läßt sich feststellen, daß das Senioritätsprinzip, die individuelle Qualifikationsentwicklung und das gleichbleibende monatliche Einkommen die Hauptmerkmale der japanischen Entgeltfindung darstellen.

...Anforderungen an moderne Entgeltsysteme

Basierend auf den vorangegangenen Überlegungen lassen sich eine Reihe von Anforderungs- bzw. Bewertungskriterien an moderne *Entgeltsysteme* zusammenstellen. Anhand der gewählten Darstellung soll beispielhaft die Wechselwirkung der Kriterien untereinander verdeutlicht werden. Das bedeutet, daß einerseits die Kriterien bereits eine Verdichtung verschiedener Unterkriterien beinhalten und andererseits hinsichtlich ihrer Gewichtung untereinander für den Anwendungsfall im jeweiligen Unternehmen unterschiedliche Bedeutung haben können. Für ein Unternehmen bedeutet dies, daß es ein auf die eigenen Bedürfnisse zugeschnittenes betriebsspezifisches Bewertungsraster erstellen muß (Bild 8.6, Bild 8,7).

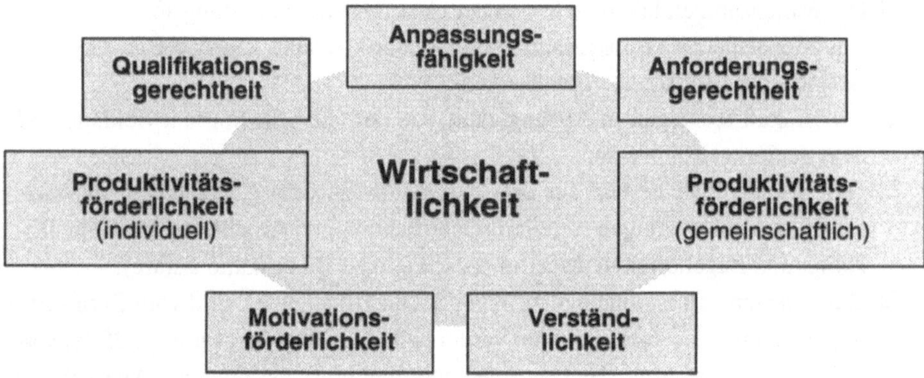

Bild 8.6:	Bewertungskriterien für Entgeltsysteme

Produktivitätsförderlichkeit
- Leistungsorientiert
- Kundenorientiert
- Innovationsorientiert
- Ressourcenorientiert
- Qualitätsorientiert

Motivationsförderlichkeit
- Bedürfnisorientiert
- Gerechtigkeit (individuelles Empfinden)
- Ereignisorientiert / erfolgsbezogen
- Entwicklungsorientiert

Verständlichkeit
- Transparenz von Aufbau und Struktur
- Wirkzusammenhang von Entgeltkomponenten / Berechnungsverfahren und Arbeitsleistung

Anpassungsfähigkeit
- Marktentwicklungen
- Arbeitsorganisatorische (betriebliche) Entwicklungen

Anforderungsgerechtheit
- Aufgabenorientiert
- Belastungsorientiert

Qualifikationsgerechtheit
- Individuelles Qualifikationsangebot versus betriebliche Qualifikationsnachfrage
- Arbeitssystembezogene Arbeitseinsatzflexibilität

Wirtschaftlichkeit
- Kosten versus Nutzen
- Einmalige Einführungsaufwände
- Laufende Betriebskosten (Pflege, Datenerfassung, Berechnung, Anpassung)
- Entgeltkosten

Bild 8.7:	Spezifizierung der Bewertungskriterien

...Praxisbeispiele innovativer Entlohnung

... Das Entgeltsystem ›Gain-Sharing‹

Definition und Aufbau von Gain-Sharing

Zur Erläuterung von *Gain-Sharing-Modellen* sei noch erwähnt, daß sie im allgemeinen nicht unter die tariflichen Regelungen fallen und somit vor der Implementierung immer der Zustimmung der Tarifvertragsparteien bedürfen.

Gain-Sharing-Modelle unterstützen und bedingen Gruppenarbeitssysteme, die auf Qualität und Leistungssteigerung im ›Kontinuierlichen Verbesserungsprozeß‹ (KVP) abzielen. Grundlage der Überlegung ist eine Basis-Effektivitätskennziffer, die aus dem Verhältnis von direkter Vorgabezeit zu insgesamt aufgewandter Zeit während eines festzulegenden Produktionszeitraums ermittelt wird, wobei wichtig ist, daß die Summen-Vorgabezeit ein entsprechend großes und repräsentatives Typen- und Mengenspektrum umfaßt. Des weiteren umfassen die aufgewandten Zeiten auch alle indirekten Zeiten eines genau abgegrenzten Arbeitssystems. Also bildet das gesamte Zeitvolumen die Grundlage zur Berechnung der benötigten Produktionsmenge (Bild 8.8).

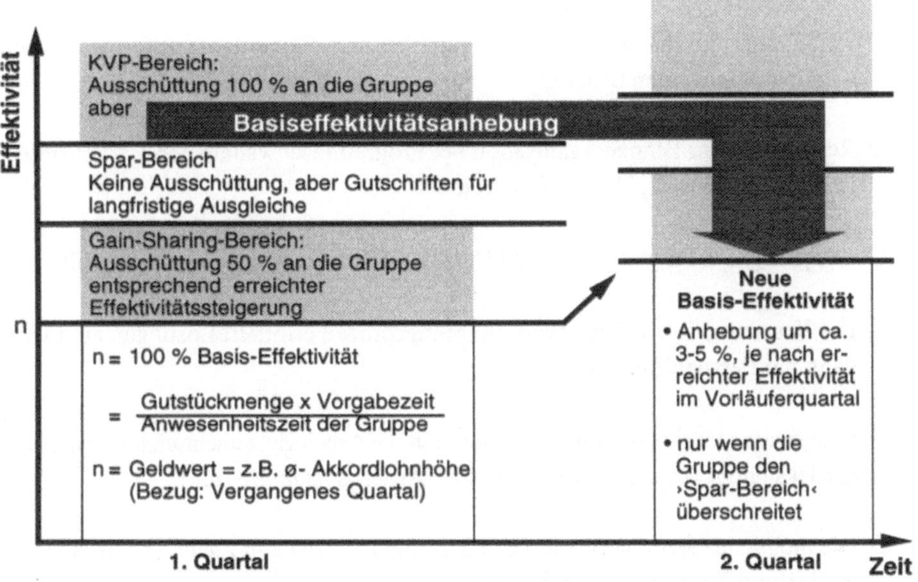

Bild 8.8:   Funktionsprinzip von Gain-Sharing

In diesem Prämienmodell wird von dem errechneten Quotienten ausgehend die Effektivität einer Arbeitsgruppe beurteilt. Sie ergibt sich aus dem direkten Vergleich der errechneten Basiseffektivität und der erzielten Effektivität. Die laufende Effektivität kann nachfolgend um eine im voraus definierte Größenordnung nach oben verschoben werden.

Die Voraussetzungen sind hier sehr wichtig: Die Entscheidung, ob die KVP-Grenze überschritten wird, muß von der Gruppe kommen und ›freiwillig‹ geschehen, denn nur sie kann entscheiden, ob sie das neue Leistungsniveau auch auf Dauer erbringen und noch weiter steigern kann.

Nur wenn die Gruppe gut zusammenarbeitet, wenn der Tätigkeitsbereich umfassend und komplex genug gewählt wurde (Arbeitssystemgrenze), sodaß sich genügend Raum zur Erschließung solcher KVP-Bereiche bietet und ausreichend Qualifizierungsaufwand betrieben wurde, kann der Gefahr einer möglichen Leistungsverdichtung durch die ganzheitliche Betrachtung der Wertschöpfungskette mit ihren vielfältigen Potentialen entgegengewirkt werden.

Gegenüber herkömmlichen Prämiensystemen in Verbindung mit dem ›Betrieblichen Vorschlagswesen‹, das durch Gain-Sharing-Modelle z. T. ersetzt wird, sind mit der Anwendung eine Reihe von wichtigen Voraussetzungen verknüpft:

❏ Zeit-Reservoirs für Qualifizierung (Einarbeitung, Flexibilität), Information und Abstimmung werden benötigt.

❏ Regelungen zur Binnenorganisation bei Programmschwankungen sind erforderlich (Arbeitseinsatz, Urlaub, Überzeit).

❏ Kopplung von Entgeltsystem und flexibler Arbeitszeitregelung ist sinnvoll.

❏ Die Konzentration auf den Wertschöpfungsprozeß erfordert Lösungen zum Umgang mit Personalfreisetzungen.

❏ Langfristige Effekte des Entgeltsystems auf die Arbeitssystementwicklung müssen berücksichtigt werden (Ausweitung von Arbeitssystemgrenzen).

❏ Die mögliche Gegenläufigkeit von kurz- und langfristigen Zielen erfordert Information und Transparenz der Abläufe.

❏ Aus Produktmix und Produktionsmengen wird eine Standardvorgabezeit zur Bestimmung der Basis-Effektivität ermittelt.

Die sich darüber hinaus ergebenden Vor- und Nachteile, die sich unter anderem bei der erfolgreichen Einführung von Gain-Sharing in zwei Werken einer Landmaschinenfabrik ergeben haben, sind in den folgenden Bildern 8.9 und 8.10 dargestellt. Anschließend finden sich Leistungsentwicklungen, die sich aus der Anwendung von Gain-Sharing im Vergleich zu einem >herkömmlichen< Prämienlohnsystem ergeben (Bilder 8.11, 8.12).

Bild 8.9: Vorteile von Gain-Sharing

Bild 8.10: Nachteile von Gain-Sharing

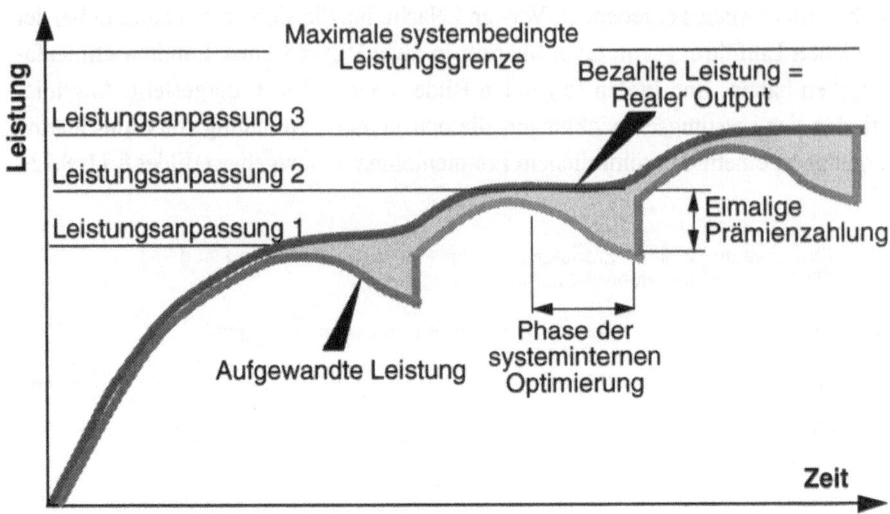

Bild 8.11: Aufdeckung von Rationalisierungspotentialen durch Gain-Sharing

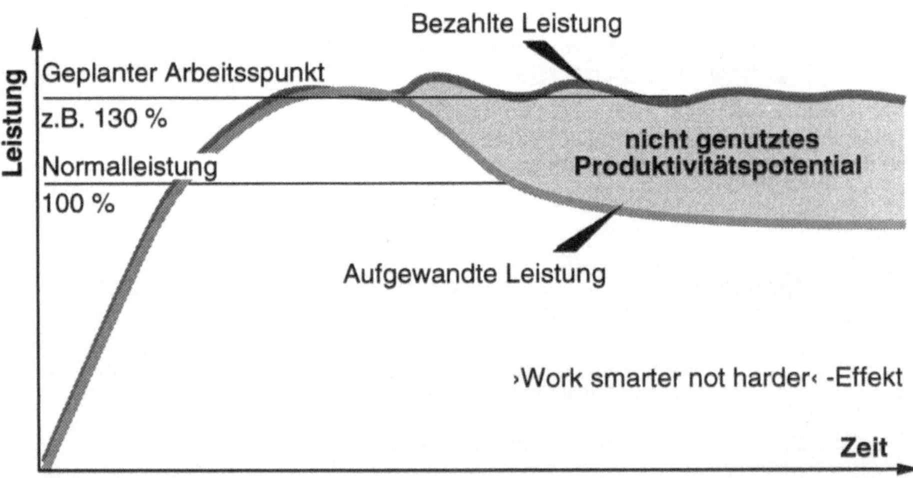

Bild 8.12: Entwicklung der Produktivität in Prämienlohnsystemen

Methodik zur Einführung des Gain-Sharing-Systems

Schritt 1: Aktuelle Problemanalyse

Die verschiedenen derzeitigen Probleme wurden in mitarbeiter- und unternehmensbezogene Bereiche aufgeschlüsselt. Der erstgenannte Bereich umfaßt beispielsweise die Ursachen schlechter Motivation durch

- ❏ das Bezahlungssystem,
- ❏ geringe Beeinflussungsmöglichkeiten (außer durch höhere Arbeitsgeschwindigkeit),
- ❏ die Belastung durch zu enge Vorgaben (Methoden, Arbeitsplatzgestaltung oder Arbeitszeit),
- ❏ unterschiedliche Interessenlagen von Mitarbeitern und Unternehmensleitung durch klassisches (veraltetes) Akkordsystem,
- ❏ große Diskrepanzen zwischen Soll- und Ist-Zustand (Organisation, Abläufe, Methoden, Arbeitsinhalte, Qualität),
- ❏ fehlende Partizipationsmöglichkeiten,
- ❏ mangelnde Kompetenz, Fehlen oder Nicht-Fördern von Qualifizierungsmaßnahmen zur Akquisition von Methodenkompetenz,
- ❏ das Fehlen von Teamgeist bzw. Gruppendynamik,
- ❏ hinderliche Zielfestlegungen (bei Fehlern oder Mängeln steht die Schuldfrage im Vordergrund, nicht die Problemlösung) oder
- ❏ schlechtes Betriebsklima bezüglich Kommunikation über Hierarchieebenen hinweg.

Die unternehmensbezogenen Ursachen lassen sich aufgliedern in:

- ❏ zu hohe Fertigungs- bzw. Gemeinkosten,
- ❏ hoher Krankenstand,
- ❏ fehlendes Qualitätsbewußtsein,
- ❏ nicht zu rechtfertigendes Anspruchsdenken seitens der Mitarbeiter,
- ❏ fehlendes unternehmerisches Denken in Verbindung mit mangelnder Identifikation der Mitarbeiter mit dem Unternehmen,
- ❏ unnötig hoher Verwaltungsaufwand,
- ❏ mangelnde Flexibilität,
- ❏ Einflußnahme der Gewerkschaften über bestehende Tarifverträge hinaus und
- ❏ evtl. bei Konzernunternehmen: Abhängigkeit von übergeordneten Instanzen.

Schritt 2: Zielfestlegung

Ausgehend von diesem Hintergrund, Gegebenheiten, wie sie in vielen Unternehmen anzutreffen sein dürften, können an den Bedürfnissen aller Beteiligten orientierte Zielvereinbarungen getroffen werden.

Mitarbeiterbezogene Ziele:
- ❏ Verbesserung der Arbeitssituation:
  Selbstverwirklichung, Selbstentfaltung, Zufriedenheit, Belastungsabbau.
  Möglichkeiten, sich in die Gestaltung von Arbeitsaufgaben und -inhalten einzubringen.
- ❏ Steigerung der Kompetenzen:
  Aufgabenerweiterung (Qualitätssicherung, Disposition, Instandhaltung).
  Förderung der Flexibilität durch Qualifizierungsmaßnahmen.
  Mehr Freiheit bei der Arbeitszeitgestaltung.
  Verteilung der Arbeitsinhalte durch verstärkten Einsatz von Teamformen.
- ❏ Verbesserung der Kommunikation:
  Transparenz in betrieblichen und wirtschaftlichen Fragen.
  Interne Kostentransparenz.
  Erläuterung von Unternehmensentscheidungen.
- ❏ Identifikation mit Unternehmen und Produkt:
  Kenntnisse über Einsatz bzw. Verwendung der Produkte (auch in bezug auf Teilprodukte und interne Kunden).
  Verstärktes Qualitätsbewußtsein; Förderung durch entsprechende Entlohnung.

Unternehmensbezogene Ziele:
- ❏ Verbesserung der Kostenstruktur:
  Qualitätsverbesserung.
  Senkung der Gemeinkosten.
- ❏ Verbesserung der Effektivität:
  Durchlaufzeitenverkürzung.
  Optimierung von Arbeitsabläufen.
  Konsequentere Anlagennutzung.
  Schnellere Reaktion auf unvorhergesehene Ereignisse.
  Geringere Bestände.
- ❏ Verbesserung der Flexibilität:
  Nutzung der Vorteile von Teamarbeit.
  Flexiblere Arbeitszeitregelungen.
  Umgestaltung von Organisationsstrukturen.
- ❏ Verbesserung von Gruppenaktivität und -attraktivität:
  Fördern von Verantwortungsbewußtsein, Kooperations- und Kommunikationsbereitschaft, Konfliktfähigkeit, Gemeinschaftssinn und Integrationsfähigkeit.

Schritt 3: Durchgängige Umsetzung von Gruppenarbeitsstrukturen in allen Bereichen und Implementierung des Entlohnungssystems ›Gain-Sharing‹.

- ❏ Gestaltung von Gruppenarbeit: Festlegung von Gruppenaufbau und Gruppenaufgabe: ›Was kann welche Gruppe übernehmen?‹
- ❏ Eventuell notwendige Schulungs- bzw. Qualifizierungskonzepte ausarbeiten (Ist-Qualifikation, Anforderungsqualifikation, Gruppenfähigkeit/Sozialverhalten).
- ❏ Festlegung der Rahmenbedingungen (Organisatorische Fragen bzgl. Hierarchiestruktur, Ablauforganisation).

... BONUS-Entlohnung - ein innovatives Entlohnungsmodell

Das Entgeltsystem ›BONUS-Lohn‹, wie es seit geraumer Zeit von der Firma Siemens am Produktionsstandort Karlsruhe eingesetzt wird, stellt eine betriebliche Weiterentwicklung des bisher angewandten Entlohnungssystems dar. Das Hauptziel besteht darin, von mehrjährigen Erfahrungen mit einem integrierten Entgeltsystem im Produktionsbereich ausgehend, neben den quantitativen Aspekten auch qualitative Bewertungskriterien in die Entlohnung einfließen zu lassen. Durch die erreichten Erfolge bezüglich der Mitarbeiterakzeptanz und der Wirtschaftlichkeit konnten die Vorteile der Entgeltanpassung deutlich gemacht werden, wobei die Verbesserung der Produktivität, also das Verhältnis zwischen Einsatz der Mitteln und Resultat, letztendlich über den geforderten Preis, die Qualität und die Lieferzeit durch den Kunden beurteilt wird.

Als großer Vorteil bei der Einführung hat sich eine einfach aufgebaute generelle Betriebsvereinbarung erwiesen, die durch übersichtliche und knapp gehaltene Ergänzungen für die jeweiligen Abwicklungs- und Berechnungsmodalitäten erweitert wurde und so allen Betroffenen einen verständlichen Einblick in die anstehenden Umstrukturierungsmaßnahmen gewährte.

Ausgangssituation und Zielsetzung

Die angestrebte Zielsetzung, eine Verbesserung der Produktivität und gleichzeitig einen ›gerechten Lohn‹, sowohl aus Mitarbeitersicht (leistungsgerecht) als auch aus Sicht des Unternehmens (entspricht die Produktivität dem geleisteten Entgelt?), ließ sich nur durch einen Kompromiß der Ansprüche aller Beteiligten umsetzen. Auch hier galt es, die verschiedensten Einzelaspekte wie Kostenniveau, Leistungsmotivation oder Beschäftigungssituation bestmöglichst zu berücksichtigen.

Die bisher angewandten Entlohnungsformen ergaben sich aus den vorherrschenden Arbeitsbedingungen:

❑ Zeitlohn: Wurde üblicherweise dort eingesetzt, wo ein Leistungsanreiz (z. B. eine Mengenvorgabe) nur durch einen unverhältnismäßig hohen Verwaltungsaufwand zu realisieren wäre, wie es meist in den klassischen Angestelltenbereichen der Fall ist. Allerdings fallen durch die ganzheitliche Betrachtung und Gestaltung der Prozesse zunehmend auch organisatorisch-dispositive Tätigkeiten, die in produktionsbezogene Prozeßketten integriert werden, in einen Aufgabenbereich.

❑ Akkord- bzw. Prämienlohnsysteme: Maßnahmen, die eine detaillierte Ermittlung und Kontrolle der individuellen Leistung durch Kenngrößen erfordern, wie z. B. Stückzahl, Vorgabezeit oder Maschinenauslastung; beim Akkordlohn wird die Einzelleistung betrachtet, beim Prämienlohn dagegen die Gruppenleistung.

Aus den härter werdenden Bedingungen im internationalen Wettbewerb ergibt sich, daß zukünftig nur Unternehmen auf dem Markt konkurrieren können, deren Ziele von allen Mitarbeitern gemeinsam angegangen werden. Dabei hat sich die Arbeitsstruktur der Gruppenarbeit in der Produktion als wirksamstes Mittel erwiesen, da sie durch ihre Charakteristika wie

❑ starke Produktbezogenheit,

❑ zunehmende organisatorische und dispositive Selbständigkeit,

❑ innerer Aufgabenzusammenhang mit Kooperationszwang bei der Aufgabenerfüllung oder

❑ erweiterter individueller Handlungsspielraum

die Zielsetzung maßgeblich unterstützen kann.

Daraus ergeben sich allerdings auch einige Probleme in der Produktion bzw. in dem die Produktion umgebenden Bereich:

❑ Angestellte können selten oder gar nicht in die Gruppenentlohnung einbezogen werden, obwohl sie zum Teil maßgeblich am Ergebnis beteiligt sind.

❑ Die Komponente ›Qualität‹ wird nur unzureichend berücksichtigt.

❑ Die individuelle Leistung wird z. T. höher als die kollektive Leistung bewertet.

❑ Direkte Tätigkeiten (z. B. Montagezeiten) werden überbewertet, wohingegen indirekte Tätigkeiten (Feinsteuerung, Logistik) unbeachtet bleiben.

❑ Schnelle flexible Änderungen verursachen hohen Aufwand bzgl. der Erfaßbarkeit veränderter Größen.

❑ Durch hohen Automatisierungsgrad werden die Möglichkeit der direkten Einflußnahme durch die Mitarbeiter (z. B. Maschinenlaufzeiten) stark eingeschränkt.

❑ Kopplung von Betriebsergebnis und erzieltem Mitarbeitereinkommen fehlt.

Aus der Summe dieser Einzelaspekte lassen sich gewisse Forderungen für die Gestaltung neuer Entgeltsysteme ableiten:

- ❏ Wechsel von Einzelentlohnung hin zu Gruppen-, Bereichs- oder Abteilungsentlohnung, aber weiterhin Berücksichtigung von individuellen Fähigkeiten (z. B. Engagement, Flexibilität);
- ❏ Anwendung ergebnisorientierter Kenngrößen wie Produktivität oder Ausbringung;
- ❏ Vereinfachte Daten- und Lohnermittlung bzw. -abrechnung;
- ❏ Einbeziehung aller systeminternen Mitarbeiter (inkl. Angestellte).

Komponenten des Entgeltsystems

Wie in Bild 8.13 dargestellt ist, setzt sich das monatliche Entgelt bei Angestellten aus drei, bei Lohnempfängern aus vier Komponenten zusammen.

Für Lohnempfänger basiert das Entgelt wie bisher auf dem Tariflohn und den tariflichen Leistungszulagen. Die darüber hinaus gewährten betrieblichen Zulagen lassen sich in die Kategorien ›individuelle Zulage‹, die sich aus einer betrieblichen Beurteilung ergibt (nach in Zusammenarbeit mit dem Betriebsrat vereinbarten Kriterien), und ›BONUS‹-Zulage aufteilen.

Die Angestellten bekommen zusätzlich zu ihrem bisherigen Gehalt, das sich aus Grundgehalt und Leistungszulage zusammensetzt, im jeweiligen Funktionsbereich die gleiche ›BONUS‹-Zulage wie die Lohnempfänger. Bei den Angestellten wird davon ausgegangen, daß ein der zusätzlichen Zulage der Lohnempfänger entsprechender Anteil der Entlohnung bereits in den bisherigen Gehaltskomponenten enthalten ist.

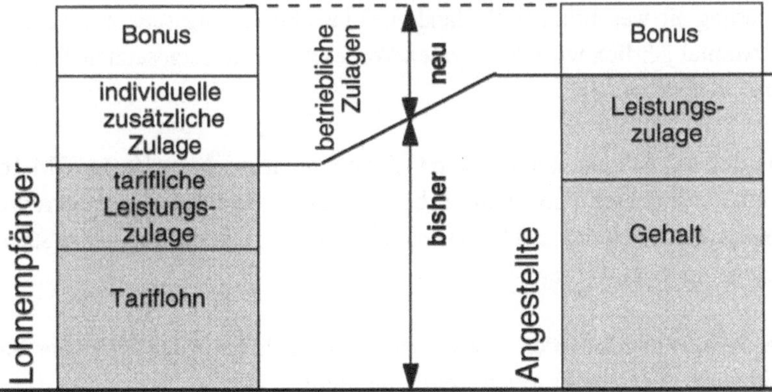

Bild 8.13: Entgeltaufbau bei Bonus-Systemen (nach Glöckler, Siemens 1995)

Der ›Bonus‹

Der Bonus ist ein erfolgsgekoppelter, variabler Bestandteil der monatlichen Entlohnung, der nicht für eine individuell erbrachte Leistung gewährt wird, sondern für ein kollektiv erzieltes Ergebnis aller an einem Arbeitssystem beteiligten Mitarbeiter. Er zielt also auf eine Verbesserung der Produktivität im jeweiligen System ab.

Die Quantifizierung des monatlichen Bonusbetrags richtet sich nach einer spezifischen Produktivitätskennzahl und deren dynamischer Veränderung (Kenngrößen können beispielsweise folgende Werte sein: fehlerfreie Stückzahl, Maschinenlaufzeit, Mehrkosten, Gemeinkosten-Stunden etc.).

Aus bekannten Daten (im Durchschnitt 1 Jahr zurück) wird der Ausgangswert (z. B. Kosten pro Stück) der Produktivitätskennzahl ermittelt (Ist-Zustand). Wenn durch systeminternen Einsatz der Mitarbeiter dieser Wert gesenkt werden kann, läßt sich durch Multiplikation des Differenzbetrags mit der Stückzahl eine monatliche Gesamteinsparung ermitteln. Dieser Produktivitätszuwachs wird, analog zum Gain-Sharing-System, jeweils zur Hälfte an die Mitarbeiter und an das Unternehmen ausbezahlt, wobei sich der Betrag pro Mitarbeiter durch die Anzahl der im jeweiligen System tätigen Personen errechnet.

Die ›Zusätzliche Zulage‹ der Lohnempfänger

Wie bereits erwähnt, ist diese Lohnkomponente eine übertarifliche, unternehmensspezifische Zusatzleistung, die dazu dient, individuelle, mitarbeiterbezogene Kriterien bei der Entlohnung zu honorieren, die in der Tarifentlohnung nicht oder nur unzureichend berücksichtigt werden.

Grundlage der Bewertung bilden die vier Kriterien ›Betriebliches Zusammenwirken‹, ›Flexibilität bzw. Arbeitseinstellung‹, ›Problemlösung‹ und ›Qualitätsverbesserung‹, die zur Quantifizierung die wesentlichen Bestandteile eines Bewertungsschemas darstellen (Bild 8.14). Zweimal jährlich wird durch einen Vorgesetzten zu festgesetzten Terminen eine Bewertung vorgenommen.

Weiterhin gilt, daß jeder Punkt einem festen Geldbetrag entspricht (z. Zt. ca. DM 16.-) und die maximal erreichbare Punktzahl 16 beträgt. Dabei darf der Mitarbeiterdurchschnitt innerhalb einer Abteilung acht Punkte nicht übersteigen, wodurch einer zu starken Dynamik entgegengewirkt werden soll.

Gemäß einem Beurteilungsleitfaden werden zur Vereinheitlichung der Maßstäbe, nach denen beurteilt wird, die Hauptkriterien weiter unterteilt.

Beurteilungsbogen zur Ermittlung von ›Zusätzlichen Zulagen‹

Beurteilt: Datum: Name:

Wirksam ab: Pers.Nr.

                                          Kostenst./Zahlstelle:
Kenntnis
genommen: Dienststelle:

Beurteilungsmerkmale	die Leistung entspricht...				
	nicht der Erwartung	im allgemeinen der Erwartung	in vollem Umfang der Erwartung	übertrifft die Erwartung	übertrifft in hohem Maße die Erwartung
1. Betriebliches Zusammenwirken	0	1	2	3	4
2. Flexibilität Arbeitseinstellung	0	1	2	3	4
3. Problemlösung	0	1	2	3	4
4. Qualitäts- verbesserung	0	1	2	3	4

Bild 8.14: Beurteilungsbogen zur Ermittlung der betrieblichen Zulage

1. Hauptkriterium: Betriebliches Zusammenwirken

Mit diesem Beurteilungsmerkmal wird versucht, die ›Team- und Gruppenfähigkeit‹ im Sinne des betrieblichen Zusammenarbeitens als gemeinschaftliche Komponente nach den im folgenden Bild 8.15 aufgeführten Unterkriterien zu bewerten.

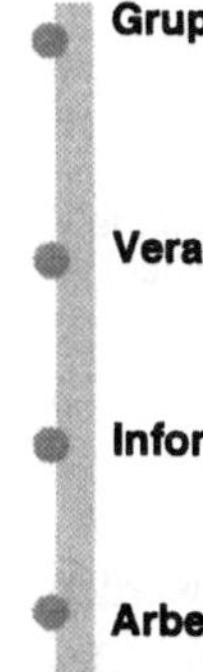

Gruppenfähigkeit
- zur Gruppenarbeit bereit
- persönliches Verhalten gegenüber anderen
- gemeinsame Erledigung von Arbeitsaufgaben
- Hilfsbereitschaft

Verantwortung
- Übernahme von Verantwortung
- starkes Engagement, Lernbereitschaft
- Identifikation mit der Gruppe (WIR-Gefühl)

Informationsaustausch
- gegenseitige Information (inner- und außerhalb der Gruppe)
- Ergebnisse rückmelden und Anregungen geben
- Hinweise auf Engpässe geben

Arbeitsdurchführung
- Systematik bei der Arbeitsausführung

Motivation
- Gruppenaktivitäten unterstützen
- den Gruppengeist fördern
- Sozialverhalten bei der Zusammenarbeit fördern
  (Mitarbeiter zur gegenseitigen Unterstützung anhalten)

Bild 8.15: Unterkriterien zum ›Betrieblichen Zusammenwirken‹

2. Hauptkriterium: Flexibilität/Arbeitseinstellung

Hier wird das individuelle Verhalten eines Mitarbeiters bzgl. der *Einsatzbereitschaft* und des Einsatzvermögens gemäß Bild 8.16 beurteilt.

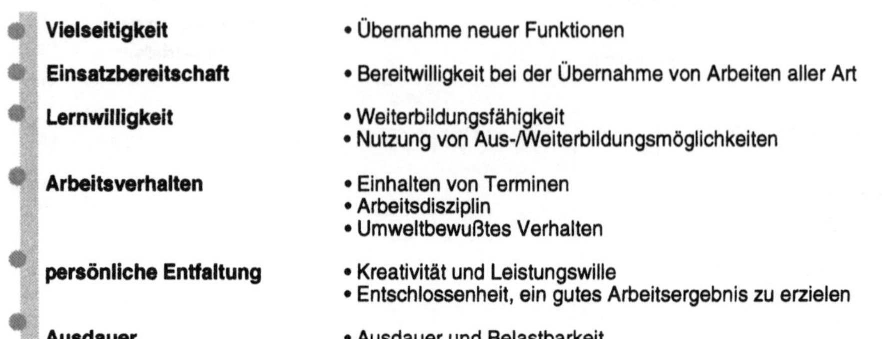

Bild 8.16: Unterkriterien zur ›Flexibilität/Arbeitseinstellung‹

3. Hauptkriterium: Problemlösung

Im Hinblick auf eine kontinuierliche Prozeßverbesserung soll hier gemäß Bild 8.17 die Bereitschaft eines Mitarbeiters, Probleme zu lösen, bewertet werden.

Bild 8.17: Unterkriterien zur ›Problemlösung‹

4. Hauptkriterium: Qualitätsverbesserung

›Last but not least‹ spielt dieses Kriterium eine besonders wichtige Rolle. Es werden Anforderungen an die Mitarbeiter bewertet, die auf die individuelle Qualifikation (Beherrschung von Prozessen, Zertifizierung z. B. nach ISO 9000ff) abzielen (Bild 8.18).

Optimierung der Produktion
- Maßnahmen und Anregungen geben zur:
  - Beseitigung von Nacharbeit/Ausschuß
  - rationellen Fertigung
  - Verbesserung des Arbeitsproduktionsprozesses
- Ideen für Produktverbesserung einbringen
- technische Änderungen anregen
- Arbeitsfluß am Arbeitsplatz verbessern
- Vereinfachung der Abläufe anregen

Ordnung und Sauberkeit
- am Arbeitsplatz
- außerhalb des unmittelbaren Arbeitsbereichs

Einhalten von Vorschriften
- z. B. EGB-Vorschriften (elektrostatisch-gefährdete Bauelemente)

Bild 8.18: Unterkriterien zur ›Qualitätsverbesserung‹

Aus der Praxis gewonnene Erfahrungen

Während dem mittlerweile siebenjährigen Einsatz des Bonus-Systems in der Elektronikfertigung bei Siemens am Standort Karlsruhe haben sich die Erwartungen an die neue Entlohnungsform erfüllt. Zur Zeit werden rund 600 Mitarbeiter in 13 Bereichen (zwischen neun und 230 Mitarbeitern pro Bereich) nach dem Bonus-System entlohnt. In diesen Bereichen konnten seit Einführung des neuen Systems - neben eindeutigen Qualitätsverbesserungen - Produktivitätssteigerungen zwischen 20 % und 40 % erzielt werden, was unter anderem durch eine Verbesserung des Maschinen-Nutzungsgrads um durchschnittlich 20 % erzielt wurde. Möglich wurde dies hauptsächlich durch eine Verbesserung des gruppenorganisatorischen Denkens der Mitarbeiter. Durch die Vereinfachung der Datenermittlung konnte weiterhin eine Verkürzung der Einführungszeit auf jetzt ca. zwei Monate realisiert werden (früher bis zu einem Jahr).

Nachdem sich auch aus der Sicht der Mitarbeiter Erfolge bezüglich

- ❑ der Erhöhung der individuellen Qualifikation,
- ❑ der Verbesserung der Arbeitsbedingungen,
- ❑ neuer dispositiver Freiräume durch Übernahme von mehr Verantwortung,
- ❑ gerechterer Entlohnung und
- ❑ eines u. U. höheren Einkommens.

eingestellt haben, wird eine Ausdehnung nicht nur auf weitere Produktionsbereiche, sondern auch auf die klassischen Angestelltenbereiche der Planung und Verwaltung angestrebt, wobei als endgültiges Ziel eine flächendeckende Einführung zu nennen wäre.

Zusammenfassung und Ausblick

Die im vorhergehenden siebten und achten Kapitel beschriebenen immateriellen und materiellen Motivationsfaktoren aus der Arbeitsgestaltung und der Arbeitsentlohnung bilden die notwendigen organisatorischen Rahmenbedingungen, um die Kreativität zu fördern. Das folgende neunte Kapitel zeigt abschließend konkrete Wege, Methoden und Techniken zur Förderung von Kreativität auf, sowie die ihnen zugrundeliegenden Prozesse.

9

Methoden und Techniken zur Förderung von Kreativität und Innovation

...Freiräume für die Mitarbeiter - Voraussetzung für kreative und innovative Ansätze

Die fundamentalen Bausteine, ohne die ein Unternehmen im Zeitalter des schnellen technischen und gesellschaftlichen Wandels nicht wettbewerbsfähig ist, sind kreative Prozesse und deren marktorientierte Umsetzungen, die *Innovationen*. Einflußfaktoren auf kreative Prozesse sowie verschiedene Methoden, Techniken und Maßnahmen, um ein kreativitätsörderndes Umfeld zu erreichen, zeigt dieses neunte Kapitel.

 **Definition Innovation:**

Innovation bedeutet die Entwicklung von etwas Neuem inklusive dessen Markteinführung (Bullinger 1994). Dazu gehören Problemlösungen durch einen neuen Ansatz, die Herstellung eines neuen, verbesserten Produktes, die Verwirklichung neuer Verfahren, die Umsetzung neuer wissenschaftlicher Erkenntnisse und neuer wirtschaftlicher Konzepte in Produktion, Management und Organisation, methodische, finanzwirtschaftliche, administrative, soziale oder ökologische Neuerungen, wenn sie nicht nur erfunden, sondern auch eingeführt werden. Eine Innovation ist eine technische Neuheit (Airbag, Sony Walkman, Wasserstrahlschneiden), die den gesamten Prozeß von der Idee über die Entwicklung und Produktion bis hin zur Markteinführung umfaßt.

Sie ist somit die erstmalige gewerbliche Nutzung einer Erfindung und hebt damit den Stand der Technologie auf das zur jeweiligen Zeit erreichbare Niveau. Innovation beinhaltet damit die Vermarktung von Kreativität.

Definition Kreativität:

Kreativität (lat.: das Schöpferische, die Schöpferkraft) ist die Fähigkeit, allein oder im Team auf der Basis vorhandenen Wissens in neuen, ungewohnten Beziehungsmustern zu denken und zu handeln.

Die klassische Definition nach Drevdahl (in Schlick 1995) lautet: ›*Kreativität* ist die Fähigkeit von Menschen, Kompositionen, Produkte oder Ideen gleich welcher Art hervorzubringen, die in wesentlichen Merkmalen neu sind und dem Schöpfer vorher unbekannt waren. Sie kann in vorstellungshaftem Denken bestehen oder in der Zusammenfügung von Gedanken, wobei das Ergebnis mehr als eine reine Aufsummierung des bereits Bekannten darstellt. Kreativität kann das Bilden neuer Muster und Kombinationen aus *Erfahrungswissen* einschließen und die Übertragung bekannnter Zusammenhänge auf neue Situationen ebenso, wie die Entdeckung neuer Beziehungen. Das kreative Ergebnis muß nützlich sein und darf nicht in reiner Phantasie bestehen, obwohl es nicht unbedingt sofort praktisch angewendet zu werden braucht oder perfekt und vollständig sein muß. Es kann jede Form des künstlerischen oder wissenschaftlichen Schaffens betreffen oder prozeßhafter oder methodischer Natur sein‹.

Als Kreativität wird demnach die Fähigkeit bezeichnet, durch schöpferisches Denken neue Lösungsmöglichkeiten zu vorhandenen Problemen zu ersinnen. Dies steht im Gegensatz zum logisch-analytischen Denkprozeß, der stets von vorhandenen, konkreten Voraussetzungen ausgeht. Diese konträren Funktionen sind unterschiedlichen *Gehirnhälften* zugeordnet. Sie werden folgendermaßen charakterisiert:

Linke Gehirnhälfte benennt:	Rechte Gehirnhälfte erkennt:
Analyse	Kreativität
Logisches Denken	Rhythmus
Rationalität	Phantasie
Motorisches Sprachzentrum	Ganzheitliche Erfahrung
Bewertung	Nicht wertend
Organisation	

Kreative Lösungsansätze zielen auf ungewöhnliche *Problemlösungen* ab, die nicht nur durch die logisch-analytische Vorgehensweise erreicht werden können. Auch das situative Erfassen bekannter oder neuer Umstände und die daraus folgende Umsetzung in sinnvollen Nutzen wird mit dem Begriff der Kreativität umschrieben. Jeder Mensch verfügt von Natur aus über die mehr oder weniger ausgeprägte Eigenschaft der Kreativität. Aber die Fähigkeit, diese Begabung auch zu erkennen oder zu nutzen, ist sehr unterschiedlich ausgeprägt. In einer sich ständig verändernden Welt, die einen kontinuierlichen technischen Fortschritt durchläuft, wird Kreativität, die sich in hohem Maße durch Fachwissen verstärken läßt, da dadurch mehr Zusammenhänge verstanden werden können, zu einer unerläßlichen Voraussetzung für unternehmerischen Erfolg. Um selbst kreativ zu sein, muß man

- ❏ seine eigene Problemsensibilität erkennen, einsetzen und steigern,
- ❏ seine kreative Veranlagung aktivieren,
- ❏ Möglichkeiten zur Erweiterung der eigenen Kreativität durch Weiterqualifizierung wahrnehmen und
- ❏ diese kreative Fähigkeit bei allen Gelegenheiten anwenden, um sie so zu trainieren oder zu perfektionieren.

Kreativität im Unternehmen muß verstanden werden als zielgerichtetes Vorgehen zur Lösung von Mißständen. Es bezieht sich auf die Verbesserung von Verfahren, Prozessen, Produkten und Marketingstrategien. Die kreative Persönlichkeit handelt selbstbewußt und setzt sich aus Eigeninitiative mit ihrer Arbeitsumgebung gestaltend auseinander. Sie ist fähig und bereit, das Leben aktiv mitzugestalten und zu verbessern.

Kreativität und Innovation sind nicht dasselbe, doch sie sind miteinander verwandt. Gemeinsam setzen sie Vorstellungskraft, unkonventionelles und flexibles Denken, Ideenreichtum, Offenheit und die Vorliebe für Neues voraus.

Kreativität findet ausschließlich auf der Gedankenebene statt, während Innovation zusätzlich das Handeln verlangt, also die Realisierung des Erdachten. Innovationen nehmen längere Zeit in Anspruch als die vorangegangene Kreativitätsphase. Außerdem beruhen Innovationen selten auf der Leistung eines einzelnen. In den meisten Fällen sind mehrere Personen daran beteiligt (allein schon wegen der Realisierung). Kreativ kann man dagegen auch als Einzelperson sein.

Kreativität benötigt zur Entfaltung ein bestimmtes organisatorisches und menschliches Umfeld. Sie ist sowohl von fördernden als auch von hemmenden *Faktoren* abhängig, die auf den folgenden vier unterschiedlichen Ebenen beeinflußt werden:

- ❏ Gesellschaft;
- ❏ Organisation;

❑ Gruppe;

❑ Individuum.

Einen allgemeinen Überblick zeigt Bild 9.1 mit der systemischen Betrachtung wichtiger *Einflußfaktoren* auf Kreativität.

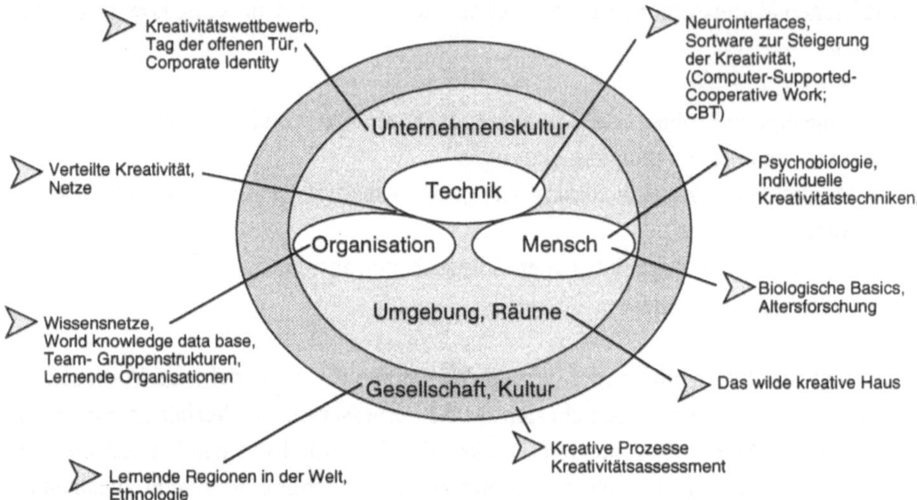

Bild 9.1:   Systemische Betrachtung wichtiger Einflußfaktoren auf Kreativität

Theorie des kreativen Verhaltens:

Die *Theorie des kreativen Verhaltens* basiert auf dem Harmoniegesetz der Physik. Während sich gegensätzliche Schwingungen oder Pole neutralisieren, verstärken sich gleichartige Schwingungen und Strukturen. Eine Analogie findet sich beim menschlichen Verhalten. Streit und Disharmonie bedeuten einen Kräfteverlust. Gleiche Interessen, gleiche Ziele, Gleichartigkeit unter den Mitmenschen führen zu *Harmonie*, Zufriedenheit, Verstärkung der Kräfte (Parteien, Vereine) und zu kreativen Gedankenprozessen.

Einen weiteren Einfluß auf das kreative Verhalten hat die Zufriedenheit mit der Arbeitsumgebung. Zufriedenheit zeigt sich in einem harmonischen Ruhezustand, in einem nicht vorhandenen Interesse, Änderungen durchzuführen. Erst eine kreative Verhaltensweise, die Erkennung eines Problems und die Entwicklung einer Idee zur Problemlösung bringt Disharmonie und Ablehnung des bestehenden, unvollkommenen Zustandes mit sich. Daraus resultiert ein Handlungsbedarf. Grundsätzlich ergeben sich drei mögliche Reaktionen (Bild 9.2).

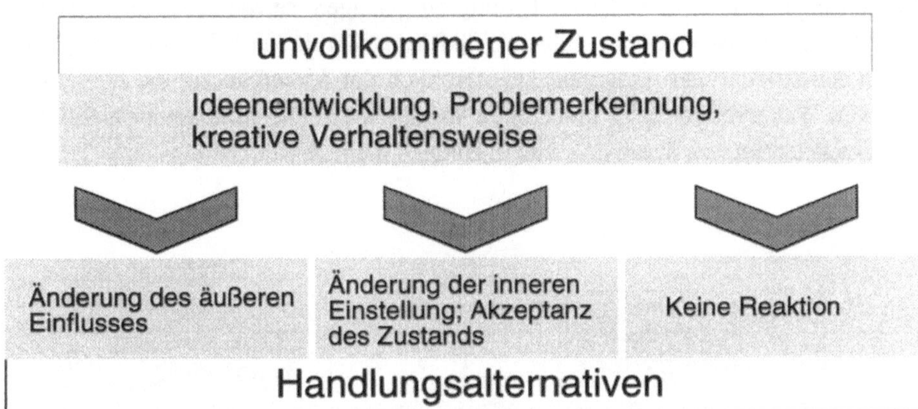

Bild 9.2: Reaktionen auf unvollkommene Zustände

Die *Phasen des kreativen Prozesses*, der zur Änderung des äußeren Einflusses durchlaufen wird, sind in Bild 9.3 aufgeführt.

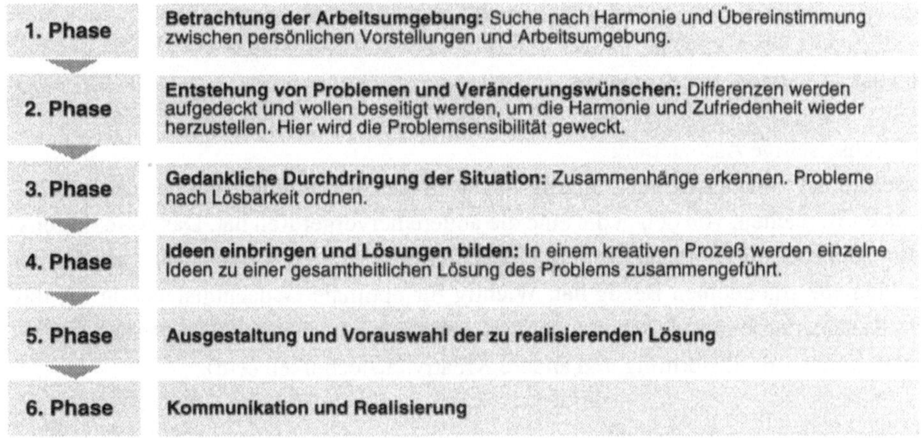

Bild 9.3: Phasen kreativer Prozesse

... Mentale Techniken zur kreativen Lösungsfindung

Zwar wird der Begriff ›Technik‹ in erster Linie im Sinne von ›Herstellungsverfahren‹ verstanden, dennoch soll er hier verwendet werden, da er im Sinne von ›ausgebildete Fähigkeit, Kunstfertigkeit, die zur richtigen Ausübung einer Sache notwendig ist (Duden)‹ die Sachlage am besten trifft.

Um von einem Problem zu seiner Lösung zu gelangen, setzen kreative Menschen hauptsächlich - meist unbewußt - folgende fünf *Techniken* ein (nach Schlicksupp). Dabei dienen Assoziation und Analogien hauptsächlich der *Ideenfindung*, die noch einer kreativen Weiterverarbeitung unterzogen werden muß. Die fünf unterschiedlichen Technikkategorien von Kreativität sind in Bild 9.4 dargestellt.

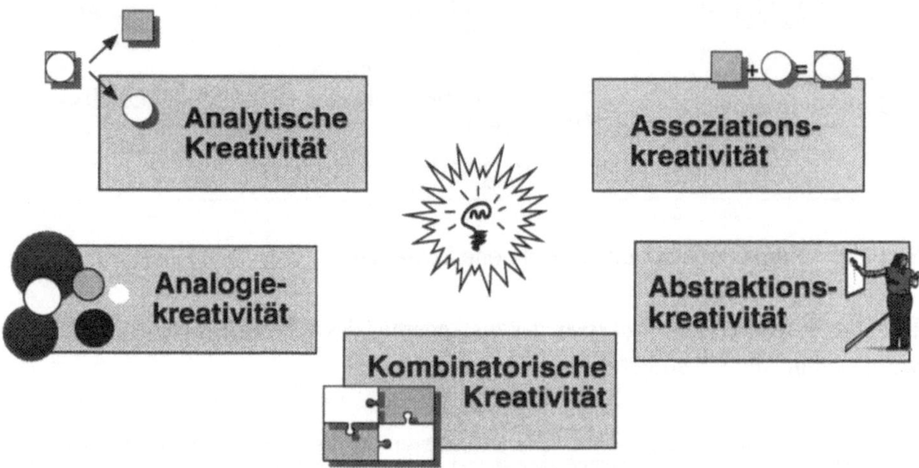

Bild 9.4:   Formen von Kreativität

❑ Wechselseitige Assoziation:
Assoziation beinhaltet die Verknüpfung von beliebigen Vorstellungen aus den unterschiedlichsten Bereichen, von denen die eine die andere hervorgerufen hat. Das Assoziationsvermögen ruft alles Wissen aus dem Gedächtnis aus mehreren Disziplinen ab, das zur Problematik irgendeinen Bezug hat. Wichtig für optimale Gedächtnisleistung ist, daß alle Kanäle, durch die Wissen eingebracht werden kann, offengehalten werden (Mittel hierzu können Brainstorming und andere Kreativitätstechniken sein).

❑ Übertragung von Analogien:
Kreativität durch Analogie bedeutet die Verknüpfung von Vorstellungen aus solchen Bereichen, die durch Ähnlichkeit, Entsprechung, Gleichheit von Verhältnissen, innerer und äußerer Verfremdung sowie Übereinstimmung geprägt sind. Neue Lösungen können aus anderen Bereichen, in einem fachlich ganz anderen Feld oder aus symbolischen Analogien über das Unterbewußtsein gefunden werden.

❑ Kombination und Variation:
Die hier durchgeführte Weiterverarbeitung von Information ermöglicht die Findung neuer Ideen durch Neukombination und Strukturierung von Wissenselementen, nachdem Analogien gefunden worden sind.

❏ Abstraktion von Sachverhalten:
Lösungsfindung auf einer anderen Ebene durch Verfremdung oder Verschiebung der Problematik in andere Bereiche.

❏ Systematische Zerlegung von Strukturen:
Aus einer komplexen Struktur werden durch die systematische Zerlegung verschiedene Problemkerne aufgedeckt und gezielt gelöst.

In diesem Zusammenhang sei auch auf das von *de Bono* (1987) geprägte ›*laterale Denken*‹ hingewiesen. Kreative, neue Lösungen entstehen hierbei durch sich verändernde Vorstellungen und Wahrnehmungen. Grundsätzlich gilt, daß die Fähigkeit zur Kreativität kein Privileg talentierter Einzelpersonen ist, sondern von jedem erlernbar ist und weiterentwickelt werden kann. Es ist gleichzeitig eine Frage der Fähigkeit, des Talents und der Persönlichkeit.

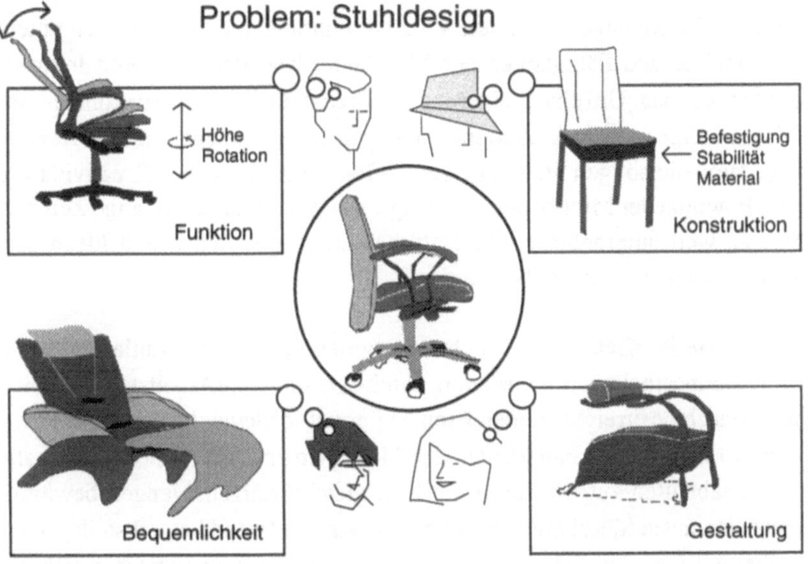

Bild 9.5: Umfassendes Verständnis und bessere Ergebnisse durch die Kombination unterschiedlicher, kreativer Sichtweisen

Kreativitätstechniken werden durch bestimmte Rahmenbedingungen unterstützt. Die optimale Voraussetzung für die kreative Ideenfindung ist eine Atmosphäre der Offenheit, in der kritikloses Einbringen von Ideen möglich ist. Dazu sollte die Ideenfindung von der Ideenbewertung getrennt werden. Bei Anwendung der genannten Techniken ist es hauptsächlich Intuition, die weit vor rationalen Verfahren zur Ideenfindung beiträgt. Dabei treten durch Lösungsfindung im Unterbewußten Ideen oft erst viel später auf, da ein unterbewußtes Weiterverarbeiten der Problematik stattfindet. Besonders effizient sind die oben genannten Techniken, wenn sie gemeinsam im Team eingesetzt werden. Durch selektive Wahrnehmung sieht jeder Mitarbeiter den Sachverhalt aus einer anderen Perspektive, d. h. durch die Kommunikation im Team (auch kleine Dialoge zwischen Mitarbeitern) werden neue, andere Sichtweisen in Betracht gezogen (Bild 9.5). Es können zusätzliche Assoziationen und damit neue Lösungsansätze entstehen.

... Kreativität durch Führung

Wichtigste Voraussetzung für die Bildung eines kreativitätsfördernden Umfelds ist es, daß die Unternehmensführung die ökonomische Bedeutung der Innovationsfähigkeit erkennt und entsprechend positiv bewertet, was sich in Flexibilität und Unterstützung der Experimentierfreudigkeit äußert. Die entscheidende Voraussetzung für Innovationsfreudigkeit bei den Mitarbeitern eines Unternehmens ist eine aufgeschlossene Grundeinstellung des Managements; eine situative Führung, die die einzelnen unterschiedlichen Bedürfnisse und Fähigkeiten der Mitarbeiter beachtet und somit Innovationskraft zu fördern vermag. Um eine Steigerung der Kreativität erreichen zu können, ist ein gewisses Maß an allgemein praktiziertem ›Management by Delegation‹ (☞ Kapitel 5) notwendig, damit die nötigen Freiräume geschaffen werden, in denen Kreativität gedeihen kann. Das Potential der Mitarbeiter ist häufig verkümmert, da es oft lange Zeit nicht gebraucht wurde, weil unternehmerische Entscheidungsträger den neuen Ideen der Mitarbeiter häufig ablehnend gegenüberstanden.

Freiräume für Kreativität entstehen im wesentlichen durch Entlasten der Arbeitnehmer von Routinearbeiten, was vorrangig durch eine sinnvolle Arbeitsteilung zwischen Mensch und Maschine erreicht werden kann. ›Sinnvoll‹ bedeutet hier, Maschinen dort einzusetzen, wo sie mit ihren Fähigkeiten den Menschen überlegen sind, was vor allem bei jenen Arbeitsabläufen zutrifft, die in großen, gleichförmigen Mengen bewältigt, mit hoher Präzision ausgeführt und/oder mit hohem Kraftaufwand bewerkstelligt werden müssen. Dabei wird der Mensch frei für Aufgaben, die seinen analytischen Fähigkeiten, seiner Kombinationsgabe und situativen Erfassung komplexer Abläufe bedürfen, kurz: Tätigkeiten, für die menschliche Intelligenz erforderlich ist.

Ist die organisatorische Aufgabe gelöst, bedarf es weiterhin eines mitarbeiterorientierten kooperativen Führungsstils seitens der Führungskraft, der Distanz zwischen den Hierarchien vermeidet, um ein Vertrauensverhältnis aufzubauen, innerhalb dem die Mitarbeiter sich nicht scheuen, ihre Ideen und Verbesserungsvorschläge weiterzureichen. Es ist die Aufgabe des Managements, diese Rahmenbedingungen in dem Unternehmen einzuführen, um eine kreativitätsfördernde Atmosphäre zu schaffen.

Aus den gewonnenen Erkenntnissen folgt nach Schlicksupp ein neues Selbstverständnis und ein neues *Führungsverhalten* zur Kreativität.

... Selbstverständnis als Voraussetzung

Die innere Einstellung als Voraussetzung zur kreativen Führung der Mitarbeiter sollte folgende Merkmale aufweisen:

❑ Eine bestimmte Sicht seiner selbst in der Führungsrolle:
Die Führungskraft dient dem Mitarbeiter, liefert Denkanstöße und schafft optimale Voraussetzungen. Sie übernimmt die Verantwortung und fördert die Mitarbeiter.

❑ Eine positive Grundeinstellung gegenüber den Mitarbeitern:
Die Führungskraft muß Vertrauen zu seinen Mitarbeitern haben und sie achten. Ohne Vertrauen ist eine konstruktive Zusammenarbeit nicht möglich.

❑ Innovation als permanenter Prozeß:
Teamsitzungen sind ohne die Verinnerlichung dieser Philosophie nicht effizient und haben langfristig keinen Erfolg.

❑ Verständnis für die Besonderheiten kreativer Denkprozesse und Kreativitätsmethoden:
Das Verständnis kreativer Denkprozesse ist notwendig, um die Methoden richtig einsetzen und weitergeben zu können. Damit wird es allen Mitarbeitern ermöglicht, eine Problematik zielgerichtet zu lösen.

Dieses Selbstverständnis ist die mentale Voraussetzung für ein richtiges operatives Führungsverhalten. Die wichtigsten Merkmale sind nachfolgend dargestellt.

... Führungsverhalten zur Kreativität

❑ ›Interesse und Neigung‹ als Hauptmotivator der Mitarbeiter nutzen.

❑ Tätigkeitsinhalte erweitern:
Durch z. B. dezentrale Verantwortungsbereiche, interdisziplinäre Teamarbeit und Job-Rotation wird Problemsensibilität statt Abgestumpftheit erreicht.

❑ Selbstbestimmung und Ungestörtheit gewähren:
Kreativität geht aus dem Innern hervor, d. h. der Mitarbeiter muß sich beteiligen und

eigene Ideen einbringen können. Hieraus ergibt sich eine Forderung nach Unternehmensstrukturen, die nicht nur ›zum Machen‹, sondern auch ›zum Denken‹ geeignet sind.

❑ **Kreativem Denken Raum und Zeit geben:**
Eine Problemlösung ist nicht unter Zwang möglich. Beispiel Herzberg-Zentrum: alte
Räumlichkeit (selbstgestaltet), ohne Telefon und ohne Ablenkungen, keine Zwänge.

❑ **Ziele qualitativ, nicht quantitativ vorgeben:**
Quantitative Zielvorgaben finden leichter Widerspruch und lassen keinen Interpretations-
spielraum. Qualitative Ziele finden leichter Zustimmung, da eine eigene Interpretation
möglich ist und sich jeder damit identifizieren kann.

❑ **Flexibilität der Arbeitszeit voll ausschöpfen:**
Kreativität entwickelt sich nicht nur in der festen Arbeitszeit.

❑ **Verläßliche Kontinuität des Verhaltens:**
Vertrauensaufbau wird durch launisches Verhalten gestört, durch Kontinuität des Verhaltens hingegen gefördert. Nur durch Vertrauen kann man den Mitarbeiter im Innersten,
dort wo die schöpferische Tätigkeit erfolgt, erreichen.

❑ **Ideen positiv-konstruktiv begegnen:**
Ideen des Mitarbeiters sind Teil seiner selbst. Kritik an der Idee wird daher als Kritik am
Menschen selbst aufgefaßt. Besser ist es, konstruktive Hinweise zur Weiterentwicklung
der Idee zu geben.

❑ **Ausreifung von Ideen unterstützen:**
Oft haben besonders kreative Mitarbeiter einen ruhigen Charakter, sind intrinsisch orientiert und halten sich im Hintergrund oder haben Artikulationsschwierigkeiten. Eine Hilfe
bei der Präsentation ihrer Ideen ist hier förderlich.

Im folgenden sind nun Methoden der *Ideenfindung* zusammengefaßt, die sich als
besonders geeignet erwiesen haben, um kreative Prozesse auszulösen bzw. zu unterstützen
(Bild 9.6, Bild 9.7).

Ansatz	Maßnahmen	Ergebnisse
Sachwissen	• Offene Informations- und Kommunikationsbeziehungen • Weiterbildung, Job-Rotation • Zugang zu relevanten Veröffentlichungen • Daten und Informationen	• Erweiterung des Problemlösungspotentials
Methoden-wissen	• Methoden zur Ideenfindung und Kreativitätsentwicklung • Analysemethoden • Entscheidungstechniken • Arbeitstechniken usw.	• Erhöhung der unmittelbaren Problemlösungsfähigkeit • Effizienteres Problemlösen (Qualität; Zeit) • Richtige Entscheidungen
Motivation	• Delegation; Autonomie der Sachbearbeitung • Partizipation an der (Teil-)Zielbildung • Mitarbeiterorientierte Führung • Job-Rotation	• Problemsensibilität • Interesse und Engagement • Identifikation mit dem Unternehmen

Bild 9.6: Rahmenbedingungen zur Förderung der individuellen kreativen Leistung (nach Schlicksupp in Schlick 1995)

Ansatz	Maßnahmen	Ergebnisse
Informations-fluß	• Offene Kommunikationsstrukturen • Matrix-Organisation • Vermaschte Arbeitsgruppen • Bereichsübergreifende Informationssitzungen • Organisation der Informationsverteilung	• Koordination • Akzeptanz • Integrales Denken • Aufgabenbezogene Stimulans
Kohäsion und Integration	• Teamorientierung • Organizational Development • Gruppendynamisches Verhaltens- und Teamtraining	• Abbau von Rivalitäten/Egoismen • Synergetisches Problemlösen • Positives Arbeitsklima • Reduktion von Desinteresse und Absentismen
Kooperation	• Methoden zur Ideenfindung und Kreativitätsentwicklung • Moderatorentraining • Arbeits- und Präsentationstechniken • Methoden zur Entscheidungsfindung	• Effizienteres, synergetisches Problemlösen • Koordination der vorhandenen Energien, z. B. bei der Durchsetzung von Lösungen

Bild 9.7: Rahmenbedingungen zur Förderung der kreativen Leistung von Gruppen (nach Schlicksupp in Schlick 1995)

...Brainstorming

Das von Alex F. Osborn in den dreißiger Jahren entwickelte *Brainstorming* ist eine Methode, um durch Sammlung spontaner Ideen und Einfälle einer ausgewählten Gruppe von Mitarbeitern zu tauglichen Problemlösungen zu gelangen. Brainstorming beruht auf dem Prinzip der Intuition, d. h. die Ideen entspringen dem Unterbewußtsein. In seiner ersten Phase gilt es, möglichst viele Ideen frei von jeder Kritik und Bewertung zu sammeln. Es beteiligt und begeistert alle Teammitglieder durch die gemeinsame Ideenfindung. Die Ideenfindung geschieht entweder für die Lösung des Gesamtproblems oder durch eine Aneinanderreihung von kleinen Teillösungen; dabei werden die Teammitglieder durch die Kreativität der anderen angeregt, immer ausgerichtet auf die gemeinsame Aufgabe als Ziel. Durch die zunehmende Komplexität der Problemstrukturen in Organisationen können und müssen Entscheidungen nicht mehr von einzelnen, sondern durch Zusammenarbeit in Gruppen getroffen werden, wobei eingefahrene Denk- und Verhaltenswege verlassen werden sollen. Bei Suchproblemen, dort, wo es darum geht, eine Vielzahl von Lösungen für ein Problem zu finden, läßt sich Brainstorming am besten einsetzen.

In einer ausgewählten Gruppe von etwa fünf bis zwölf möglichst unterschiedlicher Mitarbeiter verschiedener Hierarchiestufen und einem *Moderator* werden nach einer bestimmten Verfahrensweise mögliche Problemlösungen (nicht Problemstellungen!) verbalisiert. Ein Problem benötigt die Beteiligung von Personen unterschiedlicher hierarchischer Ebenen und damit u. U. auch verschiedener Ansichten. Die dadurch entstehenden Hemmungen können durch einen Moderator genommen werden. Er hat die Aufgabe, den formalen Rahmen so zu gestalten, daß die Mitarbeiter stimuliert werden, aus sich herauszugehen. Ein erfahrener Moderator verhindert somit das Auftreten von destruktiver Kritik, Rivalitäten der Teilnehmer, Dominanz einzelner Teilnehmer und Verzettelungen in Nebensächlichkeiten. Dadurch wird kreatives und effizienteres Problemlösen im Team bewirkt.

Dabei können zwei Vorgehensweisen eingesetzt werden (nach GOAL/QPC 1994). Beim *strukturierten* Vorgehen werden Ideen in mehreren Runden der Reihe nach in einer Art Rotationsprozeß von den Mitgliedern abgefragt; jedes Teammitglied kann in jeder Runde aussetzen. Die Ideen sind erschöpft, wenn alle Mitgleider aussetzen. Dieses Vorgehen kann bei unerfahrenen oder schüchternen Teammitgliedern Ängste auslösen, weshalb in diesem Fall ein *unstrukturiertes* Vorgehen vorteilhafter ist. Hierbei kann jeder jederzeit Ideen vorbringen. Da nicht reihum Ideen abgefragt werden, besteht nicht der Zwang, wahlweise Ideen zu liefern oder in der Fragerunde auszusetzen.

Die Sitzungen bewegen sich in einem zeitlichen Umfang von ca. 5 - 30 Minuten, sollten jedoch nicht länger als eine Stunde dauern. Nach der klaren Definition des anstehenden

Problems und einer eindeutigen Zielformulierung führt man Brainstorming in zwei aufeinanderfolgenden Phasen durch (Bild 9.8).

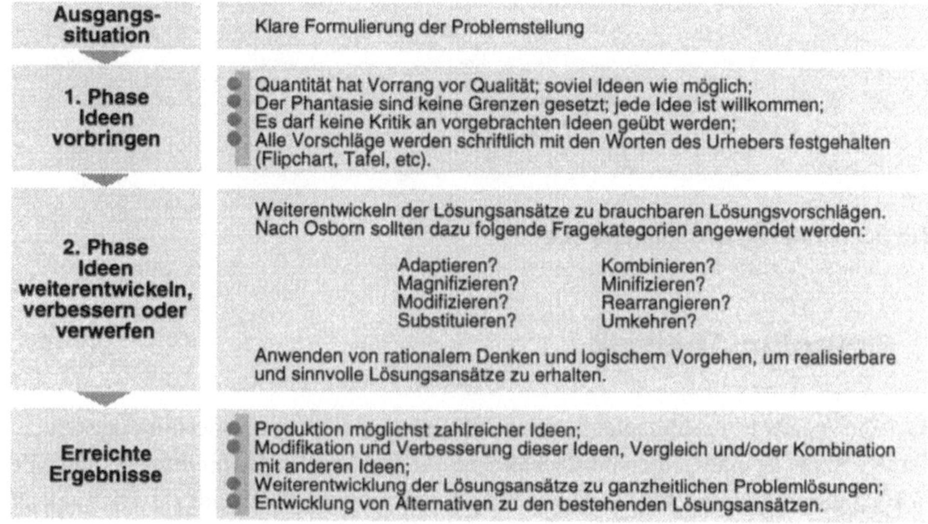

Bild 9.8: Phasen des Brainstorming

... Methode 635

Bei dieser von Rohrbach entwickelten Kreativitätstechnik werden von sechs Teilnehmern je drei Lösungsvorschläge jeweils fünfmal an andere Teilnehmer weitergegeben. Die Problemlösung beruht auf der Basis der Kombination der gesammelten Vorschläge und deren gemeinsamer Weiterentwicklung. Durch den Zwang, Lösungsvorschläge anderer Gruppenmitglieder aufzugreifen und weiterzuentwickeln wird eine gegenseitige Assoziation erreicht, da jeder die Lösungsansätze der anderen Gruppenmitglieder nachliest und sich von ihnen anregen läßt. Die Ideenentstehung geschieht wie bei der Brainstorming-Methode hauptsächlich auf intuitiver Ebene; der freie Ideenfluß wird durch die relativ starre, schematische Form in Bahnen gelenkt, was ein allgemeines Ausufern verhindert und die Ideenqualität steigert. Die Mitglieder sind gezwungen, auf die Sichtweisen und Ideen der anderen einzugehen.

Die 635-Methode läuft in mehreren Phasen ab (Bild 9.9). Ein Moderator ist nicht notwendig, da sich die Gruppe durch die Technik der Methode selbst steuert. Auch die Protokollierung entfällt, da alle Lösungsvorschläge und Ideen schriftlich festgehalten werden.

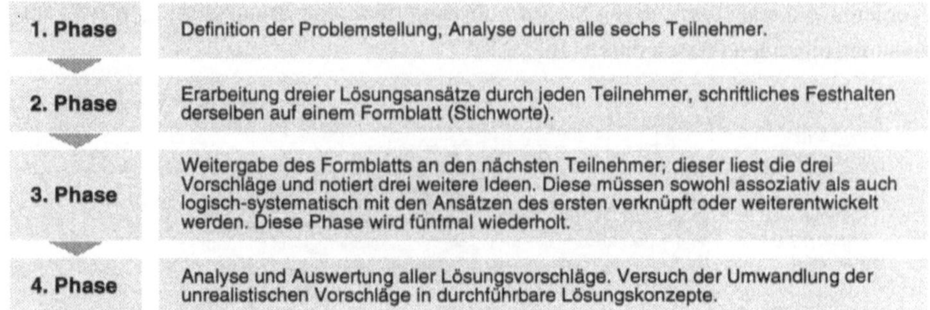

Bild 9.9:   Phasen der 635-Methode

...Metaplan-Technik

Auch die von der Firma Metaplan entwickelte *Metaplan-Technik* zur Ideenfindung mittels Kartenabfrage ist eine Kreativitätstechnik, die auf dem Prinzip der *Intuition* beruht. Mit ihr soll eine effizientere und schnellere Kommunikation innerhalb eines Unternehmens bzw. einer von einer Problemstellung betroffenen Unternehmenseinheit angestrebt werden. Weiterhin dient sie der Meinungsbildung zu bestimmten Lösungsansätzen und vermittelt das Know-how für mögliche Anwendungen. Die in der Gesprächsrunde hervorgebrachten Beiträge werden auf Tafeln für alle sichtbar festgehalten, wodurch das Erkennen von Zusammenhängen erleichtert wird. Die Aufnahmefähigkeit und die Interaktionshäufigkeit werden durch die stets präsente Visualisierung verbessert. Die folgende Verfahrensweise hat sich bewährt:

❑ Schriftliches Festhalten der Diskussionsbeiträge, jeder Teilnehmer notiert seine Aussage kurz auf eine Karte;
❑ Sammeln, vorlesen und sortieren der Karten an einer Pinnwand, nach ähnlichen Inhalten in Sparten gleicher Thematik zusammenfassen;
❑ Gewichtung der Sparten durch alle Teilnehmer, die entsprechend ihrer individuellen Wertung Markierungspunkte an die Sparten verteilen, wodurch eine Rangfolge, entsprechend der Wichtigkeit entsteht.

Bild 9.10 zeigt die Verfahrensschritte der Metaplan-Technik für eine ganzheitliche Betrachtung der Aufgabenlösung.

1. Schritt	Erarbeiten der Aufgabenstellung
2. Schritt	Auffächerung der Problemstruktur
3. Schritt	Erarbeiten von Lösungsansätzen
4. Schritt	Sammeln aller Lösungsvorschläge
5. Schritt	Erarbeiten eines Tätigkeitskatalogs

Bild 9.10: Verfahrensschritte der Metaplan-Technik

...Mind Mapping

Mind Mapping stellt nach Kirckhoff (1988) eine Methode dar, um sprachliches und bildhaftes Denken miteinander zu verbinden. Es hilft, die Funktionen der rechten mit der linken *Gehirnhälfte* zu verbinden, d. h. die logischen analytischen Fähigkeiten mit den kreativen assoziativen Fähigkeiten. Dadurch wird die gesamte Kapazität des Gehirns bei der Problemlösung verwendet und vielfältige, verborgene Ideen zutage gebracht. Die Mind Mapping Methode berücksichtigt die Tatsache, daß während einer kreativen Phase das Gehirn so schnell arbeitet, daß eine verständliche Formulierung unmöglich ist. Wir denken nicht in komplexen Formulierungen, sondern in asoziierten Stichworten. Deshalb entspricht die Struktur von Mind Mapping methodisch strukturierten Stichworten.

Eine beispielhafte Struktur ist entsprechend Bild 9.11 aufgebaut. Ausgangspunkt ist die Themenstellung im Mittelpunkt des Papierbogens. Hiervon gehen Verzweigungen ab, die den gesamten Themenbereich auffächern. Jedes Stichwort an einem der Zweige entspricht einem Gedankengang und wird wiederum mit einem weiteren Gedanken kreativ assoziiert. Dabei gelten folgende Hinweise:

- ❑ Nur Substantive: Zu Beginn sollten nur prägnant formulierte Substantive verwendet werden.
- ❑ Blockbuchstaben: Während der Erstellung wird der Papierbogen mehrfach gedreht. Deshalb sind Blockbuchstaben besser lesbar.
- ❑ Materialien: einfacher Papierbogen, Bleistift, Radiergummi und für geübte Anwender Farben.
- ❑ Korrekturen: Korrekturen sind Teil des schöpferischen Prozesses.

❏ Symbole und Bilder: Geübte Anwender können an beliebigen Stellen Symbole und Bilder verwenden.

❏ Übung macht den Meister.

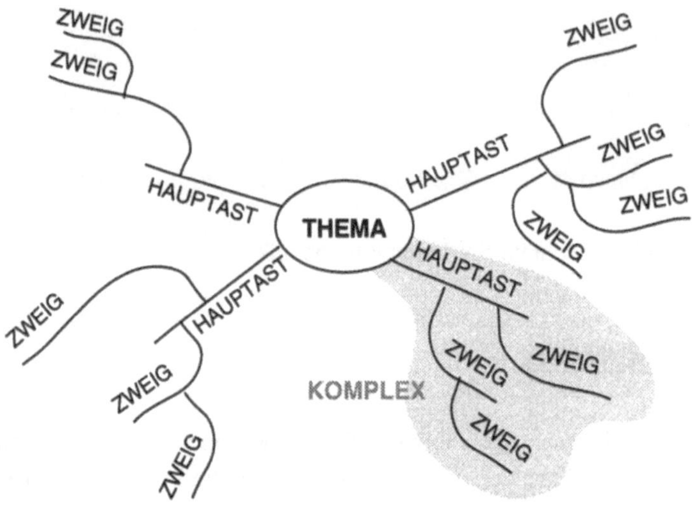

Bild 9.11: Stuktur des Mind Mapping (Beispiel)

...Neurolinguistische Programmierung

Kreative Denkprozesse werden nicht nur durch bestimmte Methoden bewirkt, sondern auch durch bestimmte Körperhaltungen und Sinne ausgelöst. Diese Erkenntnis berücksichtigen die Methoden der *Neurolinguistischen Programmierung* (NLP). Sie werden zur Zeit in der Öffentlichkeit kontrovers diskutiert. Durch NLP-Konzepte scheinen Denkprozesse steuerbar, jedoch auch Motivationssteigerungen möglich und unterbewußt vorhandene Kreativität nutzbar zu sein.

Nach Schott (1996) unterscheidet NLP drei verschiedene Charaktere im Menschen oder in einem Unternehmen, die es jeweils zum richtigen Moment und in der richtigen Art und Weise zu kombinieren gilt. Diese drei Charaktere sind

❏ der Träumer,
❏ der Realist und
❏ der Kritiker,

die nachfolgend beschrieben sind (Bild 9.12).

		Verhalten	Worte
Träumer		mittig nach hinten geneigt Muskeln entspannt locker, gemütlich	könnte wäre möglich Was ist unser Ziel? Wie könnte es gehen?
Realist		Muskeln gespannt mittig und aufrecht aktiv, eifrig, neugierig noch vorn, progressiv	Handlungsanweisungen W-Fragen: Wie? Wo? Wie können wir das erreichen? Was mache ich...? Wer macht was?

Kritiker		zweifelnd, kritischer Dialog
		Kritikaufbau: angespannt
		      links/rechts
		      gebeugt
		Kritikäußerung: Angriffshaltung
			geht nicht!
			Sie sollten!
			Warum?
			Negativbilder
			Was geht schief?

Bild 9.12: Beschreibung der drei Charaktere ›Träumer‹, ›Realist‹ und ›Kritiker‹

Die Kreativität und Motivation richtig zur Entfaltung kommen zu lassen bedeutet, zuerst den Träumer, dann den Realisten und erst zum Schluß den Kritiker zu involvieren (Bild 9.13). Träume gilt es gedanklich zu realisieren und erst dann kritisch zu reflektieren.

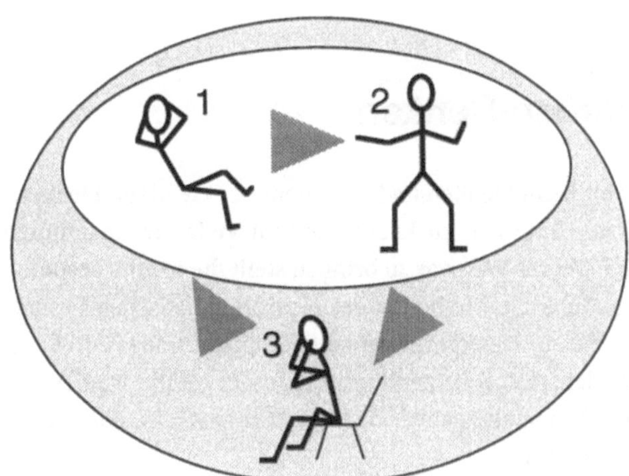

Bild 9.13: Reihenfolge eines konstruktiven Zusammenwirkens

Der *Träumer* entwickelt Visionen und Werte als wichtige Voraussetzungen für die Zieldefinition und Zielerreichung. Um zu träumen muß das Gehirn durch eine entsprechende entspannte Körperstellung unterstützt werden. Durch die dargestellte Position des Träumers werden bestimmte *Synapsen* im Gehirn verknüpft, die für kreative Denkprozesse verantwortlich sind (nach Schott 1996).

Würde der Träumer nun sofort mit dem Kritiker kombiniert werden, so verhindert dies neue kreative Ansätze, bevor sie ausgereift sind (☞ Brainstorming). Die Risikoforderung wirkt als Überforderung und verhindert kreative Phasen, die in der rechten Gehirnhälfte stattfinden. Stattdessen wird die linke Gehirnhälfte, der analytische logische Denkprozesse zugeordnet werden, aktiviert. Deshalb wird der Träumer zuerst mit dem Realisten kombiniert.

Der *Realist* leistet seinen Beitrag nur durch das Stellen von Fragen, die Handlungkonzepte anregen. Möglichkeiten zur Erreichung der Visionen und Ziele werden erarbeitet. Jegliche *Kritik* wird in diesem Stadium vermieden. Bevor danach der Kritiker hinzugezogen wird, sollte eine Besinnung auf die wichtigsten, grundsätzlichen Visionen und Werte der Träumers erfolgen. Das angestrebte Ziel sollte nochmals reflektiert werden und auch die Möglichkeiten, mit denen es erreicht werden soll. Dadurch wird die Motivation gesteigert und verfrühte Demotivation verhindert.

Der *Kritiker* hinterfragt letztendlich die entwickelten Visionen und Handlungskonzepte hartnäckig und zeigt Probleme auf. Dadurch initiiert er einen Lernprozeß und regt Träumer und Realist erneut zu modifizierten kreativen Denkprozessen, zu neuen Zielen und Handlungskonzepten an. Wichtig ist dabei eine konstruktive und zu Verbesserungen anregende Kritik.

... Das Sechsfarben-Denken

Die größte Schwierigkeit beim Denken und vor allem bei kreativen Denkprozessen ist es, daß das menschliche Gehirn in zu kurzer Zeit zu viele Gedanken erzeugt. Eine Möglichkeit, Ordnung in dieses Wirrwar zu bringen stellt die bereits besprochene Mind Mapping Methode dar. Auch die Methoden der Neurolinguistischen Programmierung versuchen in gewisser Weise, Denkprozesse zu entkoppeln, indem drei verschiedene Charaktere definiert werden, die nacheinander zum Einsatz geführt werden. Eine weitere Methode ist das von de Bono entwickelte ›*Sechsfarben-Denken*‹, das auch als ›*Sechs-Hüte-Denken*‹ bezeichnet wird.

Ziel dieser Methode ist die Verkürzung von Entscheidungsprozessen z. B. bei Diskussions-runden oder bei Teamarbeit und die Erweiterung der Sichtweisen der Teilnehmer. Mit dieser Methode soll das Denken weg von dem üblichen Argumentationsstil hin zu einem Kartenanfertigungsdenken geführt werden. Für die Diskussion werden verschiedenfarbige *Hüte* verwendet. Das Aufsetzen eines bestimmten Huts bedeutet die Ausrichtung auf eine bestimmte *Denkweise*. Dadurch wird es dem ›Denkenden‹ ermöglicht, sich auf nur einen Blickwinkel zu konzentrieren, sei es z. B. auf die Bildung kreativer Ideen, auf eine logisch-analytische Betrachtung oder auf Fakten und Zahlen. So kann man normale Denkbahnen verlassen, sein Denken und seine Aufmerksamkeit dirigieren und über ein Problem unter einem anderen Gesichtspunkt nachdenken. Die selbe Tatsache kann auf unterschiedlicher Weise erkannt und vorgebracht werden. Doch wie ist dabei die Verbindung zwischen Denkfähigkeit und Kreativität? Dies wird aus de Bonos Charakterisierung eines Denkers deutlich: ›nicht arrogant; willig, Neuland zu betreten; fähig, Alternativen zu entwickeln‹. Dies entspricht durchaus den Kennzeichen einer kreativen Person.

Mit dem Sechs-Hüte-Denken sind fünf Werte verbunden (nach de Bono 1987):

- ❏ Rollenspiel: Die Verwendung eines Denkhuts ist vergleichbar mit einem Rollenspiel. In der damit verbundenen Diskussion gilt es, das eigene Ich zu überwinden und sich vollständig auf die gespielte Rolle zu konzentrieren. Das Rollenspiel ermöglicht es, Dinge zu denken und zu sagen, die sonst ohne Gefahr für das eigene Ego nicht zum Ausdruck kämen.
- ❏ Aufmerksamkeitslenkung: Durch die sechs Farben werden sechs verschiedene Aspekte getrennt beachtet.
- ❏ Zweckdienlichkeit: Durch den Symbolwert der farbigen Hüte wird ein flexibles Umdenken ermöglicht.
- ❏ Erweiterung des Wissensstandes: Mit dieser Methode wird das in bestimmten Mustern gehaltene Wissen erweitert.
- ❏ Spielregeln: Es werden konstruktive Spielregeln für den Meinungsstreit aufgestellt.

Einzelne Personen sind dabei nicht auf bestimmte Hüte beschränkt. Jede Person sollte in der Lage sein, jeden der sechs Hüte zu benutzen. De Bono vergleicht die Fähigkeiten eines Denkers im Rahmen des Sechs-Hüte-Denkens mit denen eines Schauspielers. Genaus wie dieser stolz darauf ist, sowohl die Rolle der Trogödie wie auch die Rolle der Komödie spielen zu können ohne sich selbst dabei zu verändern, genauso ist eine denkende Person bei einer Problemlösung stolz darauf, jeden der sechs Denkhüte tragen zu können.

Nachfolgend sind die Symbolwerte der sechs Farbhüte dargestellt. Diese können auch zu den Paaren Weiß und Rot, Schwarz und Gelb sowie Grün und Blau kombiniert werden.

- ❏ Der *weiße* Hut der bloßen Fakten, Zahlen, Informationen:
Weiß ist absolut neutral, sachlich und objektiv. Wie bei einem Computer werden Zahlen gefühllos und ohne Interpretationen wiedergegeben. Dabei wird zwischen überprüften, bewiesenen Fakten und für wahr gehaltenen, jedoch noch nicht vollständig geprüften

Fakten unterschieden. Mögliche Fragestellungen sind: ›Welche Informationen besitzen oder benötigen wir?‹ ›Wie werden wir diese Informationen erhalten?‹ ›Hören wir auf mit dem Meinungsaustausch und sehen uns die Fakten an.‹

❏   Der *rote* Hut der Gefühle, Emotionen und Intuitionen:
Rot vermittelt die gefühlsmäßige Sicht. Es deutet auf Emotionen, Intuitionen, Ärger und Zorn. Vorschläge werden ohne Rechtfertigung und ohne logische Begründungen gemacht. Mögliche Fragestellungen sind: ›Was sagt Ihre Intuition dazu?‹ ›Was halten Sie davon?‹ ›Das ist eine wunderbare Sache.‹ ›Ich spüre das Chaos dieser Situation.‹ ›Fragen Sie mich nicht warum.‹

❏   Der *schwarze* Hut der negativen Bewertung und Vorsicht:
Schwarz deckt die negativen Aspekte und Schattenseiten ab (warum etwas nicht möglich ist). Es ist immer logisch und betont Kritik. Der schwarze Hut weist auf Fehler, Gefahren und Probleme hin. Dieser Hut repräsentiert den nützlichsten Aspekt des Denkens, wird jedoch viel zu häufig verwendet, was sich durch die westliche Kultur begründen läßt. Angesichts neuer Ideen sollte der gelbe Hut immer vor dem schwarzen Hut benutzt werden. Mögliche Fragestellungen sind: ›Diese Lösung widerspricht den Fakten und unserer Firmenpolitik.‹ ›Was kann in Zukunft schiefgehen?‹

❏   Der *gelbe* Hut der Effektivität und des Nutzens:
Gelb ist sonnig, heiter, positiv und optimistisch. Es steht für Hoffnung und bewußt positives Denken, für den Nutzen, den Wert sowie die realistische Machbarkeit und konstruktiven Verwirklichungsmöglichkeiten von Vorschlägen. Durch die logische Untermauerung des Nutzens ist der gelbe Hut mehr als die bloße Euphorie des roten Huts. Das positive Denken des gelben Huts begründet sich auf Neugier, Freude, Eigennutz, Effektivität und auf dem glühenden Wunsch, etwas in Gang zu setzen. Er beinhaltet auch die Definition von Träumen und Visionen. Die Definition eines neuartigen Wegs zur Umsetzung dieser günstigen Gelegenheit und Hoffnung bleibt allerdings dem grünen Hut überlassen. Mögliche Fragestellungen sind: ›Lohnt sich dieser Vorschlag überhaupt?‹ ›Welches sind die positiven Aspekte und Vorteile?‹

❏   Der *grüne* Hut der Kreativität und neuer Ideen:
Grün steht für die Vegetation, natürliche Energie und das üppige Wachstum. *Kreativität* beinhaltet Veränderungen, Dynamik, Innovationen, Erfindungen, neue Ideen oder neue Alternativen. Der grüne Hut versteht sich als eine Art künstliche Motivation zur Kreativität. Er bietet Konzentration, Raum und Zeit für bewußtes kreatives Denken ohne logische Begründungen. Der Träger des grünen Huts kann jederzeit eine schöpferische Pause machen und innehalten, um darüber nachzudenken, ob es an diesem Punkt alternative Ideen gibt. Es geht um die Provokation von neuen Vorstellungen, um flexible

Gedankenexperimente und Risiken. Die Provokation soll die Diskussionsteilnehmer aus ihren üblichen Denkmustern herausreißen. Die Bewertung der kreativen Ideen wird anderen Hüten überlassen. Mögliche Fragestellungen sind: ›Mit diesen Lösungen können wir nicht zufrieden sein.‹ ›Welche neuen Ideen gibt es?‹ ›Wie können die vom schwarzen Hut aufgezeigten Schwierigkeiten überwunden werden?‹ ›Durch welche kreativen Möglichkeiten werden die positiven Aspekte des gelben Huts erreicht?‹

In diesem Zusammenhang steht auch der von de Bono entwickelte Begriff des ›*lateralen Denkens*‹, mit dem eingefahrene Muster in einem sich selbst organisierenden asymmetrischen musterbildenden System durchbrochen werden sollen. Dadurch werden neue Sehweisen und Vorstellungen bewirkt.

❑   Der *blaue* Hut des Überblicks und der Kontrolle des Denkens:
Blau ist kühl und die Farbe des über allem stehenden Himmels. Es lenkt und kontrolliert den Einsatz der anderen Hüte und der anderen Denkprozesse. Der Träger des blauen Huts denkt nicht mehr an den Gegenstand der Diskussion, sondern nur daran, welches Denken notwendig ist, um den Diskussionsgegenstand zu erforschen. Er definiert präzise das Problem und lenkt die Sicht auf das Wesentliche. Er überlegt, welcher Hut als nächster notwendig ist, um das Problem zu lösen. Er leitet Schritt für Schritt das diskussionsmäßige Denken. Dafür muß der Träger des Huts sich auf alle Situationen anwendbare feste Moderationsstukturen überlegen. Von Zeit zu Zeit liefert der blaue Hut einen Überblick über den aktuellen Diskussionstand. Ebenso faßt er die endgültigen Schlußfolgerungen zusammen. Mögliche Fragestellungen sind: ›Wir haben jetzt drei Stunden gebraucht, um diese Lösung zu finden.‹ ›Worüber soll nachgedacht werden?‹ ›Jetzt ist der weiße Hut notwendig.‹ ›Jetzt brauchen wir Vorschläge des gelben Huts.‹ ›Wie lautet die Schlußfolgerung?‹

...Weitere Methoden und Techniken

Neben diesen dargestellten gängigsten Methoden und Techniken existiert noch eine Vielzahl an Möglichkeiten der Ideen- und Lösungsfindung. In aller Ausführlichkeit sind die *Kreativitästechniken* in Schlick 1995 und GOAL/QPC 1994 dargestellt, wobei man heute mehr als 100 Varianten zählt. Im folgenden seien die wichtigsten noch namentlich erwähnt, wobei nach Schlick 1995 zwei Bereiche unterschieden werden können (Bild 9.14). Die *Intuition anregende* Techniken basieren dabei v. a. auf wechselseitiger Assoziation und Analogiebildung; *systematisch-analytische* Techniken basieren v. a. auf Strukturierung, Zerlegung und Kombination.

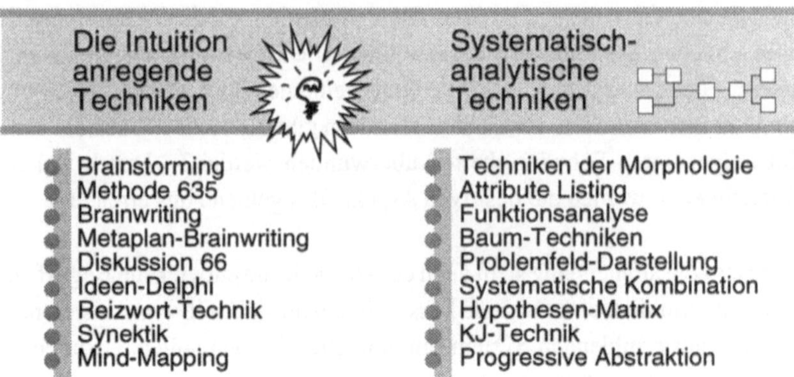

Bild 9.14: Klassifizierung von Kreativitätstechniken

Eine für alle Probleme gültige Lösungstechnik gibt es nicht, doch die in Bild 9.15 aufgeführten Techniken helfen je nach Fall:

- ❑ Probleme zu erkennen und zu analysieren,
- ❑ Lösungen zu finden,
- ❑ die beste der Lösungen auszuwählen,
- ❑ Prioritäten zu setzen und
- ❑ Aufgaben effektiv aufzuteilen.

Arbeiten mit Ideen	Erläuterung, Ziele
Vorgangsnetzplan	Zur Ermittlung des effizientesten und realistischsten Plans für die Erledigung eines Projektes; Gesamtdurchlaufzeit, erforderliche Reihenfolge, gleichzeitig durchführbare Aufgaben und zu überwachende terminkritische Aufgaben werden grafisch dargestellt.
Affinitätsdiagramm	Verwendet die Methode ›Brainstorming‹ zur Ideenfindung. Diese werden anschließend in Gruppen gebündelt und zusammengefaßt, um so die Ursache eines Problems zu verstehen.
Ursachen & Wirkungs-/ Fischgrätdiagramm	Hilft einem Team, alle denkbaren Ursachen eines Problems mit zunehmendem Detaillierungsgrad zu bestimmen, zu untersuchen und graphisch darzustellen.
Flußdiagramm	Hilft einem Team, die Reihenfolge von Ereignissen in einem Prozeß zu bestimmen, den ein bestimmtes Produkt oder eine Dienstleistung durchläuft. (Bsp.: Laufweg einer Rechnung, Materialfluß, einzelne Schritte beim Verkauf oder Service).

Bild 9.15: Auswahltabelle für Methoden (nach GOAL/QPC 1994)

...Förderung der Fähigkeiten der Mitarbeiter im lernenden Unternehmen

Produziert wird zukünftig nicht mehr für einen anonymen Massenmarkt, sondern für Einzelkunden mit individuellen Produkt-, Liefer- und Qualitätsanforderungen. Dies reicht bis hin zu kundenindividuellen Produktentwicklungen und Produktionsprozessen.

Das Wesensmerkmal von Unternehmen, die in der Lage sein werden, an dynamischen Kundenanforderungen orientierte Produkte und Dienstleistungen zur Marktreife und bis hin zum Markterfolg zu führen, ist die Kreativität. Kreative Unternehmen zeichnen sich im wesentlichen durch drei Elemente aus (Bullinger 1996):

- ❑ ›Innovationsorientierung‹
- ❑ ›Lernfähigkeit‹ und
- ❑ ›Technologie-Einsatz‹.

Erfolgreiche Unternehmen sind zum einen in der Lage, neue und ungewohnte Beziehungsmuster herzustellen und danach zu handeln, sowie neue Ideen in realisierbare Lösungen umzusetzen (›Innovationsorientierung‹). Unternehmen zu Beginn des nächsten Jahrtausends werden dann erfolgreich sein, wenn sie zum anderen gelernt haben, mit Kreativität umzugehen, in schnellebiger Zeit zu führen und zu organisieren (›Lernfähigkeit‹). Bei all diesen Anforderungen spielen Informations- und Telekommunikationstechnologien aufgrund ihrer Dienstleistungsfunktion eine entscheidende Rolle (›Technologie-Einsatz‹).

Lernfähigkeit

Das erforderliche Klima zur Erhaltung und Förderung der Kreativität von Unternehmen besteht in einer lernfähigen Organisation. Die Dynamik kann durch die Schaffung von lernorientierten Organisationsstrukturen und -prozessen erhalten werden. Zur Gestaltung von Lernorganisationen sind im wesentlichen folgende Bausteine erforderlich:

- ❑ Individuelle Lernumgebungen, die in die Arbeitstätigkeit der Mitarbeiter integriert sind. Dazu erforderlich ist eine Arbeitsorganisation, die Zugriff auf die lern- und arbeitsförderlichen Informationen bereitstellt.
- ❑ Lernkooperationen in Teams und Arbeitsgruppen: Dazu sind kooperative Arbeitsumgebungen notwendig, die die gemeinsamen Arbeitsergebnisse in einem ›Unternehmensgedächtnis‹ zur Verfügung stellen.
- ❑ Unternehmensübergreifende Lernallianzen mit Kunden, Lieferanten und Partnern: Dazu sind Prozeßstrukturen entlang der Wertschöpfungskette erforderlich.

Die mit Abstand anspruchsvollste Aufgabe der *lernenden Organisation* ist die lernförderliche Gestaltung der Arbeit selbst. Typisches Merkmal der tayloristischen Arbeitsorganisation ist die Teilung der Arbeit mit eng begrenzten, kontrollierbaren Arbeitsinhalten. Diese lassen möglichst wenige Risiken zu, damit aber auch wenig Spielräume für die Einbringung eigener Kompetenzen. Lernen ist in diesem Zusammenhang relativ unbedeutend. Beim Wandel zur lernenden Organisation wird Lernen dagegen zum zentralen Teilelement der Arbeit gemacht, weil gerade dadurch anspruchsvollere Aufgaben flexibler bewältigt werden können. Dieses erfordert ein Redesign der Arbeitszuschnitte, einen Veränderungsprozeß aus den tradierten arbeitsteiligen zu neuen umfassenderen Arbeitsinhalten. Der Veränderungsprozeß soll von den betroffenen Arbeitskräften selbst getragen werden. Ihnen werden Unterstützung und Hilfsmittel gegeben. Insgesamt wird eine gesteigerte Komplexität der Entscheidungserfordernisse erreicht, die einen intensiven Lerneffekt beinhaltet. Auf der Ebene der Organisationsentwicklung werden dabei Elemente individueller Qualifikationsentwicklung beigefügt. Neue Abstimmungen bedeuten Verhandlungen und Verschiebung von innerorganisatorischen Machtstrukturen. Sie bedingen also auch Konflikte, Unsicherheiten und gruppendynamische Prozesse (Bullinger 1996).

Aktive Kultivierung der personellen Ressourcen eines Unternehmens

Für die Zukunft gilt es schon heute als erwiesen, daß die Investitionen für die unterschiedlichen Qualifizierungsmaßnahmen diejenigen für die klassischen Investitionsgüter übersteigen werden. Für Unternehmen ist das Qualifikationsniveau ihrer Arbeitskräfte eine existentielle Notwendigkeit, weshalb bei der Budgetplanung auch die Mittel für diesen Faktor berücksichtigt werden müssen. Hierbei ist es von größter strategischer Bedeutung, den zukünftigen Bedarf an Qualifizierungsmaßnahmen richtig einzuschätzen und umzusetzen. Es muß das Ziel sein, zu jedem Zeitpunkt für die Arbeitsplätze ein entsprechend qualifiziertes Personal zur Verfügung stellen zu können.

Eine erfolgreiche innerbetriebliche *Weiterbildungspolitik* resultiert als Teilbereich der allgemeinen Unternehmenskultur aus den Zielen der Organisation. Sie basiert auf

- der Ermittlung des gegenwärtigen Qualifikationsniveaus (Ist-Analyse),
- der Ermittlung des quantitativen und qualitativen Qualifikationsbedarfs; wobei sich ein Zeitraum von fünf Jahren häufig als praktikabel erwiesen hat,
- der Abschätzung der notwendigen Qualifizierungsmaßnahmen, unter Berücksichtigung bewährter, sowohl standardisierter als auch individueller Trainingsprogramme,
- der Festlegung eines geeigneten Zeitrahmens und
- der Planung von Kontrollinstanzen, anhand derer sich ein Erfolg der Qualifizierungsmaßnahmen feststellen läßt.

Wenn eine Organisation eine ausgeglichene Personalpolitik ausübt, können sich die individuellen Begabungen ungehindert entwickeln und ihre Fähigkeiten entfalten. Ein von einem Mitarbeiter sicher beherrschtes Tätigkeitsfeld vermittelt ein für die Arbeitszufriedenheit wichtiges Selbstwertgefühl. Dieses subjektive Erfolgserlebnis wirkt dann als weiterer Motivator, das Erreichte in anderen Bereichen zu wiederholen, womit wiederum der Mitarbeiter zu weiterer Qualifizierung animiert wird (intrinsische Motivation).

Wird auf diesem Weg eine verstärkte Identifikation der Mitarbeiter mit dem Unternehmen und seinen Zielsetzungen erreicht, wird der Arbeitnehmer auch eher bereit sein, sich verstärkt in der Arbeit für das Unternehmen einzusetzen. Zusätzlich steigt die Bereitschaft, Teile der Freizeit für Qualifizierungsmaßnahmen zur Verfügung zu stellen, da dieser Einsatz letztendlich wieder positiv auf ihn zurückfällt.

Ungenutzte Kapazitäten - zielorientierte Qualifizierung

Wenn in der Industrie die maschinellen Kapazitäten nicht voll ausgelastet sind, werden unverzüglich Maßnahmen eingeleitet, um diesen Mißstand zu beheben, was vom Standpunkt der Wirtschaftlichkeit aus betrachtet sicherlich richtig ist. Aber es gibt keine Instanz, die sich für eine 100 prozentige Auslastung der Fähigkeiten der Mitarbeiter einsetzt. Schon Albert Einstein stellte fest, daß der Mensch sein geistiges Potential meist nur zu einem geringen Anteil nutzt. Theoretisches Wissen kann erst dann von Nutzen sein, wenn die Voraussetzungen zur praktischen Umsetzung geschaffen wurden. Übertragen auf den Unternehmensbereich läßt sich ableiten, daß es die Aufgabe der Führungskräfte ist, geeignete Maßnahmen zu ergreifen.

Bei der Gestaltung von *Qualifizierungsmaßnahmen* müssen selbstverständlich an der Zielgruppe ausgerichtete pädagogische Fähigkeiten zum Einsatz kommen. Anhand verschiedener empirischer Untersuchungen läßt sich aufzeigen, daß Merkfähigkeit von Erwachsenen nicht geringer, eher sogar ausgeprägter als die von Kindern oder Jugendlichen ist. Das menschliche *Gehirn* läßt sich wie ein Muskel trainieren. Je mehr es gefordert wird, desto höher sind die Belastungen, die es ertragen kann. Der Lernwille ist ein dem Menschen ebenso angeborener Instinkt wie die Lernfähigkeit; beides läßt sich durch verschiedene Lernmethoden fördern.

Die ›*Halbwertszeit*‹ des Wissens, also der Zeitraum, in der die Hälfte einmal erworbenen Wissens veraltet, wird immer kürzer. Beträgt diese Halbwertszeit für Schulwissen noch dreißig Jahre, so sind es bei Hochschulwissen fünfzehn und bei einer beruflichen Fachausbildung nur noch fünf Jahre.

In vielen Bereichen der Wirtschaft entsprechen Methoden und Techniken der Aufgabenbewältigung nicht mehr dem heute erforderlichen Stand. Deshalb ist *lebenslanges Lernen* heute und in Zukunft ein elementarer Bestandteil der Arbeit auf allen Ebenen. Dies muß in der Unternehmenskultur manifestiert sein, wobei besonders den Führungskräften die Aufgabe zufällt, als Bestandteil ihrer Führungsaufgabe der eigenen beruflichen Qualifikation und der ihrer Mitarbeiter positive Impulse zu geben.

Sich selbst fortzubilden, muß für den Mitarbeiter eine positive Tätigkeit darstellen, die er aus eigenem Antrieb wahrnimmt. Das Angebot von Weiterbildungsmöglichkeiten sollte dabei als Belohnung für erfolgreiches Arbeiten und als günstige Möglichkeit für eine Besserstellung im Unternehmen verstanden werden. Es darf niemals das Gefühl aufkommen, als Strafe für mangelhafte Leistungen zu einer Art Nachhilfe geschickt zu werden, da unter solchen Voraussetzungen keine Identifikation mit den Lerninhalten zu erwarten ist.

Weiterbildungsmaßnahmen müssen darauf abzielen, die Mitarbeiter für die zukünftigen Herausforderungen vorzubereiten, die sich aus den Bedingungen der Wettbewerbsfähigeit für ein Unternehmen ergeben. Dabei dürfen nicht nur rein fachliche Inhalte vermittelt werden, sondern auch Methoden zur Förderung der Geisteshaltung bei der Arbeit.

... Qualitätszirkel

Zur Verbesserung innerbetrieblicher Strukturen und Problemstellungen werden *Qualitätszirkel* eingesetzt. Sie sind ein äußerst effizientes und durchaus kostengünstiges Instrument, um unter Einbeziehung der Mitarbeiter das Humanpotential des Unternehmens zu erschließen und die bereits dargestellten Methoden einzusetzen.

Diese Ausprägung der Gruppenarbeit soll hierarchieübergreifend stattfinden. Ein solcher Arbeitskreis muß von der Unternehmensleitung ins Leben gerufen und von den Führungskräften aller Hierarchiestufen unterstützt werden. Er kann sowohl eine dauerhafte Einrichtung sein als auch nur eine kurzfristige Maßnahme zur Bewältigung aktueller Problemstellungen. Teilnehmer an einem Qualitätszirkel sind vom zu lösenden Problem direkt oder indirekt betroffene Mitarbeiter, die aus eigenem Antrieb an den Lösungen ihrer bereichsspezifischen Probleme mitarbeiten. Siehe dazu Bild 9.16.

Die Thematik der Qualitätszirkel ist hier der Vollständigkeit halber angesprochen. Zur Vertiefung wird allerdings auf umfassende Literatur verwiesen.

Bild 9.16: Ziele von Qualitätszirkeln

10

Neue Wege der Mitarbeiterbeteiligung? - Beispiel Betriebliches Vorschlagswesen

In diesem Kapitel soll, als ein Baustein im Maßnahmen- und Strategiekatalog eines Unternehmens, eine neues Konzept des *Betrieblichen Vorschlagswesens* dargestellt werden, um die Motivation und die Nutzung der Kreativität zu steigern.

1,3 Mrd. DM sparten Unternehmen und Verwaltungen durch Verbesserungsvorschläge im Jahre 1995 ein. Mit 730000 *Verbesserungsvorschlägen* (VV) wurden 1995 25 % mehr VV eingereicht und 15 % mehr eingespart als 1994. Dabei wurden 252 Mio. DM an Prämien ausgezahlt, was einem Schnitt von 747 DM pro *Idee* entspricht. Der Grund ist in einem veränderten und kooperativen Managementverhalten und in einer stärken Beteiligung der Mitarbeiter zu sehen (Deutsches Institut für Betriebswirtschaft 1996).

Das Ziel, *kreative* und *engagierte*, mitdenkende und mitwirkende Mitarbeiter zu bekommen, artikuliert sich in besonderem Maße im Bereich der Verbesserungen im Produktionsprozeß. Jeder Mitarbeiter, der etwas Neues vorschlägt oder Änderungen an bestehenden Abläufen oder Prozessen vornimmt, beweist, daß er mitdenkt, daß er sich identifiziert und zum wirtschaftlichen Erfolg des Unternehmens beitragen will. Verbesserungsvorschläge der Mitarbeiter, unabhängig davon, in welcher Form sie geäußert werden, stellen das konkrete Ergebnis einer engagierten Arbeit dar und besitzen für das Unternehmen ein hohes Potential zur Effektivitäts- und Produktivitätssteigerung. Porsche-Vorstand Loos (1994) bringt dies zum Ausdruck indem er schreibt: ›Bei 1000 Vorschlägen pro Mitarbeiter können Sie etwa 0,6 bis 0,8 % Kostenproduktivität erreichen. Es ist dabei egal, ob Sie 100000 oder 400 Mitarbeiter haben.‹ Und dabei ist noch nicht berücksichtigt, daß Einsparungen nie nur als konkrete *Kostensenkungen* innerhalb eines bestimmten Prozesses gesehen werden sollten, sondern z. T. auch als nicht quantifizierbare Investitionen in spätere, vielleicht bedeutendere Leistungssteigerungen.

Im folgenden soll anhand des Betrieblichen Vorschlagswesens BVW ein neues Konzept zur Steigerung der Kreativität und der Beteiligung dargestellt werden. Das neue BVW soll die meisten der in den vorangehenden Kapiteln angesprochenen Themen integrieren, um dadurch als Institution eine neue Bedeutung zu erhalten. Erst durch die ganzheitliche Integration wird es ein maßgeschneidertes Instrument für die Kanalisierung und Umsetzung des Innovations- und Kreativitätspotentials der Mitarbeiter.

Zum besseren Verständnis und zur Darstellung der Hintergründe des BVW sind zu Beginn dieses Kapitels der Ursprung, die Entwicklung, die Merkmale, die rechtliche Grundlage und die Organisation des klassischen, institutionalisierten BVW dargestellt.

... Ursprung und Entwicklung des Betrieblichen Vorschlagswesens

Die Wurzeln des Betrieblichen Vorschlagswesens reichen bis auf das von dem Industriellen Alfred Krupp 1888 eingeführte ›Gruppenregulativ‹ zurück. Dennoch, zu jener Zeit gingen viele Vorgesetzte davon aus, daß nur sie innerhalb ihrer Abteilung Ideen und Fähigkeiten zu Veränderungen haben dürften, die sich in einem höheren Gehalt ausdrückten, und daß jeder von einem Mitarbeiter geäußerte Vorschlag auf ein eigenes Versäumnis hinweise. Mitarbeiter wurden nur für ihre manuelle Arbeitsleistung im herkömmlichen Sinne entlohnt. Zusätzliches über die reine Arbeitstätigkeit hinausgehendes Denken erforderte somit auch zusätzliche Gratifikationen.

Seither hat das Betriebliche Vorschlagswesen BVW eine Reihe von Änderungen und Entwicklungen erfahren, bei denen Unternehmer wie Siemens und Borsig eine wichtige Rolle spielten. Der zentrale Punkt jedoch, Mitarbeiter zum Mitdenken anzuregen und aufzufordern, hat sich im Laufe der Zeit nicht geändert.

... Merkmale des klassischen Betrieblichen Vorschlagswesens

Ein *Verbesserungsvorschlag* (VV) des klassischen Betrieblichen Vorschlagswesens muß bestimmte Anforderungen erfüllen. Ein VV ist nach Brinkmann und Simon (1994):

- ❑ eine freiwillig erbrachte Zusatzleistung eines Mitarbeiters - schriftlich eingereicht oder mündlich vorgetragen - welche über den Rahmen übertragener Arbeitsaufgaben hinausgeht und nach erfolgter Realisierung Anspruch auf Anerkennung (Prämie) hat;
- ❑ eine nicht schutzfähige Erfindung nach §2 des *Arbeitnehmererfindungsgesetzes*;
- ❑ eine eigenständige Idee zu einem selbst erkannten Problem mit dem dazugehörigen Lösungsweg;
- ❑ eine zeitgerechte Änderung oder Neuerung eines Gegenstandes oder eines organisatorischen Ablaufs;
- ❑ eine klare Abgrenzung des IST-Zustandes und die Gegenüberstellung mit dem entsprechenden SOLL-Zustand.

Wichtiges Kriterium für einen VV der klassischen Art ist aber, daß nicht nur Kritik an Zuständen geäußert wird, sondern daß gleichzeitig Vorschläge zu deren Behebung gemacht werden.

Eigentlich sollte der VV außerhalb der eigenen Arbeitsaufgabe liegen, weil ja für diese bereits eine Bezahlung durch den Lohn bzw. das Gehalt erfolgt. Eine solche klare Abgrenzung ist in der Praxis jedoch nicht immer möglich. Deshalb wird bei einer Überlappung der eigenen Arbeitsaufgabe mit dem VV ein den Anteilen entsprechender Prozentsatz von der Prämie abgezogen.

Keine Verbesserungsvorschläge sind im klassischen Vorschlagswesen Anregungen zur allgemeinen Geschäftspolitik, Betriebsratsarbeit sowie Ergebnisse von Qualitätszirkeln.

... Rechtliche Grundlage des BVW

Unabhängig davon, ob in einem Unternehmen ein Betriebliches Vorschlagswesen BVW vorhanden ist, muß der Arbeitgeber, der einen Verbesserungsvorschlag seines Arbeitnehmers verwertet, eine entsprechende Vergütung an diesen bezahlen (§612 BGB).

Das BVW ist darüber hinaus in zwei Gesetzen verankert. Dies ist zum einen das *Betriebs-*

verfassungsgesetz BetrVG, in dem in §87 Abs. 1 Ziff. 12 alle mitbestimmungspflichtigen Tatbestände geregelt sind. Zum anderen grenzt das *Arbeitnehmererfindungsgesetz* ArbNErG in den §§ 1,2,3,9,12 und 20 Erfindungen von Verbesserungsvorschlägen ab.

Das Bundesarbeitsgericht hat bezüglich des Betrieblichen Vorschlagswesens zwei Entscheidungen getroffen:

❑ Bei der Einführung eines BVW hat der Betriebsrat Mitbestimmungsrecht (BAG vom 28.4.1981 - ABR 53/79).

❑ Bei der Bestellung eines BVW-Beauftragten hat der Betriebsrat kein Mitbestimmungsrecht (BAG vom 16.3.1982 - 1 ABR 63/80).

... Klassische Organisation des BVW im Unternehmen

Das BVW als Institution wird in aller Regel entweder als Stabsstelle der Geschäftsleitung oder der zentralen Qualitätswirtschaft zugeordnet. Die Organe des BVW sind der BVW-Beauftragte, die Gutachter sowie eine Bewertungskommission.

Der *BVW-Beauftragte* soll der Motor des betrieblichen Vorschlagswesens sein. Er erledigt haupt- oder ehrenamtlich alle Aufaben, die mit der Einreichung eines Verbesserungsvorschlages (VV) anfallen. Er hat eine typische Stabsfunktion inne und ist Ansprechpartner sowohl für die Mitarbeiter, die einen VV einreichen, als auch für die Führungskräfte, die sich mit der Bewertung und gegebenfalls Umsetzung des VV befassen. Dabei hat er auf die Einhaltung aller in den Betriebsvereinbarungen festgelegten Regeln zum BVW zu achten. Brinkmann und Simon (1994) beschreiben aufgrund dieses umfassenden Aufgabengebietes spezielle Eigenschaften des BVW-Beauftragten mit

❑ Kontaktfreudigkeit und -fähigkeit,
❑ Überzeugungskraft und Vertrauen,
❑ Integrität, Takt, Geschick sowie
❑ Moderations- und Motivationsfähigkeit.

Die Beurteilung der VV übernehmen in der Regel *Gutachter*, die als Spezialisten aus den entsprechenden Fachbereichen herangezogen werden. Die Gutachter bewerten den VV nach der Problemlösung, den Vor- und Nachteilen, veranlassen bei positiver Begutachtung die Realisierung mit allen dazu notwendigen Schritten wie

❑ Festlegung des Termins und des Ortes der Realisierung,
❑ Berechnung der Einsparungen an Lohn- und Materialkosten etc.,

❑ Schätzung nicht berechenbarer Einsparungen,
❑ Prüfung auf Patent, Gebrauchs-/Geschmacksmuster, Urheberrecht

und begründen bei einer Ablehnung die Entscheidung gegenüber dem Einreicher.

Die *Bewertungskommission* entscheidet über die Prämierung der VV. Des weiteren kann sie veranlassen, daß der VV auch auf andere Abteilungen, Werksbereiche oder Niederlassungen angewandt und ausgedehnt wird. Die Zusammensetzung der Bewertungskommission ist ebenfalls in einer Betriebsvereinbarung festzulegen. In aller Regel sind aber Vertreter der Geschäftsleitung und des Betriebsrates zu gleichen Teilen in der Kommission vertreten. Den Vorsitz der Bewertungskommission führt entweder der BVW-Beauftragte oder jeweils ein Vertreter der Arbeitnehmer-/Arbeitgeberseite im Wechsel. Die Amtszeit der Bewertungskommission ist begrenzt und meist an die Wahlperiode des Betriebsrates angeglichen. Die Entscheidungen der Bewertungs-kommission sind protokollarisch festzuhalten und dem Arbeitnehmer bei Unklarheiten zum Zweck der Beschwerde oder des Einspruchs zu erläutern.

Der zeitliche Ablauf gestaltet sich meist folgendermaßen: Der VV des Mitarbeiters wird schriftlich festgehalten. Der BVW-Beauftragte überprüft anhand festgelegter Kriterien, ob es sich bei der Idee tatsächlich um einen VV handelt und bestätigt danach den Eingang des VV schriftlich. Im Anschluß daran werden kompetente Gutachter zur Beurteilung des VV herangezogen. Bevor dann die Bewertungskommission in einer Sitzung über die Realisierung und gegebenenfalls *Prämierung* entscheidet, werden einige VV gesammelt. Bei einer positiven Entscheidung wird der vom VV betroffene Vorgesetzte benachrichtigt sowie zur Realisierung hinzugezogen. Nach der Realisierung erhält der Einreicher die ihm zustehende Prämie. Wird der VV nicht angenommen, erfolgt eine Begründung. Ebenso hat der Mitarbeiter Möglichkeiten zur Beschwerde.

... Fazit

Die geringe *Beteiligungsrate* zeigt die mangelnde Bereitschaft und Motivation der Mitarbeiter. Die geringe Annahmequote läßt auf den Qualitätsmaßstab innerhalb des BVW schließen, sei es aufgrund geringfügiger, schlecht formulierter Vorschläge, sei es aufgrund einer mangelhaften Bearbeitung durch Beauftragte, Gutachter oder Führungskräfte.

Das institutionalisierte, klassische Betriebliche Vorschlagswesen zeigt aufgrund der dargestellten Sachverhalte zahlreiche Schwächen auf. Dennoch scheinen diese Schwächen aber nicht so gravierend und systemimmanent, daß man sie nicht durch geeignete

Maßnahmen beseitigen könnte. Da sich jedoch Arbeitsstrukturen, das Umfeld und die Randbedingungen des BVW verändert haben, stehen wir heute vor der Frage, ob das BVW in seiner bisherigen Form weiter existieren kann und wenn nicht, wie die Änderungen aussehen müssen.

Eines bleibt unbestreitbar: Die von den Unternehmen gewünschte *Produktivitäts-* und *Effektivitätssteigerung* wird durch eine engagierte, kreative Mitarbeit des Arbeitnehmers ermöglicht, und diese äußert sich bei entsprechender Motivation in Ideen, Anregungen und Verbesserungsvorschlägen.

In der Überzeugung, daß das BVW als Instrument der *Mitarbeiterbeteiligung* und damit der Effektivitätssteigerung einen wichtigen Beitrag zur Erhaltung der Wettbewerbsfähigkeit leisten kann, müssen althergebrachte Denk- und Organisationsschema überwunden werden Die Mitarbeiterschaft muß aus sich heraus motiviert werden, um über die rein manuelle, detailliert vorgegebene Arbeitstätigkeit hinaus den Geschäftsprozeß des Unternehmens kreativ und flexibel zu fördern. Die damit verbundenen Anforderungen an ein neues BVW-Konzept, auch als Mittel eines Innovationsmanagements sind mit dem Vergleich zum historischen BVW in Bild 10.1 dargestellt.

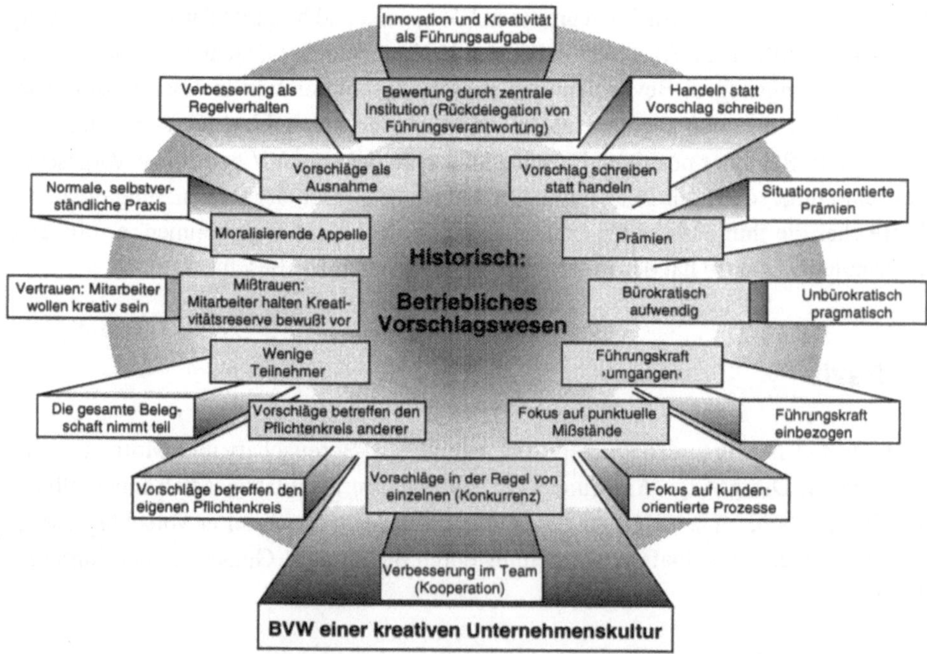

Bild 10.1: Das historische BVW und seine Anpassung an neue Anforderungen

In den folgenden Abschnitten werden Maßnahmen und Schritte diskutiert, die das BVW an die *Herausforderungen* der heutigen Zeit anpassen und es damit wieder stärker ins Zentrum des Interesses und der Aktivitäten rücken.

...Das BVW geht neue Wege

Das Betriebliche Vorschlagswesen soll bestehen bleiben und unter den neuen Voraussetzungen und Bedingungen wiederbelebt werden. Dies ist die Prämisse für das folgende, abschließende Kapitel, in dem geeignete Mittel und Wege diskutiert werden. Dazu wurde bei den Firmen AUDI, Daimler-Benz, Bosch, Mann & Hummel und ZWN-Zahnradwerke Neuenstein eine Umfrage durchgeführt, die den momentanen Stand des BVW feststellen sollte. Die folgenden Anregungen und Vorschläge zur *Reform* des BVW stellen eine Synthese aus diesen bereits existierenden, z. T. jedoch modifizierten BVW-Strategien dar.

Im Zuge der Veränderungen, die am klassischen Vorschlagswesen vorgenommen wurden bzw. geplant sind, steht auch immer wieder der Name ›Betriebliches Vorschlagswesen‹ zur Diskussion. Dies erscheint durchaus begründet, da mit dem Namen ›Betriebliches Vorschlagswesen‹ heute v. a. die Schwächen und negativen Aspekte verbunden werden, und somit das Ankämpfen gegen ein Vorurteil oder negatives Klischee bestehen bleibt. Andererseits ist der in vielen Veröffentlichungen neu gebrauchte Begriff des ›Ideen-managements‹ nicht gelungen.

Daß anstatt des Wortes ›Vorschlag‹, das in mancher Hinsicht nicht mehr passend erscheint, der Begriff ›Idee‹ eingeführt wurde, ist verständlich. Der Begriff des ›Managements‹ allerdings erfüllt die Anforderungen an ein unternehmensweites, bereichs-, abteilungs- und hierarchieübergreifendes ›BVW‹ nicht. Vor allem die Mitarbeiter an der Basis werden mit ›Management‹ kaum ihre eigene Arbeit als vielmehr die ihrer Vorgesetzten assoziieren. Der Begriff Management wirft in dieser Hinsicht eine Diskrepanz auf, die man doch eigentlich durch die Umgestaltung der Unternehmensabläufe und auch des BVW′s vermeiden wollte.

Da auch im Rahmen der Schaffung von Unternehmensphilosophien und -leitsätzen immer häufiger zu schlagwortartigen, einprägsamen Slogans gegriffen wird, bietet sich diese Möglichkeit auch für das ›neue‹ BVW an. Darin sollten drei Ziele des BVW zum Ausdruck kommen:

❑ Die Mitarbeit aller im Unternehmen beschäftigten Personen und evtl. sogar darüber hinaus wird erwünscht.

❑ Nur durch Einsatz und intensives ›Sich-Beschäftigen‹ mit der eigenen Arbeitsaufgabe und den Zielen der Unternehmung wird etwas erreicht;
❑ Resultat eines ›neuen‹ BVW müssen nicht immer Vorschläge sein, sondern können sich auch in kreativen und innovativen Ideen äußern.

Deshalb soll eine Einrichtung, die dem Motto

Ideen Durch Engagement Aller = IDEA

folgt, den Begriff des ›Betrieblichen Vorschlagswesens‹ ersetzen. ›IDEA‹ (englisch: *Idee*) als Begriff verdeutlicht damit den Inhalt und die Intention dieses Konzepts.

Wenn es gelingt, in einen solchen Slogan noch Elemente einer firmenspezifischen Unternehmensphilosophie einzubauen, steigert dies die Identifikation mit dem Konzept und damit die Motivation zur Teilnahme.

Nachfolgend sind weitere mit dem IDEA-Konzept verbundene *Ziele* explizit formuliert, um daraus konkrete Instrumente zu entwickeln, Verfahren einzuleiten und Maßnahmen zu ergreifen.

Unter personellen Zielen sind dabei hauptsächlich folgende Teilaspekte zu verstehen:

❑ Nutzung des kreativen Qualifikationspotentials und des kreativen Wissens von im Unternehmen vorhandenen Leistungs- und Erfahrungsträgern;
❑ Nutzung externer Leistungsträger;
❑ Erweiterung der Kompetenz;
❑ Förderung der Motivation;
❑ Erhöhung des Prestiges der Arbeit;
❑ Reduzierung von Konfliktpotentialen;
❑ Schaffung eines ganzheitlichen Arbeitsinhaltes
❑ Optimierung der Arbeitssituation.

Technische Ziele sind z. B:

❑ Verbesserung der Qualität von Produkten und Dienstleistungen;
❑ Ergonomische Gestaltung der Arbeitsplätze;
❑ Einsatz moderner Werkzeuge, Prüfmittel und Vorrichtungen;
❑ Aufspüren von neuen Produktideen und Problemlösungen.

Organisatorische Ziele sind z. B:

- ❏ Verbesserung des Material- und Informationsflusses;
- ❏ Erhöhung der Transparenz von Abläufen und Entscheidungen;
- ❏ Vereinfachung von Arbeitsmethoden und Arbeitsverfahren;
- ❏ Verwirklichung neuer arbeitsorganisatorischer Strukturierungskonzepte
- ❏ Einführung einer prozeßnahen und prozeßorientierten Arbeitsweise.

Zu den wirtschaftlichen Zielen gehören:

- ❏ Verringerung der Durchlaufzeiten;
- ❏ Erhöhung der Flexibilität;
- ❏ Erhöhung der Effektivität in Einkauf, Vertrieb, etc.;
- ❏ Erhöhung des Arbeits-, Gesundheits-, Umwelt- und Verbraucherschutzes.

... Aspekte des IDEA-Konzepts

Mit dem IDEA-Konzept sollen grundsätzlich die Ideenbildung gefördert und Probleme gelöst werden. Zur Ableitung der Einzelaspekte des IDEA-Konzepts sei deshalb zu Beginn auf den *Ideenfindungs-* und *Problemlösungsprozeß* eingegangen.

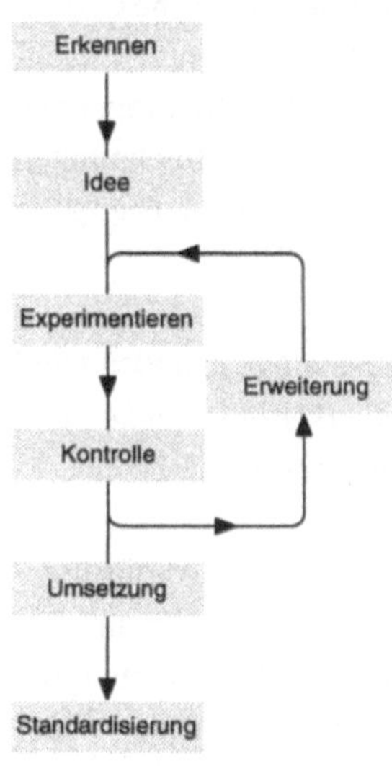

1. Erkennen des Problems	Information, Problembewußtsein als Input. Bei der Arbeit wird über Probleme nachgedacht. Diese Bewußtseinsebene wird durch Vorgesetzte oder Mitarbeiter bewirkt.
2. Entstehen der Idee	Kreativität, Motivation, Willenskraft und Qualifikation als Voraussetzung. Warum existiert ein Problem? Andere realisieren ähnliche Ideen.
3. Experimentieren mit der Idee	Gestaltung durch Werkzeuge zur Problemlösung. Mitarbeiter haben entsprechende Handlungskompetenz. Erfahrungen und Mitarbeiter dienen als Orientierung.
4. Kontrolle der Effektivität	Konstruktiver Dialog und offene Diskussion. Schöpferische Pause zur Reflektion. Entspricht das Endergebnis den Erwartungen?
5. Erweiterung der Idee, Sammlung weiterer Ideen	Abweichungen und Ursachen ergründen. Uber alternative Möglichkeiten nachdenken.
6. Experimentieren mit der erweiterten Idee	Gestaltung durch Werkzeuge zur Problemlösung. Erst die Problemlösung erhöht das Selbstbewußtsein.
7. Kontrolle der Effektivität	Konstruktiver Dialog. Entspricht das Endergebnis den Erwartungen? Ist die neue Methode einfach zu handhaben?
8. Umsetzung der Idee	Entscheidung für die Umsetzung. Durch entsprechende Werkzeuge und Maßnahmen wird die Idee umgesetzt.
9. Standardisierung des verbesserten Zustands	Standardisierung des verbesserten Zustands, damit er leicht aufrechterhalten werden kann.

Bild 10.2: Ideenfindungs- und Realisierungsprozeß

Dieser läuft in aller Regel wie in Bild 10.2 dargestellt ab, wobei die Rahmenbedingungen sich aus

- ❏ Werkzeugen zur Verbesserung,
- ❏ einer Atmosphäre, die Verbesserungen fördert und
- ❏ einem angemessenen, konstruktiven Feedback

zusammensetzen (vgl. Suzaki 1994).

Zwei Schritte der *Ideenfindung* sind dabei von Bedeutung:

1. Eine Idee haben und
2. die Idee vorbringen.

Bei Vorhandensein von *Information, Kreativität, Motivation* und *Qualifikation* kann der Mitarbeiter Ideen zum Arbeitsprozeß entwickeln, formulieren und weitergeben. Fehlt eine dieser Schlüsselvoraussetzungen ist es äußerst schwierig, den Mitarbeiter zu einer engagierten Mitarbeit zu bewegen.

Die umfassende Information der Mitarbeiter muß schon allein deshalb verbessert werden, weil dieser nur durch das Verständnis der unternehmensspezifischen Belange konstruktive Kritik üben und entsprechende Anregungen zu deren Verbesserung geben kann. Die Motivation ist, wie die Schwerpunktbildung in Kapitel ›Motivationstheoretische Grundlagen‹ (☞ Kapitel 3) zeigt, ein essentieller Einflußparameter, der oft viel zu wenig Beachtung erhält. Verbesserungen sind auch gefordert für den Bereich der Qualifikation, ohne die z. B. keine technischen Angaben gemacht, keine Werte genannt oder Zeichnungen erstellt werden können, geschweige denn ein Verständnis für die eigene Arbeitsaufgabe entwickelt wird.

Weitere Fähigkeiten und Gesichtspunkte sind bei der Besprechung von neuen Ideen und deren Diskussion gefordert. Hier sind Eigenschaften wie *Kommunikationsfähigkeit* und *Konfliktfähigkeit*, aber auch ein adäquates *Führungsverhalten* gefordert.

Bei der Entscheidung über die Verwirklichung einer Idee werden erneut Führungsqualitäten, Bereitschaft zur Transparenz, Kommunikation und Information relevant. Bei Fragen der Ent- bzw. Belohnung der Aktivitäten werden wir nicht umhinkommen, die Meßlatte höher zu legen. Die zukünftigen Anforderungen an die Arbeitsinhalte werden mehr als nur die reine Arbeitstätigkeit umfassen. Auch die Partizipation des Arbeitnehmers muß in die Arbeitsbewertung einbezogen werden.

Die Initiative zu ergreifen, selbst etwas zur Verbesserung des *Wertschöpfungsprozesses* beizutragen, muß Bestandteil der täglichen Arbeitsaufgabe werden. Dann ist das Ziel erreicht, eine kontinuierliche Optimierung der Arbeitsaufgabe abseits jeglichen Hierarchiegedankens durchzuführen.

All diese Einzelaspekte des IDEA-Konzepts werden sozusagen wie durch den guten Geist einer Firma durch die *Unternehmensvision* miteinander verbunden. Ohne eine Einheit über die Ziele und das Vorhaben eines Unternehmens sind keine Wettbewerbsvorteile gegenüber anderen Konkurrenten zu erzielen. Gerade die Stärke der Unterstützung, die das Unternehmen von allen seinen Mitarbeitern genießt, macht das gewisse Etwas aus, das heute über Erfolg oder Mißerfolg einer Unternehmung und ihrer getroffenen Maßnahmen entscheiden kann.

So spielen bei näherer Betrachtung des Themas BVW oder des IDEA-Konzepts eine Vielzahl von sich gegenseitig beeinflussenden und zu berücksichtigenden Gesichtspunkten zusammen. Es wird erkennbar, daß das IDEA-Konzept die in den vorausgehenden Kapiteln dieses Buch dargestellten Elemente sinnvoll verbindet, um die Kreativität und Motivation der Mitarbeiter zu steigern und in den Wertschöpfungsprozeß eines Unternehmens einzubringen.

Bild 10.3: Aspekte des IDEA-Konzepts

Bild 10.3 faßt die wesentlichen Aspekte des IDEA-Konzepts zusammen. Nachfolgend werden daraus einzelne Aspekte des IDEA-Konzepts diskutiert:

- ❑ Die Langzeitstrategie;
- ❑ Die Prozeßorganisation des IDEA-Konzepts;
- ❑ Die Verhaltensänderung;
- ❑ Die Be- und Entlohnung im IDEA-Konzept.

... Langzeitstrategie des IDEA-Konzepts

Das IDEA-Konzept orientiert sich an einer effizienten, *langfristigen* Stategie, um permanent das kreative Potential zu steigern, und sowohl die Quantität als auch die Qualität der Verbesserungsvorschläge zu erhöhen. Diese Entwicklungsphasen sind in Bild 10.4 aufgezeigt.

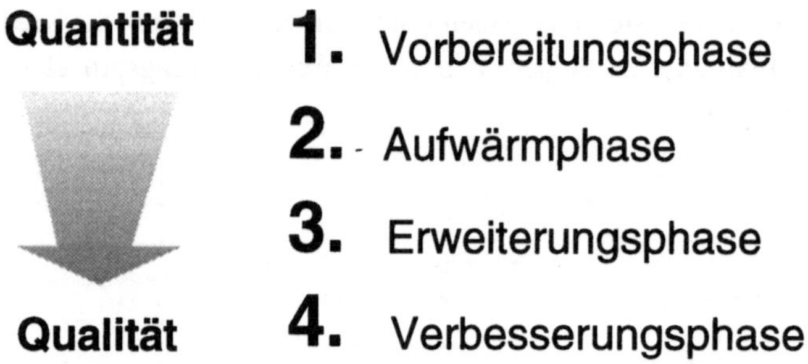

Quantität

1. Vorbereitungsphase

2. Aufwärmphase

3. Erweiterungsphase

Qualität   **4.** Verbesserungsphase

Bild 10.4: Entwicklungsphasen des Idea-Konzepts

1. Phase: Vorbereitungsphase

- ❑ Ziel: Mitarbeiter für Verbesserungen in ihrem unmittelbaren Arbeitsumfeld gewinnen.
- ❑ Das neue Verbesserungsprogramm wird durch die Führungskräfte eingeführt.
- ❑ Die starke Unterstützung durch die Führungskräfte ist notwendig für ein langfristiges und erfolgreiches Programm.
- ❑ Es gilt das richtige Maß der Erwartungen zu wecken.
- ❑ Das Verständnis wird durch Aufzeigen bisheriger Verbesserungserfolge vermittelt.
- ❑ Es entsteht das Gefühl, Erfolg durch Eigeninitiative zu erreichen.

2. Phase: Aufwärmphase

- ❑ Ziel: Gefallen am Erfolg finden.
- ❑ Ideen der Führungskräfte sind notwendig, um eine Abnahme der Verbesserungs-vorschläge über die Phase der ersten Euphorie hinaus zu vermeiden.
- ❑ Gefragt sind Geduld, die Fähigkeit, Vorschlägen zu folgen, Verständnis und Führungsqualitäten.

3. Phase: Erweiterungsphase

- ❑ Ziel: Stabilisierte Zunahme der Vorschläge.
- ❑ Die Erfahrung der Mitarbeiter steigt; die Ideen werden interessanter. Teilnahme der Mitarbeiter ist immer noch wichtiger als die Qualität der Vorschläge.
- ❑ Die Führungskräfte achten auf einen regen Austausch der Verbesserungsideen, angemessene Anerkennung (Prämien, Veröffentlichungen in Rundschreiben) und motivierende Führung.

4. Phase: Verbesserungsphase

- ❑ Ziel: Verbesserung der Qualität der Vorschläge.
- ❑ Viele Vorschläge lassen sich verwirklichen. Mitarbeiter erfahren Stolz auf ihre Fähigkeiten. Die Arbeitsmoral verbessert sich.
- ❑ Mitarbeiter lernen problemlösende Techniken. Mitarbeiter erkennen Vorschläge als Teil ihrer regulären Arbeit an.

... Die Prozeßorganisation des IDEA-Konzepts

Bild 10.5 zeigt den Prozeßablauf, den Vorschläge und Ideen im IDEA-Konzept durchlaufen. Dieser wurde so einfach wie möglich gestaltet.

Die Wahlmöglichkeit bei der Einreichung und Bearbeitung von Ideen und Verbesserungs-vorschlägen ist ein äußerst wichtiger Aspekt des IDEA-Konzepts. Besonders wichtig ist die *dezentrale* Bearbeitung der Verbesserungsvorschläge.

Für eine direkte Einreichung beim Vorgesetzten bieten sich v. a. die Verbesserungsvor-schläge aus dem eigenen Arbeitsbereich an, weil diese auch vom Vorgesetzten beurteilt und u. U. sofort prämiert werden können. Aber auch Verbesserungvorschläge aus anderen Bereichen können beim Vorgesetzten eingereicht werden. Ist dieser, entweder weil der

Verbesserungsvorschlag seinen Aufgabenbereich nicht betrifft oder weil abzusehen ist, daß die Prämie einen bestimmten Betrag überschreitet, nicht zuständig, leitet er den Vorschlag an den IDEA-Beauftragten weiter, wo er seinem beschriebenen Weg folgt. Andernfalls kann aber der Vorgesetzte ein Sofortgutachten erstellen und die Idee entsprechend des zu erwartenden Nutzens sofort honorieren.

Der oder die *IDEA-Beauftragte* sind dann nur noch zuständig für Entscheidungen, die die Vorgesetzten nicht treffen können, für die Festsetzung höherer Prämien, die Verwaltung und die Werbung für das IDEAKonzept. Damit wird der IDEA-Beauftragte von vielen Aufgaben entlastet und kann mehr Energie auf die wirklich wichtigen Dinge verwenden. Sofern es der Mitarbeiter wünscht, kann er Verbesserungsvorschläge auch direkt beim IDEA-Beauftragten einreichen.

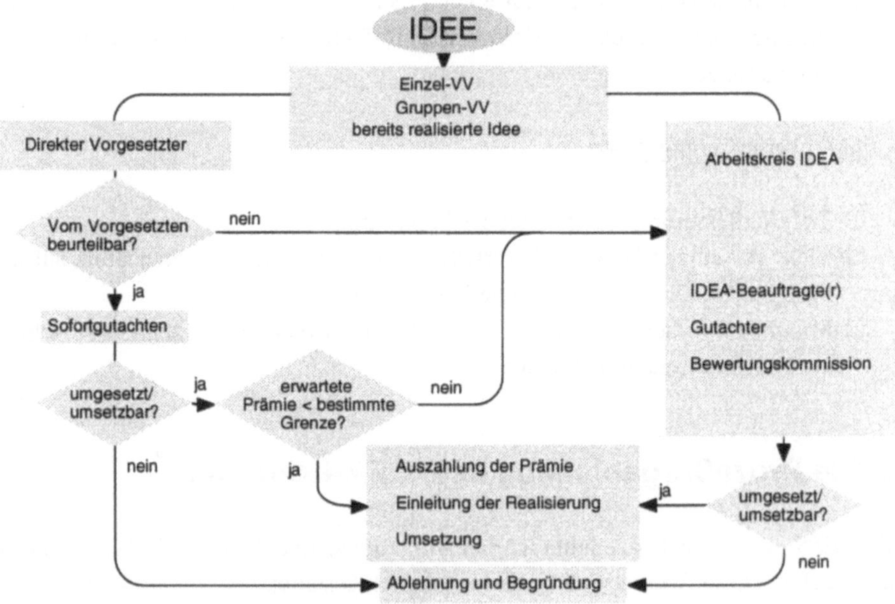

Bild 10.5: Prozeßablauf im IDEA-Konzept

Zur Bearbeitung der Verbesserungsvorschläge bei der zentralen IDEA-Organisation bietet sich ein thematischer *Arbeitskreis* an. Dieser Arbeitskreis setzt sich aus dem IDEA-Beauftragten als Arbeitskreisleiter und ständigem Vertreter, Experten aus den Fachbereichen als Berater und Gutachter, Mitglieder des Betriebsrates, Vertreter des Vorstandes und Arbeitnehmer der operativen Basis zusammen. Diese weitreichende Besetzung hat v. a. zum Ziel, Schnittstellen im Unternehmen zusammenzubringen und somit zu verbinden.

Dabei kommt dem *Arbeitskreisleiter* eine entscheidende Bedeutung zu. Von ihm wird die Arbeitskreisarbeit methodisch und inhaltlich moderiert. Prämissen für den IDEA-Arbeitskreis sind dabei folgende:

- ❏ Teilnehmerzusammensetzung:
  - Einbeziehung der sach- und problemkompetenten Mitarbeiter aus verschiedenen betroffenen Fachabteilungen und Hierarchieebenen zu einer interdisziplinären Gruppe;
  - IDEA-Beauftragter als Arbeitskreisleiter und Moderator;
- ❏ Inhaltliche Vor- und Nachbereitung der Arbeitskreissitzung:
  - Diskussion innovativer und kreativer Lösungsansätze und Gestaltungsalternativen;
  - Vorstellung der Ergebnisse vorheriger Arbeitskreise;
  - Ableitung von Handlungserfordernissen;
  - Klärung offener Fragen und Herbeiführung notwendiger Entscheidungen;
- ❏ Gewährleistung organisatorischer Erfordernisse:
  - Rechtzeitige Einladung der Teilnehmer;
  - Terminabstimmung;
  - Auswahl geeigneter Räumlichkeiten;
  - Bereitstellen von Moderationsmaterialien.

Der *IDEA-Beauftragte* ist Dreh- und Angelpunkt der gesamten Institution. Er ist Gestalter, Akquisiteur und Manager. Er sorgt für die einheitliche Anwendung des Konzepts und für Transparenz. Er ist verantwortlich für die Einhaltung der Richtlinien und die ordnungsgemäße Abwicklung entsprechend der rechtlich geltenden Grundlagen. Er sammelt die Verbesserungsvorschläge, bereitet sie entscheidungsreif vor, holt Gutachten ein und koordiniert die Bewertung im Rahmen des Arbeitskreises. Er vertritt einerseits die Interessen der Einreicher, andererseits erstattet er Bericht an die Geschäftsleitung und wirkt in deren und damit des Unternehmens Interesse. Gleichzeitig engagiert er sich vor Ort im persönlichen Gespräch, gibt Hilfestellungen wo nötig und erfüllt auch in Konflikt- und Spannungsfällen beratende Funktion. Er leitet Werbemaßnahmen und Schwerpunktaktivitäten ein und verfügt dazu über ausreichende finanzielle, aber auch disziplinarische Mittel. Er handelt im Sinne eines *Ideen-Managers*, der *Kreativitätssitzungen* (☞ vgl. Sechsfarben-Denken) einberuft, der für die Ideenproduktion sorgt, die *Ideen* sammelt, lenkt, aufbereitet und denjenigen ›verkauft‹, die dafür zuständig sind und die Ideen umsetzen müssen. Somit ist der IDEA-Beaufragte ein Dienstleister für Unternehmen, Mitarbeiter und IDEA-Konzept.

Um zu vermeiden, daß der IDEA-Beauftragte in administrativen Tätigkeiten versinkt, ist eine Unterstützung durch eine entsprechend Software von Vorteil. Sie hilft bei der

Aktualisierung aller relevanten Daten in einer Ideendatenbank und ermöglicht Detailrecherchen, Reports und Statistiken.

Nachdem in der Fertigung und Produktion die *Gruppe* als verantwortlich ausführendes Element bereits große Bedeutung erlangt hat - Stichwort hochautonome Arbeitsgruppe - scheint es nur logisch, im IDEA-Konzept auch Gruppenvorschläge zu berücksichtigen und die Prämierung entsprechend zu gestalten. Dies bietet sich v. a. deshalb an, weil Gruppenvorschläge oft reifer und schärfer durchdacht sind, als Einzelvorschläge. Dies erhöht den Nutzen für das Unternehmen und erleichtert die Umsetzung der VV. Die Anerkennung von Gruppenvorschlägen hat auch insofern einen positiven Rückkoppelungseffekt, weil sie die Kooperation, Kommunikation und Leistungsbereitschaft der Mitarbeiter fordern und fördern.

... Verhaltensänderung im IDEA-Konzept

Die *Willenskraft* zu schaffen war das Ziel von Matsushita als er sinngemäß verkündete: ›Wir leben in einer schwierigen Zeit, in der sich die Zukunft nicht vorhersagen läßt. Doch auch wenn wir die Zukunft nicht genau vorhersagen können, so ist sie doch das Ergebnis unseres heutigen Handelns. Die Aufgaben der Mitarbeiter und der Führungskräfte lassen sich heute nicht für die Zukunft festlegen. Es gilt die Vision für die Zukunft heute zu definieren und mit aller Kraft zu versuchen, diese zu erreichen. Wenn wir rückblickend bestätigen können, daß sich unser Lebensstandard in den letzten Jahrzehnten verbessert hat, dann sollen wir das als Verdienst früherer Generationen würdigen, und auch selbst versuchen, für die nachfolgenden Generationen einen Wert zu schaffen. In einer Zeit, in der die Märkte immer turbulenter werden und die Konzepte zur Verbesserung immer verwirrender, sollten wir auf unsere eigenen Fertigkeiten und Fähigkeiten vertrauen, um unsere *Vision* zu erfüllen.‹ (frei nach Matsushita)

Warum ist eine allgemeine Verhaltensänderung der Mitarbeiter auch für das IDEA-Konzept wichtig? Oftmals führen Verbesserungsvorschläge zu Ärger und wenig konstruktiven Reaktionen bei Vorgesetzten und Gutachtern, weil der VV als

- ❑ ungebetener,
- ❑ ungefragter,
- ❑ zum falschen Zeitpunkt gegebener,
- ❑ ohne festgelegte Spielregeln eingereichter oder
- ❑ besserwisserischer

Ratschlag empfunden wird. Biehler (1995) geht so weit, die daraus entstehende Situation als ›Ratschläger-Opfer-Verfolger‹ - Dreieck zu betrachten. Der Ratschlag versetzt den Vorgesetzten demnach in eine Opferrolle, aus der er sich nur befreien kann, wenn er seinerseits in die Verfolgerrolle schlüpft und den Prozeß des BVW torpediert. Um zu vermeiden, daß Verbesserungsvorschläge als persönliche Kritik aufgefaßt werden, sollten andere Merkmale des Verhaltens angestrebt werden, nämlich

❑ abgesprochene,
❑ zum richtigen Zeitpunkt gegebene,
❑ über vereinbarte Regeln eingereichte und
❑ mit Respekt für den sachkundigen Adressaten gebotene Unterstützung.

Dazu ist eine allgemeine Verhaltensänderung nötig, die durch die Unternehmensvision angestoßen wird. Denn auch hier gilt, daß durch das ›richtige Verhalten‹ allein kein Unternehmen betrieben werden kann.

Basis für eine *Verhaltensänderung* ist die Schaffung eines Klimas der Offenheit für den Wandel und des Vertrauens zu den sogenannten ›Agenten‹ des Wandels. Dazu müssen altes Rollenverhalten und Rituale überwunden werden, da sonst Programme relativ nutzlose, teure Werkzeuge bleiben. Entscheidend ist die Kraft gemeinsam agierender Mitarbeiter (vgl. Geiger 1995).

Weil ein solcher Prozeß auf dem Lernen aller Betroffenen durch direkte Mitwirkung und praktische Erfahrung beruht, d. h. eine *lernfreudige*, aktive Organisation angestrebt wird, muß der Prozeß längerfristig und organisationsumfassend angelegt werden. Dabei sind verschiedene Ansatzpunkte möglich:

1) Individuelles Organisationsmitglied = Mitarbeiter;
2) Soziale Beziehungen zwischen den Mitarbeitern;
3) Strukturelle und technische Bedingungen.

Der 1. Ansatz wird favorisiert, weil man davon ausgehen muß, daß das Verhalten die Struktur bestimmt und damit eine Veränderung des Verhaltens auch eine Änderung der Organisation mit sich bringt - nach der Devise: ›Changing the company by changing the personal, changing the corporate culture‹ (Bullinger und Gommel 1995) oder ›Veränderungen auf dem Flur müssen Veränderungen in den Köpfen aller Beteiligten vorausgehen‹. Effiziente Verbesserungen werden durch die in Bild 10.6 aufgezeigten *Einstellungen* unterstützt.

Verbesserungen durch Selbstdisziplin
Wenn wir uns nicht zwingen, entstehen auch keine neuen Ideen;
Verbesserungen hören nie auf.

Zauberwort ›warum‹ zeigt Problemursache
Fragen Sie ständig ›warum‹, um die Ursache herauszufinden. Denken Sie sich
keine Entschuldigung aus, warum etwas nicht funktioniert. Denken Sie positiv.

Bereitschaft zum permanenten Lernen
Andern Sie eine bereits festgelegte Meinung. Trachten Sie nach dem Wissen aller
Leute, statt sich nur auf das Wissen einer Einzelperson zu verlassen. Betrachten
Sie jede Situation als unvollendet.

Direkte Ideenumsetzung
Führen sie gute Ideen sofort durch; hören Sie mit schlechten Gewohnheiten
sofort auf.

Verbesserung in kleinen Stufen
Lassen Sie uns in kleinen Stufen vorangehen, selbst wenn es noch nicht perfekt ist.
Arbeiten Sie ständig an Verbesserungen.

Selbstverwirklichung bei der Arbeit
Arbeit kann Spaß machen. Die Entwicklung von Ideen und deren Durchführung
ist eine befriedigende Erfahrung.

Bild 10.6: Einstellungen zur Förderung von Verbesserungen

Dazu existieren verschiedene Methoden. Voraussetzung dieser Maßnahmen ist aber immer das Erkennen seiner Selbst, z. B. durch Analyse des Johari-Fensters (vgl. ☞ Kapitel 3). Daran schließt sich ein schrittweises Vorgehen zur *Verhaltensänderung* an:

1. Schritt: ›Auftauen‹, Auflockerung alter Verhaltensweisen und Strukturen;
2. Schritt: Die ›Veränderung‹ des Bestehenden im Sinne der Wunsch- oder Ziel-vorstellung;
3. Schritt: Die ›Stabilisierung‹, Einübung, Verfestigung der neu entwickelten Verhaltensweisen und Regeln.

Dabei ist zu beachten, daß bestimmte Bedingungen erfüllt sein müssen: z. B. keine vorherrschende materielle Existenzkrise, relativ autonome Organisationseinheiten, starke Position des Topmanagements. Entsprechend einem schematisierten Beziehungsnetz hängt das Verhalten in einem Unternehmen auch von dem bereits genannten 2. und 3. Ansatzpunkt ab. Es müssen deshalb Voraussetzungen für eine Veränderung geschaffen werden: zur Verbesserung sozialer Beziehungen z. B. Konfrontationsmeetings, bzgl. der Struktur und Technologie eine Hierarchieabflachung.

Konkrete Inhalte der Verhaltensänderung im Hinblick auf das IDEA-Konzept sind:

❑ Ausbildung eines *Unternehmergeistes*, überprüft durch eine ständige Reflexion, ob die Mitarbeiter in der Firma genauso effektiv arbeiten, wie wenn ihnen das Unternehmen gehören würde.

❑ Eine konstruktive *Fehlerkultur*: Fehler sollen als Chance für das IDEA-Konzept gesehen werden. Das bedeutet, statt Fehler zu vertuschen oder über Schuldzuweisungen auf andere abzuwälzen sollen ständig Gedanken darüber ausgetauscht werden, wo noch Defizite herrschen.

❑ Eine *Problemlösungskultur*, da die Lösung von Problemen oft daran scheitert, daß die Beteiligten nicht in der Lage sind, in der gleichen Dimension (Frey und Schmook 1995) zu kommunizieren. Deshalb müssen explizit Problemlösungsmethoden und -techniken vermittelt werden. Eine Checkliste für eine systematische Poblemlösung zeigt Bild 10.7.

❑ Eine Streit- und *Konfliktkultur*: Konflikte sollten nicht auf der emotionalen Ebene angegangen werden, sondern als sachliche Impulse zur Veränderung verstanden werden.

❑ Eine *Lernkultur*: Ziel ist eine lernfreudige Organisation, die agieren und kurzfristig reagieren kann. Lebenslanges Lernen muß als Selbstverständlichkeit betrachtet werden. ›Soft Facts‹ rücken dabei mehr und mehr in den Vordergrund, während die Fachkompetenz zur Grundvoraussetzung wird. Das sich durch erreichte positive Verbesserungen einstellende Muster der Verhaltensänderung, welches die Lernkultur charakterisiert, führt letztendlich zu einer *lernenden Organisation* (☞ vgl. Kapitel 9). Dies zeigt Bild 10.8.

Phasenkonzept der systematischen Problemlösung:	Kernfragen und Werkzeuge des Moderators:
Darstellung der Ist-Situation.	Worum geht es?
Analyse der Kernprobleme.	Wo klemmt es? Was ärgert?
Formulierung der Ziele (Soll-Situation).	Was wollen wir erreichen?
Entwicklung von Lösungsideen.	Wie das Ergebnis messen?
Ideenauswahl und Konzeptgestaltung.	Welche Alternativen gibt es? Welche Idee ist die beste?
Maßnahmenplan zur Realisierung.	Wer macht was bis wann?

Bild 10.7: Systematische Problemlösung

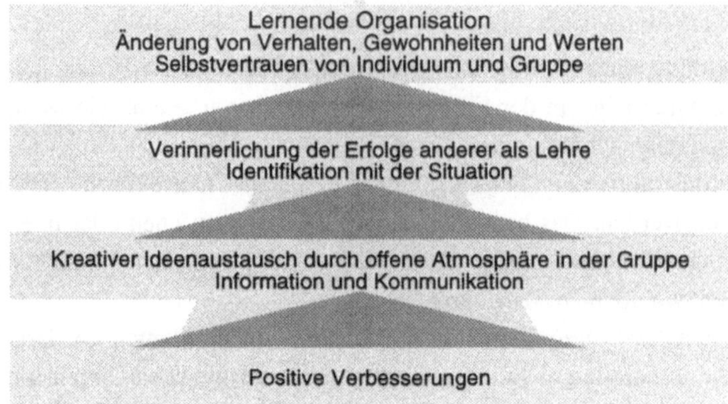

Bild 10.8: Muster der Verhaltensänderung aufgrund positiver Verbesserungen

... Be- und Entlohnung im IDEA-Konzept

Da die *Anreizwirkung* von materiellen Mitteln, von Geld oder Sachpreisen, vor allem in Zusammenhang mit dem BVW immer wieder bezweifelt wurde und noch wird, soll vorab nochmals kurz auf diese Thematik eingegangen werden.

Auf der einen Seite muß bedacht werden, daß eine Erhöhung des Reizniveaus (*Motivation* von ›außen‹) ein Absinken des Eigenantriebs (*Motivation* von ›innen‹) nach sich zieht, so daß ohne zusätzliche ›extrinsische Gratifikation‹ alsbald keine Handlung mehr ausgeführt wird.

Auf der anderen Seite kommt Geld in Hinsicht auf viele Bedürfnisse ein instrumentaler Wert zu. Zieht man die Maslowsche *Bedürfnispyramide* zur Erklärung heran, ist festzustellen, daß Geld nicht nur die fundamentalen physiologischen Bedürfnisse befriedigt, sondern auch ein Gefühl der Sicherheit vermitteln kann. Für die diesen Bedürfnissen nachfolgenden Stufen wird die Wirksamkeit des Geldanreizes allerdings bezweifelt. Bereits Schanz (1982) verkündete: ›... monetäre Anreize sind überwiegend ›tieferen‹ Motivklassen ... zuzuordnen, so daß sich für die Leistungserbringung nur mittelbare Anreizwirkungen ergeben.‹

Nicht zu übersehen ist allerdings, daß Geld in unserem Kulturkreis ein starkes Statussysmbol darstellt. Wie auch immer man dazu stehen mag: Geld ist in der Lage, Wertschätzungsbedürfnisse zu befriedigen. Ähnliches gilt für die Wirkung des Geldes als Machtmittel. Beide Aspekte haben also verhaltenslenkende Eigenschaften. Nicht zuletzt spielt Geld als Bestätigung der eigenen Leistung eine wichtige Rolle. Aus diesen Gründen ist eine Motivationswirkung des Geldes oder in abgeschwächter Form eine Zuwendung mit Sach- oder anderen Preisen nicht abzuleugnen.

Für das IDEA-Konzept bleibt also die *Prämierung* von Ideen und Vorschlägen erhalten. Die Art und Weise, wie diese Prämierung geschehen kann, wird jedoch geändert. Eine Einteilung des Prämiensystems in drei Gruppen bietet sich dazu an.

Die erste Gruppe bilden diejenigen Ideen bzw. Vorschläge, die nicht verwertet werden oder kein Erstrecht besitzen. Sie werden abgelehnt und erhalten keine Geldprämie. Eine Anerkennung der Bemühungen des Mitarbeiters kann aber z. B. durch einen kleinen Sachpreis oder eine Verlosung unter allen IDEA-Teilnehmern am Jahresende erfolgen.

Die zweite Gruppe im Prämiensystem wird durch die sogenannten nicht oder schwer berechenbaren Vorschläge gebildet. Dies betrifft v. a. Ideen zu Arbeitssicherheit, Qualitäts- verbesserung, Arbeitsablaufverbesserung, Organisationsverbesserung, Umweltschutz und Abfallvermeidung. Für solche Vorschläge wird ein *Punktesystem* verwendet, das einerseits den Nutzen der Verbesserung gewichtet, andererseits aber auch die möglichen Auswir- kungen der Verbesserung bzw. des Fehlers berücksichtigt. Ein solches Beispiel zeigt die Fa. AUDI. Für jeden erreichten Punkt kann beispielsweise eine Summe von DM 15.- angesetzt werden. Für Werte unter DM 50.- bietet sich die Auslosung von Sachpreisen, z. B. aus der Produktpalette des Unternehmens an.

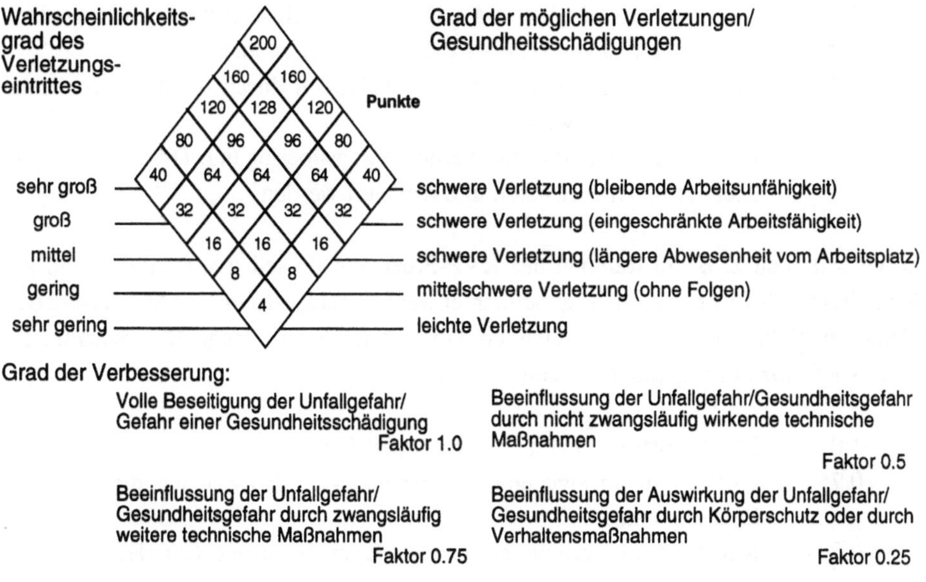

Bild 10.9: Beispiel eines Bewertungsschemas für schwer berechenbare Vorschläge (AUDI-AG)

Die Festlegung der Bewertungs- und Punkteskala hängt jedoch stark von den Gegebenheiten im jeweiligen Unternehmen ab und muß deshalb organisationsspezifisch, z. B.
unter Berücksichtigung besonderer Fehlerschwerpunkte, durch die betroffenen Abteilungen festgelegt werden. Zur Findung dieser schwer errechenbaren Verbesserungs-
möglichkeiten ist eine Vorgehensweise in Anlehnung an die in der Qualitätssicherung
angewandte *FMEA* (Fehler-Möglichkeits-Einfluß-Analyse) denkbar.

Die dritte Gruppe ist die der berechenbaren Verbesserungsvorschläge. Für diese wird
eine Prämie von 30 % der erwartbaren Jahresnettoersparnis vergeben. Diese Ersparnis
ergibt sich z. B. aus Einsparungen von Materialkosten, Lohnkosten und Energiekosten.

Sowohl für die zweite als auch für die dritte Gruppe, also für alle bewerteten und um-
gesetzten Vorschläge erfolgt durch die Berücksichtigung des Reifegrades der Idee und
der Zugehörigkeit zum eigenen Arbeitsgebiet eine verbesserte Bewertung. Dies erfolgt
durch das Ansetzen zweier Faktoren, die mit der Grundprämie (von 30 % Jahresnettoersparnis) multipliziert werden.

Prämie = Grundprämie x Reifefaktor x Grenzfaktor

Der *Reifefaktor* berücksichtigt, inwieweit die Idee für die Umsetzung noch modifiziert
und verbessert werden muß. Eine mögliche Abstufung zeigt die folgende Aufstellung:

1,0	Idee kann unverändert in Ausführung und Einsatzort realisiert werden.
0,75	Idee kann in abgewandelter Form realisiert werden.
0,5	Idee gibt einen Denkanstoß, muß jedoch durch die Fachabteilung weiterentwickelt werden.
0,25	Idee ist Auslöser für eine Verbesserungsüberlegung. Die Lösung muß aber erst noch entwickelt und realisiert werden.

Da die Mitarbeit z. B. im Rahmen des KVP-Prozesses als selbstverständlich und im
Gehalt bzw. Lohn als berücksichtigt betrachtet werden muß, erfolgt eine Minderung der
Prämie, je stärker die Idee in den eigenen Arbeitsbereich hineinragt. Dies wird durch
den *Grenzfaktor* mit folgender Bedeutung erfaßt:

1,0	Idee betrifft nicht den eigenen Arbeitsbereich.
0,75	Idee berührt den eigenen Arbeitsbereich, geht aber weit über die erwartete Leistung hinaus.
0,5	Idee liegt im Grenzbereich zwischen eigenem und fremdem Arbeits- bereich, übersteigt aber die erwartete Leistung.

0,25 Idee liegt im Grenzbereich, kann aber teilweise als erwartete Leistung betrachtet werden.

Die Vergabe der Faktoren erfolgt entweder nach der Einschätzung der Führungskraft bzw. des IDEA-Arbeitskreises oder anhand eines zuvor erarbeiteten Fragebogens, wie ihn z. B. die Fa. Bosch ihren Führungskräften zur Verfügung stellt.

Für die Bewertung von Gruppenvorschlägen gelten dieselben Richtlinien. Allerdings haben die Gruppen die Möglichkeit, sich für eine Verteilung entsprechend ihrer eigenen Einschätzung, eine gleichmäßige Aufteilung oder eine Weitergabe in einen ›Gruppentopf‹, der z. B. für Anschaffungen innerhalb der Gruppe gedacht ist, zu entscheiden.

Als Sachpreise, entweder für geringfügige Prämien, bei der Verlosung innerhalb von Ideenwettbewerben oder im Rahmen der Jahresverlosung, werden berücksichtigt:

❑ Urlaubstage;
❑ Reisen;
❑ Anteilsscheine;
❑ Theater-/Konzertkarten;
❑ Karriereförderungen.

Eine Veröffentlichung von Anerkennungen und Leistung z. B. in der Firmenzeitschrift oder am Schwarzen Brett ist ebenso vorteilhaft wie die Vergabe von Urkunden oder nur die mündliche Aussprache von Lob als Zeichen der Wertschätzung der Ideeneinreichung.

Die Prämiengrenze, bis zu welcher der Vorgesetzte über die Idee entscheiden darf, differiert je nach Verantwortungsstufe des Vorgesetzten und liegt in aller Regel zwischen DM 500.- und DM 1000.- liegen.

Für die Anerkennung und Belohnung der Fachprüferleistungen wird ein anderer Fond als der der Einsparungen durch Verbesserungsvorschläge genutzt, um einer möglichen Verquickung der Mitarbeiter- und Gutachterinteressen zuvorzukommen. Außerdem dürfen die Gutachterprämien nicht zu hoch angesiedelt sind, um Beeinflussungen zu vermeiden. Aus diesem Grund ist es hier sinnvoll, ein Punktesystem einzuführen. Darin wird z. B. die terminliche Abarbeitung, die Anzahl der bearbeiteten VV, die Anzahl der realisierten VV etc. berücksichtigt. Die Prämierung erfolgt auch hier eher in Sachpreisen.

Nachwort

Neue Wege werden oft erst dann gesucht oder gesehen, wenn auf dem bisherigen das gewünschte Ziel nicht erreicht wird. Erst zu spät wird reagiert. Kurzsichtige, überzogene Reaktionen sollen die Wende bewirken.

Das Credo eines wandlungs- und erneuerungsfähigen Unternehmens ist es deshalb, durch Motivation und Kreativität neue Wege aktiv zu entdecken. Es gilt, die beste Lösung als Innovation frühzeitig umzusetzen. Motivation und Kreativität sind essentieller Bestandteil einer zukunftsorientierten Unternehmenskultur und Grundlage für beständigen wirtschaftlichen Erfolg. Sie bewirken, daß sich ein Unternehmen aktiv weiterentwickelt, anpassungsfähig bleibt und der Notwendigkeit immer einen Schritt voraus ist.

Mensch, Arbeit und Privatleben sind nicht unabhängig voneinander zu betrachten. Struktur und Kultur eines Unternehmens werden geprägt von der Einstellung und dem Wesen der in ihm arbeitenden Menschen. Dort Erlerntes und Gelebtes wiederum, konstruktive Zusammenarbeit, Zeitmanagement oder Umgang mit den Mitarbeitern prägen den Menschen.

Die Bereitschaft, eingefahrene Denkweisen zu verlassen und aus neuen Blickwinkeln zu sehen, ist ein erster wichtiger Schritt; die Durchführung notwendiger Veränderungen ein zweiter. Rückschläge oder Widerstände gilt es zu überwinden und sollten als Ansporn zu weiteren Verbesserungen gesehen werden. Wenn jeder Mitarbeiter die Chancen dieses Weges erkennt, wenn jeder beginnt, die Bereitschaft zur Veränderung zu verinnerlichen, wenn die Schaffung einer kreativen Arbeitsatmosphäre gelingt, dann ist ein Unternehmen bereit, die Herausforderungen der Zukunft anzunehmen und zu meistern.

In vielen Bereichen ist ein Überdenken der bisherigen Strukturen notwendig, um eine Entwicklung des Unternehmens hin zu mehr Motivation, Kreativität und Innovation zu ermöglichen. Dazu stellt dieses Buch für Führungskräfte und Praktiker Mittel und Wege, Techniken und Methoden aus dem Bereich der Arbeitsgestaltung dar. Der Autor wünscht, daß Sie diese erfolgreich in Ihrem Unternehmen umsetzen werden.

Literaturverzeichnis

Ackermann, K.-F.; Hofmann, M. (1988): Systematische Arbeitszeitgestaltung: Handbuch für ein Planungskonzept. Verband der Metallindustrie Baden-Württemberg. Köln: 1988.

Atkinson, J. W.; Raynor, J. O. (1974): Motivation and achievement. New York: 1974.

Becker, M. L. (1994): Personalarbeit in turbulenter Zeit. In: Personalwirtschaft (1994) Nr. 1, S. 17-21.

Becker, H. (1994): Neue Anforderungen an die Mitarbeiterführung. In: VOB (1994) Nr. 2, S. 139 f.

Bergemann, N.; Sourriseaux, A. L. I. (1988): Qualitätszirkel als betriebliche Kleingruppen. Heidelberg: Sauer Verlag, 1988.

Bergmann, G. (1995): Betriebsklima-Analysen für Veränderungsprozesse nutzen. In: Personal (1995) Nr. 7, S. 348.

Berth, R. (1995): Welchen Managertyp fordert die Zukunft? In: Die neue Unternehmer- und Managergeneration - Anforderungen und Visionen. RKW-Forum am 12.10.1995, Stuttgart.

Berth, R. (1995): Visionäres Management. Die Philosophie der Innovation. Düsseldorf u. a.: Econ Verlag, 1990.

Biehler, B. (1995): Das BVW in der Krise? In: Personalführung (1995) Nr. 2, S. 106-109.

Bolte, S. (1995): Was sagen sie dazu? - Mitarbeiterbefragung. In: Personalführung (1995) Nr. 9, S. 756 - 758.

Brinkmann, E. P.; Simon, A. (1994): Grundzüge des Betrieblichen Vorschlagswesens. In: Angewandte Arbeitswissenschaft (1994) Nr. 140, S. 37-66.

Brockhaus-Enzyklopädie (1990): Der große Brockhaus, Band 19. Mannheim, 1990.

Bruggemann, A. et al. (1975): Arbeitszufriedenheit. Bern: Huber Verlag, 1975.

Bugdahl, V. (1991): Kreatives Problemlösen. Würzburg: Vogel Verlag, 1991, S. 123.

Bühner, R. (1995): Führungskräfte im unternehmerischen TQM-Veränderungsprozeß. Vortrag anläßlich OFK-Klausuren der Wacker-Chemie GmbH am 11.1.1995 und 10.2.1995.

Bullinger, H.-J. (1994b): Einführung in das Technologiemanagement: Modelle, Methoden, Praxisbeispiele. Unter Mitarbeit von U. A. Seidel. Stuttgart: Teubner Verlag, 1994.

Bullinger, H.-J. (1994c): Turbulente Zeiten erfordern kreative Köpfe In: Office Management (1994) Nr. 1-2, S. 24-25.

Bullinger, H.-J. (1995a): Strategische Erfolgskontrolle auf dem Weg zum Mediendienstleister. In: Neue Medien - Die Chancen nutzen. Eröffnungsforum Medienzentrum Stuttgart. IRB-Verlag. Stuttgart, 1995.

Bullinger, H.-J.; Gommel, M. (1995b): Führungsverhalten, kreatives Humanpotential - Unternehmen leben vom Mitmachen. In: Gablers Magazin (1995) Nr. 5, S. 21 -23.

Bullinger, H.-J. (1995c): Arbeitsgestaltung: Personalorientierte Gestaltung marktgerechter Arbeitssysteme. Unter Mitarbeit von M. Gommel, C.-U. Lott, M. Schmauder. (Reihe Technologiemanagement). Stuttgart: Teubner Verlag, 1995.

Bullinger, H.-J.; Bauer, S. (1995d): Entgeltgestaltung für die vitale Fabrik. Vortrag, Stuttgart, 1995.

Bullinger, H.-J.; Ilg, R.; Zinser, S. (1995e): Change of Paradigms in Organization with new Information and Communication Systems. 3rd International Conference on Organization and Information Systems, Bled/Slovenia, 4.-6.9.1995.

Bullinger, H.-J. (1995f): Reengineering und Team-Management: Turbulente Zeiten erfordern kreative Köpfe und lernende Organisationsstrukturen, Arbeitspapier des Fraunhofer Instituts für Arbeitswirtschaft und Organisation. Stuttgart, 1995.

Bullinger, H.-J.; Wiedmann, G.; Niemeier, J. (1995g). IAO-Studie zu Business Reengineering: Aktuelle Managementkonzepte in Deutschland: Zukunftsperspektiven und Stand der Umsetzung Stuttgart, 1995.

Bullinger, H.-J. (1996). Management kreativer Unternehmen - Die Beherrschung von Strukturen und Prozessen Lernender Organisationen. Unter Mitarbeit von Martina

Schäfer, Werner Brettreich-Teichmann, Gudrun Wiedmann und Gerd Gidion. In: Lernende Organisationen. Stuttgart: Schäffer-Poeschel Verlag, 1996.

Briam, K.-H. (1995): Unternehmenskultur als Erfolgsfaktor: Plädoyer für eine mitarbeiter- und marktorientierte Strategie der Zukunft. Vortrag am 19.5.1995. Gütersloh: Verlag Bertelsmann Stiftung, 1995.

Correll, W. (1970): Lernpsychologie. 10. Auflage. Donauwörth: Verlag Ludwig Auer, 1970.

Coulson-Thomas, C. (1996): Mitarbeiter ins Zentrum der Strategie. In: I&T Magazin (1996) Nr. 19, S. 26-29.

Daimler-Benz AG (Hrsg.) (1990): Führungskräfteentwicklung und -planung im Daimler-Benz-Konzern - das Führungsgespräch, 1990.

Daimler-Benz AG (Hrsg.) (1994): Ziele vereinbaren - ein Leitfaden, 1994.

Davis, K.; Newstrom, J. W. (1993): Organizational Behavior: Human Behavior at Work, 9. Aufl., New York: McGraw-Hill, 1993.

De Bono, E. (1987): Das Sechsfarben-Denken: Ein neues Trainingsmodell. Deutsche Übersetzung: Barbara Rojahn-Deyk. Düsseldorf/Wien/New York: Econ Verlag, 1987.

Deutsches Institut für Betriebswirtschaft (1996): Mercedes: 412500 Mark für einen Vorschlag. In: Backnanger Kreiszeitung, 28.3.1996.

Domsch, M. (1991): Mitarbeiterbefragungen - ein Instrument zeitgemäßer Personalführung. In: io Managementzeitschrift (1991) Nr. 60, S. 56 - 58.

Egli, J. A. (1996): Konstanten und Ziele in der Personalführung. In: io management (1996) Nr. 5, S. 28-31.

Eyer, E. (1995): Beteiligung der Mitarbeiter am Unternehmenserfolg. In: Angewandte Arbeitswissenschaft (1995) Nr. 146, S. 57-69.

Fischer, H. (1993): Vorbereitung auf die europäische Unternehmung - ›Die Führungskräfte für Europa‹ In: Lernende Elite - Wie man Führung noch besser macht. Hrsg. von Günther Würtele. Frankfurt: Gabler Verlag, 1993.

Fischer, H. (1995): Der Mitarbeiter - Schlüssel zum Erfolg. In: Personal (1995) Nr. 2, S. 72-76.

Fischer, L. (1989): Strukturen der Arbeitszufriedenheit. Göttingen/Toronto/Zürich: Verlag für Psychologie, 1989.

Fraunhofer-Institut für Arbeitswirtschaft und Organisation (IAO) Stuttgart (1995): Business Reengineering: Aktuelle Managementkonzepte in Deutschland: Zukunftsperspektiven und Stand der Umsetzung. Stuttgart: IRB-Verlag, 1995.

Frech, J. (1995): Benutzerhandbuch zur Unternehmenssimulation SIMCIM. Interne Dokumentation, Institut für Arbeitswissenschaft und Technologiemanagement, Stuttgart: 1995.

Frey, D.; Schmook, R. (1995): Zukünftiges Ideenmanagement. In: Personalführung (1995) Nr. 2, S. 116-125.

Fuchs, J. (1995): Wege zum vitalen Unternehmen: Die Renaissance der Persönlichkeit. Wiesbaden: Gabler Verlag, 1995.

Gablers Wirtschaftslexikon (1993). 13. Auflage. Wiesbaden: Gabler Verlag, 1993.

Geiger, E. H.; Sheppard C. (1996): Optimales Verhalten. In: Gablers Magazin (1996) Nr. 1, S. 38.

Geiger, G. (1995a): Schlankes Unternehmen - In der Praxis ein mühsamer Weg. In: Personal Heft (1995) Nr. 2, S. 67.

Geiger, G. (1995b): Die Vorbildrolle der Führungskraft. In: Gablers Magazin (1995) Nr. 5, S. 15.

Geyer, E. (1988): Innovations-Management - angewandte Kreativität. In: Gablers Magazin (1988) Nr. 6.

Glöckler, J. (1995): BONUS-Entlohnung - ein betriebliches Entlohnungsmodell in der Praxis. In: Angewandte Arbeitswissenschaft (1995) Nr. 143, S. 15-27.

GOAL/QPC (1994): Der Memory Jogger II - Ein Taschenführer mit Werkzeugen für kontinuierliche Verbesserung und erfolgreiche Planung. Unter Mitarbeit von M. Brassard und D. Ritter. Methuen, MA, USA. Hrsg. von F. Oddo, 1994.

Gurin, G. et al. (1960): Americans view their mental health. New York: 1960.

Grunwald, W. (1995): Wie man Vertrauen erwirbt: Von der Mißtrauens- zur Vertrauens-organisation. In: io Management 64 (1995) Nr. 1/2, S. 74.

Hackman, J. R.; Oldham, G. R. (1980): Work redesign - book review. In: Personel Psychology (1980) Nr. 33, S. 827 - 831.

Haeberlin, F.; Labinschus, J. (1995): Schwächenanalyse als Basis für Veränderungen. In: Personal (1995) Nr. 9, S. 766.

Hall, D. T.; Nougaim, K. E. (1968): An examination of Maslow's need hierarchy in an organizational setting. In: Org. Beh. Hum. Perf. (1968) Nr. 3.

Hauser, E.; Hempler, F. (1995): Systematische Entwicklung von Führungskräfte-nachwuchs: Ein Treibriemen zur Veränderung der Unternehmenskultur. In: Personal-führung (1995) Nr. 7, S. 594.

Herzberg, F.; Mausner, B.; Snyderman, B. B. (1959): The motivation to work. New York: John Wiley & Sons, 1959.

Herzberg, F. (1966): Work and the nature of Man. Cleveland: 1966.

Herzberg, F. (1968): One More Time: How Do You Motivate Employees? In: Harvard Business Review, 1968.

Hill, H. (1994): Die lernende Organisation: Innovation durch Lernen. In: Gablers Magazin (1994) Nr. 11-12, S. 40-43.

Hub, H. (1988): Unternehmensführung: Praxisorientierte Darstellung. 3. Auflage. Wiesbaden: Gabler Verlag, 1990.

Kazanas, H. C. (1978): Relationship of job satisfaction and productivity to work values of vocational education graduates. In: J. Voc. Beh. (1978) Nr. 12, S. 155-164.

Kieser, A. (Hrsg.) et al. (1987): Handwörterbuch der Führung. Stuttgart: Poeschel Verlag, 1987.

Klein, T.; Endres, C. (1995): Mitarbeiterinformation - die unterschätzte Ressource. In: Personal (1995) Nr. 6, S. 280 - 285.

Kleinbeck, U.; Kleinbeck, T. (1995): Die Vereinbarkeit von Arbeitsorganisation und Entgeltsystem fördert Arbeitsmotivation und Produktivität von Mitarbeitern. In: Angewandte Arbeitswissenschaft (1995) Nr. 146, S. 36-56.

Kotter, J. P.; Heskett, J. (1993): Die ungeschriebenen Gesetze der Sieger: Erfolgsfaktor Firmenkultur. Düsseldorf/Wien/New York/Moskau: Econ Verlag, 1993. Einheitssacht.: Corporate culture and performance (dt.).

Krämer, L.; Bacher, S. (1994): Verbesserung der Mitarbeitermotivation. In: FB/IE 43 (1994) Nr. 3.

Krulis-Randa, J. S. (1990): Einführung in die Unternehmenskultur. In: Die Unternehmenskultur: ihre Grundlagen und ihre Bedeutung für die Führung der Unternehmung. Hrsg. von C. Lattmann. Heidelberg: Physica-Verlag, 1990.

Kuhn, H. (1995): Führung ist ein Kommunikationsprozeß. In: Gablers Magazin (1995) Nr. 2, S. 40 - 42.

Kuhn, H. (1996): Oft nur halbherzig: Was Delegation wirklich heißt. In: Gablers Magazin (1996) Nr. 3, S. 46-48.

Kura, R.; Karr, B. (1995): Mitarbeiter befragen Mitarbeiter. In: Personalführung (1995) Nr. 5, S. 742 - 751.

Lawler, E. E. (1994): Motivation in work organizations. San Francisco, Californien: Jossey-Bass Publishers, 1994.

Leonhardt, W. (1984): Personal- und Managemententwicklung: konzeptionelle Überlegungen, methodische Ansätze und praktische Anregungen. Heidelberg: Sauer Verlag, 1984.

Locke, E. A. (1970): Job satisfaction and job performance. In: Organiz. Beh. a. Hum. Perform. (1970) Nr. 5, S. 484-500.

Loos, U. (1994): Erst denken - dann schrauben. In: Motivation (1994) Nr. 6, S. 12-15.

Lukas, A. (1995): Abschied von der Reparaturkultur: Selbsterneuerung durch ein neues Miteinander. Frankfurt a. M.: Gabler Verlag, 1995.

Maaß, J. (1994): Lean heißt Vertrauen in Mitarbeiter. In: Gablers Magazin (1994) Nr. 1, S. 22.

Maaß, J. (1995): Vom Lean Management zur Vertrauensorganisation: Eine personalpolitische Herausforderung. In: Office Management (1995) Nr. 4, S. 56.

Malik, F. (1995): Vertrauen als Basis der Unternehmenskultur. In Gablers Magazin (1995) Nr. 3, S. 1 - 4.

Mann & Hummel (1994): Unternehmensvisionen - Leitsätze zu den Unternehmensvisionen. Firmenbroschüre, Ludwigsburg, 1994.

Maslow, A. H. (1954, 1970, 1977): Motivation and personality. New York: Harper & Row, 1954, 1970. Motivation und Persönlichkeit. Freiburg i. Br.: 1977.

Mercedes-Benz (1995): Leitbild Mercedes-Benz AG Werk Rastatt. Firmenbroschüre, Rastatt, 1995.

Miles, R. E. (1965): Human relations or human resources? In: Harvard Business Review (1965) Nr. 4, S. 148-163.

Müller, D. (1993): ›Schlußbilanz‹ - Gedanken über 40 Jahre erlebtes und gelebtes Top-Management. In: Lernende Elite - Wie man Führung noch besser macht. Hrsg. von G. Würtele, Frankfurt: Gabler Verlag, 1993.

Mutius, B. v. (1995): Die Kunst der Erneuerung, was die Erfolgreichen anders machen: 12 Gebote des Gelingens. Frankfurt a. M./New York: Campus Verlag, 1995.

Niedermair, G. (1995): Was charakterisiert den idealen Personalchef heute? In: io Management Zeitschrift 64 (1995) Nr. 10, S. 71-76.

Niemeier, J.; Schäfer, M. (1993): Von der japanischen Herausforderung lernen. In: Gablers Magazin (1993) Nr. 4.

Nütten, I; Sauermann, P. (1988): Die anonymen Kreativen: Instrumente einer innovationsorientierten Unternehmenskultur. Frankfurter Allgemeine Zeitung. Wiesbaden: Gabler Verlag, 1988.

Otala, M. (1994): Die lernende Organisation - Konzept, Paradigmen und Erfahrungen. In: Office Management (1994) Nr. 12, S. 14-23.

Personal (1991): Personal 2000: Visionen und Strategien erfolgreicher Personalarbeit. Frankfurt a. M.: Frankfurter Allg. Zeitung für Deutschland. Wiesbaden: Gabler Verlag, 1991.

Peters. Th.; Waterman, R. (1986): Auf der Suche nach Spitzenleistungen. 11. Auflage. Landsberg/Lech: Verlag moderne Industrie, 1986.

Plumeier, W. (1995): Vom Arbeiten zum Zusammenarbeiten. In: Gablers Magazin (1995) Nr. 5, S. 25.

Podlech, R. (1989): Zusammenarbeit im Betrieb. 1. Auflage. Würzburg: Vogel Verlag, 1989.

Pritchard, R. D.; Kleinbeck, U.; Schmidt, K.-H. (1993): Das Managementsystem PPM: durch Mitarbeiterbeteiligung zu höherer Produktivität. München: Beck Verlag, 1993.

Prognos (Hrsg.) (1983): Die Bundesrepublik Deutschland 1985/1990/2000. Prognosreport Nr. 11/Textteil. Bearbeitet von Hofer, P. et al. Stuttgart: 1983.

Prognos (Hrsg.) (1993): Die Bundesrepublik Deutschland 2000/2005/2010. Prognosreport Nr. 1. Bearbeitet von Hofer, P. et al. Basel: 1983.

Pümpin C.; Koller, H. (1990): Unternehmenskultur - Ansatzpunkt für ein erweitertes Verständnis strategischen Managements? In: Die Unternehmenskultur: ihre Grundlagen und ihre Bedeutung für die Führung der Unternehmung. Hrsg. von C. Lattmann. Heidelberg: Physica-Verlag, 1990.

Rapp, A. (1995): Flexible Arbeitszeit in der Verwaltung - Grundlage für erfolgreiche Teamarbeit. In: Effiziente Teamarbeit und KVP, IIR-Konferenz vom 29.-31.8.1995, Düsseldorf: 1995.

REFA-Informatik-Center, Dortmund (1994): Die neue Rolle der Führungskraft in der Lean Company. REFA-Fachtagung CIBO 1994, 6.-7. 10. 1994.

REFA-Fachbuchreihe Unternehmensentwicklung (1995): Den Erfolg vereinbaren: Führen mit Zielvereinbarungen. München/Wien: Hanser Verlag, 1995.

Regnet, E. (1996): Wie gehen Manager mit Konflikten um?. In: io management (1996) Nr. 3, S. 35-38.

Reichwald, R.; Wildemann, H. (Hrsg.) (1995): Kreative Unternehmen - Spitzenleistungen durch Produkt- und Prozeßinnovation. Stuttgart: Schäffer Poeschel Verlag, 1995.

Reitzle, W. (1994): Die neue Rolle der Arbeitgeber. In: ›Arbeit der Zukunft - Zukunft der Arbeit‹. Kolloquium der Deutschen Bank AG. Frankfurt, 1994.

Rohrbach, B. (1972): Techniken des Lösens von Innovationsproblemen; Schriften zur Unternehmensführung 15. Wiesbaden: Gabler Verlag, 1972.

Rosenstiel, L. v. (1980): Motivation im Betrieb. Bratt-Institut für Neues Lernen, 7. Auflage. Karlsruhe, 1980.

Rosenstiel, L. v. (1990): Der Einfluß des Wertewandels auf die Unternehmenskultur. In: Die Unternehmenskultur: ihre Grundlagen und ihre Bedeutung für die Führung der Unternehmung. Hrsg. von C. Lattmann. Heidelberg: Physica-Verlag, 1990.

Rosenstiel, L. v. (1992): Betriebsklima geht jeden an. Bayrisches Staatsministerium für Arbeit, Familie und Sozialordnung. München: 1992.

Rosenstiel, L. v.; Regnet, E.; Domsch, M. (1993): Führung von Mitarbeitern: Handbuch für erfolgreiches Personalmanagement. Hrsg. von L. von Rosenstiel. 2. Auflage. Stuttgart: Schäffer-Poeschel Verlag, 1993.

Ruhleder, R. H. (1995): Das Anerkennungsgespräch: Eine Möglichkeit zur Mitarbeitermotivation. In: io Management Zeitschrift 64 (1995) S. 87 - 89.

Rückle, H. (1994): Die Bedeutung des Wertewandels für das Personalmanagement und sein Führungsverständnis. In: Visionäres Personalmanagement. Hrsg. von J. Kienbaum, 2. Auflage. Stuttgart: Schäffer - Poeschel Verlag, 1994.

Schanz, G. (1985): Mitarbeiterbeteiligung: Grundlagen - Befunde - Modelle. München: Vahlen Verlag, 1985.

Schlick, G. H. (1995): Innovationen von A - Z: Begriffe, Definitionen, Erläuterungen und Beispiele mit 13 Checklisten und 650 Literaturstellen. Renningen - Malmsheim: Expert-Verlag, 1995.

Schlicksupp, H. (1977): Kreative Ideenfindung in der Unternehmung: Methoden und Modelle. Berlin/New York: de Gruyter Verlag, 1977.

Schlicksupp, H. (1981): Innovation, Kreativität und Ideenfindung. 2. Auflage. Würzburg: Vogel Verlag, 1981.

Schmidt, J. (1993): Die sanfte Organisationsrevolution. Frankfurt: 1993.

Schmidt, J. (1994): Mehr Motivation durch Mitbestimmung. In: Personalführung (1994) Nr. 6.

Scholz, C. (1995): Mitarbeiterbefragungen - Mehr als nur einfach Meinungsumfragen. In: Personalführung (1995) Nr. 9, S. 728 - 740.

Schonhardt, M.; Wilke-Schnaufer, J. (1994): Arbeits- und Lernaufgaben: Modellversuch ›Dezentrales Lernen‹ in Klein- und Mittelbetrieben. In: Berufsbildung (1994) Nr. 30, S. 14-15.

Schonhardt, M.; Wilke-Schnaufer, J. (1996): Modellversuch ›Dezentrales Lernen‹ in Klein- und Mittelbetrieben. Projekt-Abschlußbericht vorbereitet.

Schott, B. (1996): Sind Spitzenleistungen erlernbar? In: Navigieren ins nächste Jahrtausend: Die Mittelstands-Initiative von HP und IAO. Karlsruhe, 7./8.2.1996.

Schulz von Thun, F. (1989): Miteinander reden 2 - Stile, Werte und Persönlichkeitsentwicklung - Differentielle Psychologie der Kommuniketion. Hamburg: Rowohlt Verlag, 1989.

Schuppert, D. (1992): ›Aus Kraft der Verantwortung - Face-to-Face Leadership‹ - Nachdenkenswertes über Coaching. Frankfurt: S. 25 - 27.

Semler, R. (1993): Das Semco System - Management ohne Manager. Deutsche Übersetzung: Michael Schmidt. München: Wilhelm Heyne Verlag, 1993.

Senge, P. M. (1990): The Fifth Discipline: The Art and Practice of the Learning Organization. New York: 1990.

Skirl, S. (1994): Mobilisierung aller Kräfte. In: Gablers Magazin (1994) Nr. 6-7, S. 65.

Sprenger, R. K. (1994): Ideen bringen Geld. Bringt Geld auch Ideen? In: Harvard Business Manager (1994) Nr. 1, S. 9 ff.

Sprenger, R. K. (1994): Mythos Motivation. Stuttgart: Campus Verlag, 1994.

Sprenger, R. K. (1995): Das Prinzip Selbstverantwortung: Wege zur Motivation. 2. Auflage. Frankfurt a. M./New York: Campus Verlag, 1995.

Stadlbauer, W. J.; Richter, M. (1995): Was Mitarbeiter motiviert. In: Gablers Magazin (1995) Nr. 2, S. 32 - 34.

Stopp, U. (1992): Praktische Betriebspsychologie. Probleme und Lösungen. 5. Auflage. Stuttgart: Taylorix Fachverlag, 1992.

Suzaki, K. (1994): Die ungenutzten Potentiale - Neues Management im Produktionsbetrieb. München/Wien: Hanser Verlag, 1994.

Tannenbaum, R.; Schmidt, W. H. (1958): How To Choose A Leaderschip Pattern. In: Harvard Business Review, März/April 1958.

Tannenbaum, R.; Schmidt, W. H. (1973): Retrospective Commutary To How To Choose A Leadershp Pattern. In: Harvard Business Review, Mai/Juni 1973.

Thomann, C.; Schulz von Thun, F. (1990): Klärungshilfe - Handbuch für Therapeuten, Gesprächshelfer und Moderatoren in schwierigen Gesprächen. rororo, 1990.

Tikart, J. (1996): Auf dynamische Märkte reagieren: Leistungsbereitschaft und Kreativität. In: Gablers Magazin (1996) Nr. 5, S. 8.

Toemmler-Stolze, K. (1994): Konfliktbewältigung als Führungsaufgabe. In: Personalführung (1994) Nr. 9, S. 838 - 843.

VDI nachrichten (1995): Rezession verändert Gehaltsstrukturen. Hannover: Verlagsgesellschaft Madsack. (1995) Nr. 24, S. 15.

Vroom, V. H. (1964): Work and motivation. New York: Wiley & Sons, 1964.

Weigle, G. (1994): Mehr führen, weniger managen. In: Gablers Magazin (1994) Nr. 1, S. 23 - 28.

Wachtel, H. J. (1995): Ideen-Börse: Mehr als nur ein Vorschlagwesen. In: Personalführung (1995) Nr. 2, S. 110-114.

Wiswede, G. (1980): Motivation und Arbeitsverhalten. München/Basel: Reinhardt Verlag, 1980.

Wolff, G.; Göschel, G. (1987): Führung 2000 - Höhere Leistung durch Kooperation. Frankfurt/Wiesbaden, 1987.

Würth, R. (1993): Thesen zur Unternehmensführung im Jahr 2010. In: Lernende Elite - Wie man Führung noch besser macht. Hrsg. von G. Würtele. Frankfurt: Gabler Verlag, 1993.

Zimbardo, P.G.; Floyd, L.R. (1983): Psychologie. Hrsg. von W. F. Angermeier; J. C. Brengelmann; Th.J. Thiekötter. Berlin/Heidelberg/New York/Tokyo: Springer-Verlag, 1983.

Zittlau, D. J. (1994): Nach dem Gespräch änderte der Mitarbeiter sein unkorrektes Verhalten. In: io Management Zeitschrift 63 (1994) Nr. 6, S. 64 - 68.

Zürn, P. (1985): Vom Geist und Stil des Hauses - Unternehmenskultur in Deutschland. Landsberg/Lech: 1987.

Stichwortverzeichnis

G

H

L

M

Technologiemanagement – Wettbewerbsfähige Technologieentwicklung und Arbeitsgestaltung

B. G. Teubner Stuttgart · Leipzig